高等职业教育"十二五"课程改革规划教材

建筑材料与检测技术
（第2版）

主　编　苑芳友

副主编　门泉洁　于庆华　滕永彪　吴卫华

主　审　牟培超

北京理工大学出版社
BEIJING INSTITUTE OF TECHNOLOGY PRESS

内容提要

本书共分10章，内容包括建筑材料的基本性质、气硬性胶凝材料、水泥、混凝土、砂浆、墙体材料、建筑钢材、防水材料、建筑功能材料以及建筑材料常规检测试验等。全书根据培养高素质技能型专门人才的要求编写而成，具有突出工程实际应用、语言精练、概念清楚、重点突出、层次分明、结构严谨等特点。

本书全部采用最新国家标准或行业标准，可作为高等职业院校土建类各专业教材，也可作为建筑工程技术人员的参考书。

图书在版编目(CIP)数据

建筑材料与检测技术 / 苑芳友主编. —2版. —北京：北京理工大学出版社，2014.1
(2019.1重印)

ISBN 978-7-5640-8196-6

Ⅰ.①建… Ⅱ.①苑… Ⅲ.①建筑材料—检测—高等学校—教材 Ⅳ.①TU502

中国版本图书馆CIP数据核字(2013)第192988号

出版发行 / 北京理工大学出版社有限责任公司
社　　址 / 北京市海淀区中关村南大街5号
邮　　编 / 100081
电　　话 / (010)68914775(总编室)
　　　　　 (010)82562903(教材售后服务热线)
　　　　　 (010)68948351(其他图书服务热线)
网　　址 / http://www.bitpress.com.cn
经　　销 / 全国各地新华书店
印　　刷 / 北京紫瑞利印刷有限公司
开　　本 / 787毫米×1092毫米　1/16
印　　张 / 13.5　　　　　　　　　　　　　　　　　　责任编辑 / 王玲玲
字　　数 / 302千字　　　　　　　　　　　　　　　　文案编辑 / 王玲玲
版　　次 / 2014年1月第2版　2019年1月第10次印刷　　责任校对 / 周瑞红
定　　价 / 38.00元　　　　　　　　　　　　　　　　责任印制 / 边心超

《建筑材料与检测技术》自2010年7月出版以来，随着建筑材料与检测技术的不断发展，多项标准和规范已被修订，为此，我们根据最新材料与检测标准规范对本书原有内容进行了补充与修订，具体情况如下：

1.在"建筑材料的基本性质"一章中，调整了材料的组成、结构、构造的内容。

2.在"水泥"一章中，调整了专用水泥、特性水泥的内容。

3.在"混凝土"一章中，对混凝土配合比设计、外加剂、其他品种混凝土的内容进行了精练。

4.在"建筑钢材"一章中，调整了钢材的验收、防腐、防火的内容。

5.将"建筑装饰材料""绝热、吸声材料""高分子材料"重新整合成"建筑功能材料"。

6.删除了"新型建筑材料""木材""石材"的内容。

本书仍由山东城市建设职业学院苑芳友任主编，门泉洁、于庆华、滕永彪、吴卫华任副主编，牟培超任主审。

本书在编写过程中得到了山东城市建设职业学院的大力支持和热心指导，在此致以衷心的感谢。编写过程中参阅了较多的文献资料，谨向这些文献的作者致以诚挚的谢意。

尽管我们在本书特色建设方面做了很多努力，但书中仍可能有不足之处，希望使用此书的师生提出宝贵意见，以便修订时完善。

编　者

第1版前言 FOREWORD

随着我国职业教育的迅速发展,接受职业教育的人员不断增多,而高等职业教育的培养目标已发生变化,即以职业岗位群为主,培养高素质劳动者和中高级专业人才,基于此,我们编写了此书。

自20世纪末以来,建筑材料的发展速度很快,出现了大量的新型材料,本书按照当前建筑材料的发展水平与建筑工程的实际应用情况,加入了工程中应用量较大的建筑材料和具有发展前途的新型建筑材料,还特别详细介绍了材料检测技术。

本书突出应用性,即突出岗位知识、岗位能力和岗位技能的培养,本着实用易懂的原则,使内容的"宽度"和"浅度"有机地结合起来,本书全部采用国家(部)行业企业颁布的最新规范和标准。

本书绪论、第1、12章、试题库由山东城市建设职业学院苑芳友编写;第3、4、5章由山东城市建设职业学院门泉洁编写;第7、8、9章由山东城市建设职业学院吴卫华编写;第11、13、14章由山东城市建设职业学院滕永彪编写;第2、6章、材料检测部分由山东城市建设职业学院于庆华编写;第10章由山东省建设工程招标中心有限公司段红卫编写。

全书由苑芳友任主编,门泉洁、于庆华、滕永彪、吴卫华任副主编,山东城市建设职业学院建工系主任牟培超教授任主审。

本书在编写过程中得到了山东城市建设职业学院的大力支持和热心指导,特别是山东城市建设职业学院建工系主任牟培超教授,在此一并致以衷心的感谢。编写过程中参阅了较多的文献资料,谨向这些文献的作者致以诚挚的谢意。

由于作者水平有限,时间仓促,谨请使用此书的师生和读者提出宝贵意见,以便再版时修正。

编　者

CONTENTS 目录

绪 论

1. 建筑材料的定义与分类

(1)建筑材料的定义。建筑材料是用于建造建筑物和构筑物所有材料和制品的总称。从地基基础、承重构件(梁、板、柱等),直到地面、墙体、屋面等所用的材料都属于建筑材料。水泥、钢筋、木材、混凝土、砌墙砖、石灰、沥青、瓷砖等是常见的建筑材料,实际上建筑材料远不止这些,其品种达数千种之多。

(2)建筑材料的分类。建筑材料种类繁多,为方便使用和研究,常按一定的原则对建筑材料进行分类:根据材料来源,可分为天然材料和人工材料;根据材料在建筑工程中的功能,可分为结构和非结构材料、保温和隔热材料、吸声和隔声材料、装饰材料、防水材料等;根据材料在建筑工程中的使用部位,可分为墙体材料、屋面材料、地面材料、饰面材料等。最常见的分类原则是按照材料的化学成分来分类,分为无机材料、有机材料和复合材料三大类,各大类中又可细分,见表 0-1。

表 0-1　建筑材料的分类

无机材料	金属材料	黑色金属:铁、碳钢、合金钢
		有色金属:铝、锌、铜及其合金
	非金属材料	天然石材(包括混凝土用砂、石)
		烧结制品(烧结砖、饰面陶瓷等)
		玻璃及其制品
		水泥、石灰、石膏、水玻璃
		混凝土、砂浆、硅酸盐制品
有机材料	植物材料	木材、竹材、植物纤维及其制品
	合成高分子材料	塑料、涂料、胶粘剂
	沥青材料	石油沥青、煤沥青、沥青制品
复合材料	无机非金属材料与有机材料复合	玻璃纤维增强塑料、聚合物混凝土、沥青混凝土、水泥刨花板等
	金属材料与非金属材料复合	钢筋混凝土、钢丝网混凝土等

2. 建筑材料的历史、现状与发展

建筑材料是随着生产力和科学技术的发展而发展的,大致分为三个阶段。

(1)天然材料。天然材料是指取之于自然界,进行简单物理加工的材料,如天然石材、木材、黏土、茅草等。早在原始社会时期,人们为了抵御雨雪风寒和防止野兽的侵袭,居住于天然山洞或树巢中，即所谓的"穴居巢处"。进入石器、铁器时代，人们开始利用简单的工具砍伐树木和苇草，开凿石材建造房屋。

（2）烧土制品。直到人类能够用黏土烧制砖、瓦，用石灰岩烧制石灰之后，建筑材料才由天然材料进入了人工生产阶段。

（3）钢筋混凝土。18、19世纪，随着资本主义工商业的兴起，大跨度厂房、高层建筑和桥梁等工程建设的需要，既有材料在性能上已满足不了新的建设要求，建筑材料才进入了一个快速发展阶段，相继出现了钢材、水泥、钢筋混凝土和预应力钢筋混凝土。

近几十年来，国家注重绿色建材的开发，墙体材料"禁实限黏"，相关部门颁布了装饰材料环境监测十项规定，制定了防水材料质量保证三大举措。一大批新型建筑材料应运而生，但主要是墙体材料、装饰材料、防水材料、保温和隔热材料等功能性材料，当代主要结构材料仍为钢筋混凝土。

这些新型建筑材料的现状是，墙体材料注重节能、利废、隔热、高强，空心化、大块化；防水材料注重高耐候性、高弹性、绿色化，由单一沥青材料发展为高分子改性沥青防水卷材、合成高分子防水卷材多品种共存，以及有机-无机复合防水卷材，如防水瓦、防水涂料等；装饰材料注重装饰性、适用性、环保性、多功能性、高耐久性。

随着社会的进步、环境保护和节能降耗的需要，人们对建筑材料提出了更高、更多的要求。因而，今后一段时间内，建筑材料将向以下几个方向发展。

（1）轻质高强。钢筋混凝土结构材料自重大（每立方米重约2 500 kg），限制了建筑物向高层、大跨度方向进一步发展。目前，世界各国都在大力发展高强混凝土、加气混凝土、轻集料混凝土、空心砖、石膏板等材料，以适应建筑工程发展的需要。

（2）节约能源。建筑材料的生产能耗和建筑物使用能耗，在社会总能耗中一般占20%～35%，研制和生产低能耗的新型节能建筑材料，是构建节约型社会的需要。

（3）节约资源。充分利用工业废渣、建筑垃圾生产建筑材料，将各种废渣尽可能资源化，以保护环境、节约自然资源，使人类社会可持续发展。

（4）多功能化。利用复合技术生产多功能材料、特殊性能材料及高性能材料，包括单元化预制构件等，这对提高建筑物的使用功能、经济性及加快施工速度等方面有着十分重要的意义。

（5）绿色化。采用低能耗制造工艺和对环境无污染的生产技术；产品配制和生产过程中，不使用对人体和环境有害的污染物。

3. 建筑材料与建筑工程各职业岗位的关系

任何建筑物或构筑物都是用建筑材料按某种方式组合而成的，没有建筑材料，就没有建筑工程，因此建筑材料是一切建筑工程的物质基础。建筑材料在建筑工程中应用量巨大，材料费用在工程总造价中占40%～70%，如何从品种繁多的材料中选择物优价廉的材料，对降低工程造价具有重要意义。建筑材料的性能影响到建筑工程的坚固性、耐久性和适用性，如砖混结构的建筑物，其坚固性一般优于木结构和砌体结构建筑物，而舒适性不及后者。对比同类材料，性能也会有较大差异，如用矿渣水泥制作的污水管较用普通水泥制作的污水管耐久性好，因此选用性能相适的材料是建筑工程质量的重要保证。任何一个建筑工程都由建筑、材料、结构、施工四个方面组成，专业技术人员只有了解建筑材料的结构、性质，才能发挥材料的性能，做到材尽其用。例如，混凝土工程搅拌与浇筑、钢结构施工、砌体结构施工、材料送检、工程验收、资料整理与归档等工作，都需要在对材料性能全面掌握的前提下，才能更好地完成各自的任务；造价员只有在熟悉材料性能的基础上，才能更好地做好计量计价工作；监理技术人员对材料的监督与检验更是一项经常性的工作。

从建筑行业各职业岗位来看，材料员、试验员、施工员、资料员、安全员等岗位从业人员，必须了解和懂得建筑材料的相关知识，这是各职业岗位技术人员必备的知识和技能。

4. 建筑材料的技术标准

与建筑材料的生产和选用有关的标准主要有产品标准和工程建设类标准两类。产品标准是为保证建筑材料产品的适用性，对产品必须达到的某些或全部要求所制定的标准，包括品种、规格、技术性能、试验方法、检验规则、包装、储存、运输等内容。工程建设类标准是对工程建设中的勘察、规划、设计、施工、安装、验收等需要协调统一的事项所制定的标准。其中结构设计规范、施工及验收规范中都有与建筑材料的选用有关的内容。

建筑材料的采购、验收、质量检验均应以产品标准为依据，建筑材料的产品标准分为国家标准、行业标准和企业标准三类，其含义及代号见表0-2。

表0-2　建材产品标准种类及代号

标准种类	说　明	代　号
国家标准（简称"国标"）	国家标准是指对全国经济、技术发展有重要意义而必须在全国范围内统一的标准	(1)GB是"国标"两字的汉语拼音字头。各类物资（建材）的国家标准，均使用此代号。 (2)GBJ是"国标建"三字的汉语拼音字头，它代表工程建设技术方面的国家标准
行业标准（简称"部标"）	行业标准主要是指全国性的各专业范围内统一的标准	(1)JCJ是建筑材料工业部（国家建材局）部颁标准的代号（老代号为"建标""JG"等）。 (2)JGJ是住房与城乡建设部部颁标准的代号（老代号"BJG""建规""JZ"）。 (3)YBJ是冶金工业部部颁标准的代号
企业标准（简称"企标"）	凡没有制定国家标准、部标准（行业标准）的产品，都要制定企业标准。为了不断提高产品质量，企业可制定出比国家标准、行业标准更先进的产品质量标准	QB是企业标准的代号

技术标准代号按标准名称、部门代号、编号和批准年份的顺序编写，按要求执行的程度分为强制性标准和推荐标准（在部门代号后加"/T"表示"推荐"）。与建筑材料技术标准有关的代号有：GB——国家标准，GBJ——建筑工程国家标准（1990年以前），1990年以后是

GB 50×××——※※※※，JGJ——建筑工业（建设工程）行业标准（曾用 BJG），JG——建筑工业（建设产品）行业标准，JC——国家建材局标准（曾用"建标"），SH——石油化学工业部或中国石油化学总公司标准（曾用 SY），YB——冶金部标准，HG——化工部标准，CECS——中国工程建设标准化协会标准，DB——地方性标准，QB——企业标准等。

技术标准是根据一定时期的技术水平制定的，因而随着技术的发展与使用要求的不断提高，需要对标准进行修订，修订标准实施后，旧标准自动废除。如国家标准《硅酸盐水泥、普通硅酸盐水泥》（GB 175—1999）已废除。

工程中使用的建筑材料除必须满足产品标准外，有时还必须满足有关的设计规范、施工及验收规范或规程等的规定。这些规范或规程对建筑材料的选用、使用、质量要求及验收等还有专门的规定（其中有些规范或规程的规定与建筑材料产品标准的要求相同）。

无论是国家标准还是部门行业标准，都是全国通用标准，属国家指令性技术文件，均必须严格遵照执行，尤其是强制性标准。

采用和参考国际通用标准和先进标准是加快我国建筑材料工业与世界接轨的重要措施，对促进建筑材料工业的科技进步，提高产品质量和标准化水平，建筑材料的对外贸易有着重要作用。常用的国际标准有如下几类：美国材料与试验协会标准（ASTM）；德国工业标准（DIN）、欧洲标准（EN）；国际标准化组织标准（ISO）。

5. 本课程的学习任务与基本要求

"建筑材料与检测技术"课程的主要内容是研究材料的组成、构造、物理力学性能、技术标准、质量检验与评定以及验收与保管等方面的知识。学习目的在于掌握主要建筑材料的性质、用途、制备和使用方法以及检测和质量控制方法，并了解建筑材料性质与材料结构的关系以及性能改善的途径。通过本课程的学习，应能针对不同工程合理选用材料，并能与后续课程密切配合，了解材料与设计参数及施工措施选择的相互关系。

学习本课程的任务是获得有关建筑材料的性质与应用的基本知识和必要的基本理论，并进行主要建筑材料试验的基本技能训练。

为了学好建筑材料与检测技术这门课程，学习时应从材料科学的观点和方法及实践的观点出发，从以下几个方面来进行。

（1）凝神静气，反复阅读。这门课程的特点与力学、数学等完全不同，学生初次学习难免产生枯燥无味之感，但必须克服这一心理状态，必须静下心来反复阅读，适当背记，背记后再回想和理解。正如小学生学习乘法口诀表一样，先记忆后理解，这样能取得较好效果。

（2）及时总结，发现规律。这门课虽然各章节之间自成体系，但材料的组成、结构、性质和应用之间有内在的联系，通过分析对比，掌握它们的共性。每一章节学习结束后应及时总结。

（3）观察工程，认真试验。建筑材料是一门实践性很强的课程，学习时应注意理论联系实际，为了及时理解教师在课堂上讲授的知识，应利用一切机会观察周围已经建成的或正在施工的各种工程，在实践中理解和验证所学内容。试验课是本课程的重要教学环节，通过试验可验证所学的基本理论，学会检验常用建筑材料的试验方法，掌握一定的试验技能，并能对试验结果进行正确的分析和判断。

　　同时，还要经常学习掌握有关新技术、新规范和新材料技术标准，不断丰富材料知识，与时俱进，以适应不断发展的社会需要。

本章小结

　　建筑材料是用于建造建筑物和构筑物所有材料和制品的总称。任何一种建筑物或构筑物都是用建筑材料按某种方式组合而成的，没有建筑材料，就没有建筑工程，因此建筑材料是一切建筑工程的物质基础。建筑材料工业发展迅速，近年来，各种新型建筑材料层出不穷，而且日益向轻质、高强、多功能方向发展，建筑材料正处于新的变革之中。学习本课程的任务是获得有关建筑材料的性质与应用的基本知识和必要的基本理论，并进行主要建筑材料试验的基本技能训练。

第1章　建筑材料的基本性质

学习重点

通过本章的学习，了解材料科学的一些基本概念，并掌握材料各项基本力学性质、物理性质、耐久性等材料性质的含义，以及它们之间的相互关系和在工程实践中的意义。

学习目标

具备水泥、砂石、灰土、砖、砌块等常用材料主要物理指标的检测技能；
具备根据材料物理指标判断其结构、构造如何及强度高低，耐久性能好坏的技能。

1.1　材料的物理性质

1.1.1　基本物理性质

建筑材料是建筑工程的物质基础，材料的性能与质量在很大程度上决定了工程的性能与质量。在工程实践中，选择、使用、分析和评价材料，通常是以其性质为基本依据的。

建筑材料的性质有基本性质和特殊性质两大部分。材料的基本性质是指建筑工程中通常必须考虑的最基本的、共有的性质；材料的特殊性质则是指材料本身不同于其他材料的性质，是材料具体使用特点的体现。

1. 材料的体积组成

大多数建筑材料的内部都含有孔隙，孔隙的多少和孔隙的特征对材料的性能均产生影响，掌握含孔材料的体积组成是正确理解和掌握材料物理性质的起点。孔隙特征指孔尺寸大小、孔与外界是否连通两个内容。孔隙与外界相连通的叫开口孔，与外界不连通的叫闭口孔。

含孔材料的体积组成如图1-1所示，分为以下三种情况。

(1)材料绝对密实体积，用V表示，是指不包括材料内部孔隙的固体物质本身的体积。

(2)材料的孔体积，用V_P表示，是指材料所含孔隙的体积，分为开口孔体积(V_K)和闭口孔体积(V_B)。

（3）材料在自然状态下的体积，用 V_0 表示，是指材料的实体积与材料所含全部孔隙体积之和。上述几种体积存在以下关系：

$$V_0 = V + V_P$$

其中

$$V_P = V_K + V_B$$

散粒状材料的体积组成如图1-2所示。其中 V_0' 表示材料堆积体积，是指在堆积状态下材料颗粒体积和颗粒之间的间隙体积之和，V_J 表示颗粒与颗粒之间的间隙体积。散粒状材料体积关系如下：

$$V_0' = V_0 + V_J = V + V_P + V_J$$

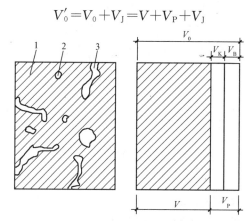

图1-1　含孔材料的体积组成

1—固体物质；2—闭口孔；3—开口孔

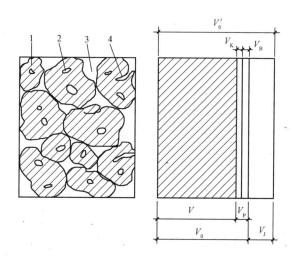

图1-2　散粒状材料的体积组成

1—颗粒的固体物质；2—颗粒的闭口孔隙；3—颗粒间的间隙；4—颗粒的开口孔隙

2. 材料的密度、表观密度和堆积密度

（1）密度。密度是多孔固体材料在绝对密实状态下单位体积的质量（俗称比重）。用下式计算：

$$\rho=\frac{m}{V}$$

式中　ρ——材料的密度，g/cm³ 或 kg/m³；

m——材料的质量(干燥至恒重)，g 或 kg；

V——材料的绝对密实体积，cm³ 或 m³。

密度的单位在 SI 制中为 kg/m³，我国建设工程中一般用 g/cm³，偶尔用 kg/L，忽略不写时，隐含的单位为 g/cm³，如水的密度为 1 g/cm³。

多孔材料的密度测定，关键是测出绝对密实体积。在常用的建筑材料中，除钢、玻璃、沥青等可近似认为不含孔隙外，绝大多数含有孔隙。测定含孔材料绝对密实体积的简单方法是将该材料磨成细粉，干燥后用排液法(李氏瓶)测得的粉末体积即为绝对密实体积。由于磨得越细，内部孔隙消除得越完全，测得的体积也就越精确，因此，一般要求细粉的粒径至少小于 0.2 mm。

对于砂石，因其孔隙率很小，$V\approx V_0$，常不经磨细，直接用排水法测定其密度。对于本身不绝对密实，而用排液法测得的密度叫视密度或视比重。用下式表示：

$$\rho'=\frac{m}{V'}$$

式中　ρ'——视密度，g/cm³；

m——材料的绝对干燥质量，g；

V'——用排水法求得的材料体积($V'=V+V_B$)，cm³。

(2)表观密度。材料在自然状态下单位体积的质量，称为材料的表观密度(原称容重)。其计算式如下：

$$\rho_0=\frac{m}{V_0}$$

式中　ρ_0——表观密度，kg/m³；

m——材料的质量，kg；

V_0——材料表观体积(自然状态下的体积)，m³。

测定材料在自然状态下体积的方法较简单，若材料外形规则，可直接度量外形尺寸，按几何公式计算；若外形不规则，可用排液法测得，为了防止液体由孔隙渗入材料内部而影响测定值，应在材料表面涂蜡。对于砂石，由于孔隙率很小，常把视密度叫作表观密度，如果要测定砂石真正意义上的表观密度，应蜡封开口孔后用排水法测定。

当材料含水时，质量增大，体积也会发生变化，所以测定表观密度时须同时测定其含水率，注明含水状态。材料的含水状态有风干(气干)、烘干、饱和面干与湿润四种。一般为气干状态，烘干状态下的表观密度叫干表观密度。

(3)堆积密度。散粒材料在堆积状态下单位堆积体积的质量，称为材料的堆积密度(原称松散容重)。其计算式如下：

$$\rho_0'=\frac{m}{V_0'}$$

式中　ρ_0'——堆积密度，kg/m³；

m——材料的质量，kg；

V_0'——材料的堆积体积，m^3。

堆积体积是包括材料颗粒间隙在内的体积，混凝土用的碎石、卵石及砂等松散颗粒状材料的堆积密度用既定容积的容器(容量筒)测定。

材料的堆积密度定义中亦未注明材料的含水状态。根据散粒材料的堆积状态，堆积体积分为自然堆积体积和紧密堆积体积(人工捣实后)。由紧密堆积测得的堆积密度称为紧密堆积密度。

常用建筑材料的密度、表观密度和堆积密度见表1-1。

表1-1 常用建筑材料的密度、表观密度和堆积密度

材料名称	密度/($g \cdot cm^{-3}$)	表观密度/($kg \cdot m^{-3}$)	堆积密度/($kg \cdot m^{-3}$)
石灰石	2.6～2.8	1 800～2 600	—
花岗石	2.7～3.0	2 000～2 850	—
水泥	2.8～3.1	—	900～1 300(松散) 1 400～1 700(紧密)
混凝土用砂	2.5～2.6	—	1 450～1 650
混凝土用石	2.6～2.9	—	1 400～1 700
普通混凝土	—	2 100～2 500	—
黏土	2.5～2.7	—	1 600～1800
钢材	7.85	7 850	—
铝合金	2.7～2.9	2 700～2 900	—
烧结普通砖	2.5～2.7	1 500～1 800	—
建筑陶瓷	2.5～2.7	1 800～2 500	—
红松木	1.55～1.60	400～800	—
玻璃	2.45～2.55	2 450～2 550	—
泡沫塑料	—	10～50	—

3. 密实度与孔隙率、填充率与空隙率

(1)密实度。密实度是材料体积内被固体物质所充实的程度，即材料的密实体积与总体积之比。可按材料的密度与表观密度计算如下：

$$D = \frac{V}{V_0}$$

因为 $\rho = \frac{m}{V}$，$\rho_0 = \frac{m}{V_0}$，故

$$V = \frac{m}{\rho} \quad V_0 = \frac{m}{\rho_0}$$

所以
$$D=\frac{V}{V_0}=\frac{m/\rho}{m/\rho_0}=\frac{\rho_0}{\rho}$$

式中 D——材料的密实度，常以百分数表示。

例如，烧结普通砖 $\rho_0=1\ 850\ \text{kg/m}^3$；$\rho=2.50\ \text{g/cm}^3$，其密实度为

$$D=\frac{\rho_0}{\rho}=\frac{1\ 850}{2\ 500}=0.74=74(\%)$$

凡含孔隙固体材料的密实度均小于1。材料的 ρ_0 与 ρ 越接近，即 $\frac{\rho_0}{\rho}$ 越接近1，材料就越密实，材料的很多性质，如强度、吸水性、耐水性、导热性等均与其密实度有关。

（2）孔隙率。孔隙率是材料体积内孔隙（开口的和封闭的）体积所占的比例，按下式计算：

$$P=\frac{V_0-V}{V_0}=1-\frac{V}{V_0}=1-\frac{\rho_0}{\rho}=1-D$$

式中 P——材料的孔隙率，%。

例如，按计算密实度的方法，求其孔隙率。

$$P=1-\frac{\rho_0}{\rho}=1-\frac{1\ 850}{2\ 500}=0.26=26(\%)$$

材料的孔隙率与密实度是从两个不同方面反映材料的同一个性质。孔隙率可分为开口孔隙率和闭口孔隙率。

开口孔隙率（P_K）是指能被水所饱和的孔隙体积与材料表观体积之比的百分数。

$$P_K=\frac{m_2-m_1}{V_0}\cdot\frac{1}{\rho_{H_2O}}\cdot100\%$$

式中 m_1——干燥状态材料的质量，g；

$\quad\quad m_2$——水饱和状态下材料的质量，g；

$\quad\quad \rho_{H_2O}$——水的密度，g/cm^3。

开口孔隙能提高材料的吸水性、透水性，降低抗冻性。减少开口孔隙，增加闭口孔隙，可提高材料的耐久性。

闭口孔隙（P_B）是指总孔隙率（P）与开口孔隙率（P_K）之差，即 $P_B=P-P_K$。

材料的许多性质，如表观密度、强度、导热性、透水性、抗冻性、抗渗性、耐蚀性等，除与材料的孔隙大小有关，还与孔隙构造特征有关。孔隙构造特征主要是指孔隙的形状和大小，根据孔隙形状，分开口孔隙与封闭孔隙两类（开口孔隙与外界相连通，闭口孔隙则与外界隔绝）；根据孔隙的大小，分为粗孔和微孔两类，一般均匀分布的小孔，要比开口或相连通的孔隙好。不均匀分布的孔隙，对材料性质影响更大。

（3）填充率。填充率是指颗粒材料的堆积体积内，被颗粒所填充的程度。混凝土用集料的填充率按下式计算：

$$D'=\frac{V'}{V_0'}\cdot100\%\ \text{或}\ D'=\frac{\rho_0'}{\rho}\cdot100\%$$

式中 V'——用排水法求得的材料体积（$V'=V+V_B$），cm^3；

$\quad\quad V_0'$——材料的堆积体积，m^3。

（4）空隙率。空隙率是指颗粒材料的堆积体积内，颗粒之间的空隙体积所占的百分率，即

$$P' = \frac{V_0' - V'}{V_0'} = 1 - \frac{V'}{V_0'} = 1 - D'$$

$$D' + P' = 1$$

式中　V'——用排水法求得的材料体积（$V' = V + V_B$），cm^3；

　　　V_0'——材料的堆积体积，m^3。

1.1.2　材料与水有关的性质

1. 亲水性与憎水性

材料在空气中与水接触时，根据其表面能否被润湿，可分为亲水性材料与憎水性材料两类。这种现象是由于材料、水、空气三相接触时的表面能不同而产生的。

如图1-3所示，材料、水和空气三相接触的交点处，沿水表面的切线与水和固体接触面所成的夹角 θ 称为润湿角。当水分子间的内聚力小于材料与水分子间的分子亲和力时，$\theta \leqslant 90°$，这种材料能被水润湿，表现为亲水性。当水分子间的内聚力大于材料与水分子间的分子亲和力时，$90° < \theta < 180°$，这种材料不能被水润湿，表现为憎水性。建筑材料中石料、砖、混凝土、木材等都属于亲水性材料；沥青、塑料、橡胶和油漆等为憎水性材料，工程上多利用材料的憎水性来制造防水、防潮材料。

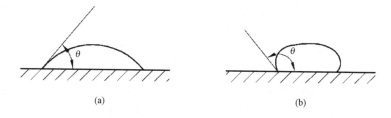

图1-3　材料的润湿角

（a）亲水性材料；（b）憎水性材料

2. 吸水性

吸水性是材料在水中吸收水分的性质。吸水性的大小可用吸水率表示，吸水率有质量吸水率和体积吸水率之分。

质量吸水率是指材料所吸收水分的质量占材料干燥质量的百分数，可按下式计算：

$$W_{质} = \frac{m_{湿} - m_{干}}{m_{干}} \cdot 100\%$$

式中　$W_{质}$——材料的质量吸水率，%；

　　　$m_{湿}$——材料吸水饱和后的质量，g；

　　　$m_{干}$——材料干燥到恒重时的质量，g。

体积吸水率是指材料体积内被水充实的程度，即材料吸收水分的体积占干燥材料的自

然体积的百分数，可按下式计算：

$$W_{体} = \frac{m_{湿} - m_{干}}{V_0} \cdot \frac{1}{\rho_{H_2O}} \cdot 100\%$$

式中　$W_{体}$——材料的体积吸水率，%；

　　　V_0——干燥材料在自然状态下的体积，cm^3。

质量吸水率与体积吸水率存在如下关系：

$$W_{体} = W_{质} \cdot \rho_0$$

式中　ρ_0——干燥表观密度，kg/m^3。

材料的吸水率大小与材料的孔隙率和孔隙特征有关。一般来说，孔隙率越大，吸水率越大。但在材料的孔隙中，不是全部孔隙都能被水充满，因为封闭的孔隙，水分不易渗入；而粗大的孔隙，水分又不易存留，故材料的体积吸水率常小于孔隙率。这类材料常用质量吸水率表示它的吸水性。

对于某些轻质材料，如加气混凝土、软木等，由于具有很多开口微小的孔隙，所以它的质量吸水率往往超过 100%，即湿质量为干质量的几倍，在这种情况下，最好用体积吸水率表示其吸水性。

3. 吸湿性

材料在潮湿的空气中吸收空气中水分的性质称为吸湿性。吸湿性的大小用含水率表示。

材料所含水质量占材料干燥质量的百分数称为材料的含水率。可按下式计算：

$$W_{含} = \frac{m_{含} - m_{干}}{m_{干}} \cdot 100\%$$

式中　$W_{含}$——材料的含水率，%；

　　　$m_{含}$——材料含水时的质量，g。

材料的含水率大小，除与材料本身的成分、组织构造等因素有关外，还与周围环境的温度、湿度有关，气温越低，相对湿度越大，材料的含水率也就越大。

材料随着空气湿度大小的变化，既能在空气中吸收水分，又可向外界扩散水分，最后与空气湿度达到平衡。材料在空气中，水分向外发散的性质称为材料的还水性。木材的吸湿性随着空气湿度变化特别明显。例如，木门窗制作后如长期处于空气湿度小的环境下，为了与周围湿度平衡，木材便向外散发水分，于是门窗因体积收缩而干裂。

4. 耐水性

材料长期在饱和水作用下结构不破坏、其强度也不显著降低的性质称为耐水性。材料的耐水性用软化系数表示：

$$K_{软} = \frac{f_{饱}}{f_{干}}$$

式中　$K_{软}$——材料的软化系数；

　　　$f_{饱}$——材料在饱和水状态下的抗压强度，MPa；

　　　$f_{干}$——材料在干燥状态下的抗压强度，MPa。

材料的软化系数为 0~1。一般无机非金属材料，随着含水率的增加，水分会渗入材料之间的缝隙内，降低微粒之间的结合力，软化材料不耐水成分（如黏土、有机物等），强度降低。所以，用于严重受水侵蚀或潮湿环境的材料，其软化系数应在 0.85～0.90 之间，用于受潮较轻的或次要结构物的材料，则不宜小于 0.70～0.85。软化系数值越大，耐水性越好，软化系数大于 0.85 的材料，通常可以认为是耐水的材料。

5. 抗冻性

材料在吸水饱和状态下，经多次冻结和融化作用（冻融循环）而结构不破坏，同时也不严重降低强度的性质称为抗冻性。

通常把在 -15℃的温度（水在微小毛细管中低于 -15 ℃才能冻结）冻结后，再在 20 ℃的水中融化，这样的一个过程称为一次冻融循环。

当温度下降到负温时，材料内的水分会由表及里地冻结，内部水分不能外溢，水结冰后体积膨胀约 9%，产生强大的冻胀压力，使材料内毛细管壁胀裂，造成材料局部破坏，随着温度交替变化，冻结与融化循环反复，冰冻的破坏作用逐渐加剧，最终导致材料破坏。

抗冻等级是用标准方法进行冻融循环试验，测得材料强度降低不超过规定值，且无明显损坏和剥落时所能承受的冻融循环次数来确定，常用"Fn"表示，其中 n 表示材料能承受的最大冻融循环次数，如 F100 表示材料在一定试验条件下能承受 100 次冻融循环。

材料的抗冻性与材料的孔隙率、孔隙特征、充水程度和冷冻速度等因素有关。材料的强度越高，其抵抗冰冻破坏的能力也越强，抗冻性越好。材料的孔隙率及孔隙特征对抗冻性影响较大，其影响与抗渗性相似。

6. 抗渗性

材料抵抗水、油等液体压力作用渗透的性质称为抗渗性（不透水性）。

材料的抗渗性可用抗渗等级（P）表示。抗渗等级 P 是指在规定试验条件下，压力水不能透过试件厚度在端面上呈现水迹所能承受的最大水压力。

例如，P8 表示混凝土 28 d 龄期的标准试件用标准方法试验，承受 0.8 MPa 水压无渗透现象。

材料的抗渗性与其孔隙多少和孔隙特征关系密切，开口并连通的孔隙是材料渗水的主要渠道。材料越密实、闭口孔越多、孔径越小，水越难渗透；相反，孔隙率越大、孔径越大、开口并连通的孔隙越多的材料，其抗渗性越差。此外，材料的亲水性、裂缝缺陷等也是影响抗渗性的重要因素。工程上常采用降低孔隙率以提高密实度，提高闭口孔隙比例，减少裂缝或进行憎水处理等方法来提高材料的抗渗性。

1.1.3 材料与热有关的性质

1. 导热性

热量由材料的一面传至另一面的性质，称为导热性。导热性是材料的一个非常重要的热物理指标，也是材料传递热量的一种能力。材料导热能力用导热系数 λ 来表示。

在物理意义上，导热系数为单位厚度的材料，当两侧温度差为 1 K 时，在单位时间内通过单位面积的热量。导热系数用下式计算：

$$\lambda = \frac{Q \cdot a}{A \cdot Z(t_2 - t_1)}$$

式中　λ——导热系数，W/(m·K)；

　　　Q——传导热量，J；

　　　a——材料厚度，m；

　　　A——传热面积，m²；

　　　Z——传热时间，s；

　　$t_2 - t_1$——材料传热时两面的温度差，K。

材料的导热系数与材料内部的孔隙构造密切相关。由于密闭空气的导热系数仅为0.023 W/(m·K)，当材料中含有较多闭口孔隙时，其导热系数较小，材料的隔热绝热性较好；但当材料内部含有较多粗大、连通的孔隙时，空气会产生对流作用，使其传热性大大提高。

由于气候、施工水分和使用的影响，都将导致建筑材料具有一定湿度，而湿度对导热系数有着极其重要的影响。材料受潮后，在材料的孔隙中有水分(包括蒸汽水和液态水)，而水的导热系数[$\lambda = 0.58$ W/(m·K)]比静态空气的导热系数[$\lambda = 0.023$ W/(m·K)]大 20 多倍，所以使材料导热系数增大。如果孔隙中的水分冻结成冰，冰的导热系数[$\lambda = 2.33$ W/(m·K)]约是水的 4 倍，材料的导热系数将更大，则材料受潮或受冻将严重影响其保温效果。因此工程中保温材料应特别注意防潮。

2. 热容量

材料加热时吸收热量，冷却时放出热量的性质，称为热容量。热容量大小用比热(也称热容量系数)表示。

在物理意义上，比热表示 1 g 材料温度升高 1 K 时所吸收的热量或降低 1 K 时所放出的热量。

材料加热(或冷却)时，吸收(或放出)的热量与质量、温度差成正比，用下式表示：

$$C = \frac{Q}{m(t_2 - t_1)}$$

式中　Q——材料吸收(或放出)的热量，J；

　　　C——比热，J/(g·K)；

　　　m——材料的质量，g；

　　$t_2 - t_1$——材料受热(或冷却)后的温差，K。

比热是反映材料的吸热和放热能力大小的物理量。不同材料的比热不同，即使是同一种材料，由于所处物态不同，比热也不同。例如，水的比热是 4.186×10^3 J/(kg·K)，而结冰后比热则是 2.093×10^3 J/(kg·K)。

材料的比热对保持建筑物内部温度稳定有很大意义。比热大的材料，能在热流变动或采暖设备供热不均匀时，缓和室内的温度变动，屋面材料也宜选用热容量大的材料。常用材料的热工性质指标见表1-2。

表 1-2　常用材料的热工性质指标

材料名称	导热系数/[W·(m·K)$^{-1}$]	比热/[J·(g·K)$^{-1}$]	线膨胀系数/(×10^{-6}·K^{-1})
铜	370	0.38	18.6
钢	55	0.46	10～12
石灰石	2.66～3.23	0.749～0.846	6.75～6.77
花岗石	2.91～3.45	0.716～0.92	5.60～7.34
大理石	2.45	0.875	6.50～10.12
普通混凝土	1.8	0.88	5.8～15
烧结普通砖	0.4～0.7	0.84	5～7
松木	0.17～0.35	2.51	—
玻璃	2.7～3.26	0.83	8～10
泡沫塑料	0.03	1.30	—
水	0.60	4.187	—
密闭空气	0.023	1	—

3. 耐火性

耐火性指材料在长期高温作用下，保持其结构和工作性能的基本稳定而不损坏的性能，用耐火度表示。工程上用于高温环境的材料和热工设备等都要使用耐火材料。根据材料耐火度的不同，可分为三大类。

（1）耐火材料：耐火度不低于 1 580 ℃的材料，如各类耐火砖等。

（2）难熔材料：耐火度为 1 350 ℃～1 580 ℃的材料，如难熔黏土砖、耐火混凝土等。

（3）易熔材料：耐火度低于 1 350 ℃的材料，如烧结普通砖、玻璃等。

4. 耐燃性

耐燃性指材料能经受火焰和高温的作用而结构不破坏，强度也不显著降低的性能，是影响建筑物防火、结构耐火等级的重要因素。根据耐燃性的不同，材料可分为三大类。

（1）不燃材料是指遇火或高温作用时，不起火、不燃烧、不碳化的材料，如混凝土、天然石材、砖、玻璃和金属等。需要注意的是，玻璃、钢铁和铝等材料，虽不燃烧，但在火烧或高温下会发生较大的变形或熔融，因而是不耐火的。

（2）难燃材料是指遇火或高温作用时，难起火、难燃烧、难碳化，只有在火源持续存在时才能继续燃烧，火源消除即停止燃烧的材料，如沥青混凝土和经防火处理的木材等。

（3）易燃材料是指遇火或高温作用时，容易引燃起火或微燃，火源消除后仍能继续燃烧的材料，如木材、沥青等。用可燃材料制作的构件，一般应经过防燃处理。

5. 温度变形

温度变形指材料在温度变化时产生的体积变化，多数材料在温度升高时体积膨胀，温度下降时体积收缩。温度变形在单向尺寸上的变化称为线膨胀或线收缩，一般用线膨胀系数来衡量，线膨胀系数用"α"表示，其计算式如下：

$$\alpha = \frac{\Delta L}{(t_2 - t_1)L}$$

式中 α——材料在常温下的平均线膨胀系数，1/K；

ΔL——材料的线膨胀或线收缩量，mm；

$t_2 - t_1$——温度差，K；

L——材料原长，mm。

材料的线膨胀系数一般都较小，但由于建筑工程结构的尺寸较大，温度变形引起的结构体积变化仍是关系其安全与稳定的重要因素。工程上常用预留伸缩缝的办法来解决温度变形问题。

1.2　材料的力学性质

材料的力学性质是指材料在外力(荷载)作用下抵抗破坏的能力和变形的有关性质。

1.2.1　强度与比强度

1. 强度

材料在外力作用下抵抗破坏的能力称为材料的强度，并以单位面积上所能承受的荷载大小来衡量。

材料的强度本质上是材料内部质点间结合力的表现。当材料受外力作用时，其内部便产生应力相抗衡，应力随外力的增大而增大。当应力(外力)超过材料内部质点间的结合力所能承受的极限时，便导致内部质点的断裂或错位，使材料破坏。此时的应力为极限应力，通常用来表示材料强度的大小。

根据材料的受力状态，材料的强度可分为抗压强度、抗拉强度、抗弯(折)强度和抗剪强度。材料的受力状态如图 1-4 所示。

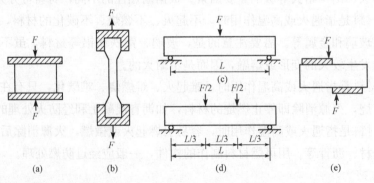

图 1-4　材料的受力状态

(a)受压；(b)受拉；(c)、(d)弯曲(折)；(e)受剪

材料抗拉、抗压、抗剪强度按下式计算：

$$f = \frac{F}{A}$$

式中　f——抗拉、抗压、抗剪强度，MPa；

　　　F——材料受拉、受压、受剪破坏时的荷载，N；

　　　A——材料的受力面积，mm^2。

抗弯(折)强度在图 1-4(c)受力状态时的计算式如下：

$$f_m = \frac{3FL}{2bh^2}$$

式中　f_m——抗弯强度，MPa；

　　　F——受弯破坏时的荷载，N；

　　　L——两支点间的距离，mm；

　　　b、h——材料截面宽度和高度，mm。

材料的强度与其组成和构造有关。不同种类的材料抵抗外力的能力不同；同类材料当其内部构造不同时，其强度也不同。致密程度越高的材料，强度越高。同类材料抵抗不同外力作用的能力也不相同，尤其是内部构造非匀质的材料，其不同外力作用下的强度差别很大。如混凝土、砂浆、砖、石材和铸铁等，其抗压强度较高，而抗拉、抗弯(折)强度较低；钢材的抗拉、抗压强度都较高。为了掌握材料性能、便于分类管理、合理选用材料、正确进行设计、控制工程质量，常将材料按其强度的大小划分成不同的等级，称为强度等级，它是衡量材料力学性质的主要技术指标。脆性材料如混凝土、砂浆、砖和石材等，主要用于承受压力，其强度等级用抗压强度来划分；韧性材料如建筑钢材，主要用于承受拉力，其强度等级就用抗拉时的屈服强度来划分。

2. 比强度

比强度指单位体积质量材料所具有的强度，即材料的强度与其表观密度的比值(f/ρ_0)，它是衡量材料轻质高强特性的技术指标。

建筑工程中结构材料主要用于承受结构荷载。多数传统结构材料的自重都较大，其强度相当一部分要用于抵抗自身和其上部结构材料的自重荷载，而影响了材料承受外荷载的能力，使结构的尺度受到很大的限制。随着高层建筑、大跨度结构的发展，要求材料不仅有较高的强度，而且要尽量减轻其自重，即要求材料具有较高的比强度。轻质高强性能已经成为材料发展的一个重要方向。

1.2.2　材料的变形性质

1. 弹性与塑性

(1)弹性与弹性变形。弹性指材料在外力作用下产生变形，外力去除后，能完全恢复原来形状的性质。这种能完全恢复的变形称为弹性变形。弹性变形的大小与所受应力的大小成正比，所受应力与应变的比值称为弹性模量，用"E"表示，它是衡量材料抵抗变形能力的指标。在材料的弹性范围内，E 是一个常数，按下式计算：

$$E = \frac{\sigma}{\varepsilon}$$

式中　E——材料的弹性模量，MPa；

　　　σ——材料所受的应力，MPa；

　　　ε——材料在应力 σ 作用下产生的应变，无量纲。

弹性模量越大，材料抵抗变形能力越强，在外力作用下的变形越小。材料的弹性模量是工程结构设计和变形验算的主要依据之一。

(2)塑性与塑性变形。塑性指材料在外力作用下产生变形，外力去除后，仍保持变形后的形状和尺寸的性质。这种不可恢复的变形称为塑性变形。材料的塑性变形是因其内部的剪应力作用，致使部分质点产生相对滑移的结果。

完全的弹性材料或塑性材料是没有的，大多数材料在受力变形时，既有弹性变形，也有塑性变形，只是在不同的受力阶段，变形的主要表现形式不同，当外力去除后，弹性变形部分可以恢复，塑性变形部分不能恢复，如图1-5～图1-7所示。有的材料如钢材，在受力不大的情况下，表现为弹性变形，而在受力超过一定限度后，则表现为塑性变形；有的材料如混凝土，受力后弹性变形和塑性变形几乎同时产生。

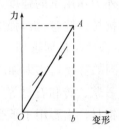

图1-5　材料的弹性变形

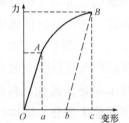

图1-6　材料的弹性与塑性变形

bc—弹性变形；Ob—塑性变形

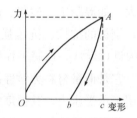

图1-7　材料的弹塑性变形

2. 脆性与韧性

(1)脆性。脆性指材料在外力作用下，无明显塑性变形而发生突然破坏的性质，具有这种性质的材料称为脆性材料，如普通混凝土、砖、陶瓷、玻璃、石材和铸铁等。一般脆性材料的抗压强度比其抗拉、抗弯强度高很多倍，其抵抗冲击和振动的能力较差，不宜用于承受冲击和振动的场合。

(2)韧性。韧性指材料在振动或冲击荷载作用下，能吸收较多的能量，并产生较大的变形而不破坏的性质。具有这种性质的材料称为韧性材料，如低碳钢、低合金钢、铝合金、塑料、橡胶、木材和玻璃钢等。材料的韧性用冲击试验来检验，又称为冲击韧性，用冲击韧性值即材料受冲击破坏时单位断面所吸收的能量来衡量。冲击韧性值用"α_k"表示，其计算式如下：

$$\alpha_k = \frac{A_k}{A}$$

式中　α_k——材料的冲击韧性值，J/mm^2；

　　　A_k——材料破坏时所吸收的能量，J。

　　　A——材料受力面积，mm^2。

韧性材料在外力作用下会产生明显的变形，变形随外力的增大而增大，外力所做的功转化为变形能被材料所吸收，以抵抗冲击的影响。材料在破坏前所产生的变形越大，所能承受的应力越大，其所吸收的能量就越多，材料的韧性就越强。道路、桥梁、轨道、吊车梁及其他受振动影响的结构，应选用韧性较好的材料。

3. 硬度与耐磨性

(1)硬度。硬度指材料表面抵抗其他硬物压入或刻划的能力。为保持较好的表面使用性质和外观质量，要求材料必须具有足够的硬度。非金属材料的硬度用摩氏硬度表示，它是用系列标准硬度的矿物块对材料表面进行划擦，根据划痕确定硬度等级。摩氏硬度等级见表1-3。

表 1-3　摩氏硬度等级

标准矿物	滑石	石膏	方解石	萤石	磷灰石	长石	石英	黄玉	刚玉	金刚石
硬度等级	1	2	3	4	5	6	7	8	9	10

金属材料的硬度等级常用压入法测定，主要有：布氏硬度(HB)法，是以淬火的钢珠压入材料表面产生的球形凹痕单位面积上所受压力来表示；洛氏硬度(HR)法，是用金刚石圆锥或淬火的钢球制成的压头压入材料表面，以压痕的深度来表示。硬度大的材料其强度也高，工程上常用材料的硬度来推算其强度，如用回弹法测定混凝土强度，即是用回弹仪测得混凝土表面硬度，再间接推算出混凝土强度。

(2)耐磨性。耐磨性指材料表面抵抗磨损的能力。耐磨性常以磨损率衡量，以"G"表示，其计算式为

$$G = \frac{m_1 - m_2}{A}$$

式中　G——材料的磨耗率，g/cm^2；

　　　m_1——材料磨损前的质量，g；

　　　m_2——材料磨损后的质量，g；

　　　A——材料受磨面积，cm^2。

材料的耐磨性与其组成、结构、构造、强度和硬度等因素有关。材料的硬度越高、越致密，耐磨性越好。如路面、地面等受磨损的部位，要求使用耐磨性好的材料。

1.3　材料的耐久性

材料的耐久性是指在长期的使用过程中，能抵抗环境的破坏作用，并保持原有性质不变、结构不破坏的一项综合性质。由于环境作用因素复杂，耐久性也难以用一个参数来衡量。工程上通常用材料抵抗使用环境中主要影响因素的能力来评价耐久性，如抗渗性、抗冻性、抗老化和抗碳化等性质。

环境对材料的破坏作用，可分为物理作用、化学作用和生物作用，不同材料受到的环境作用及破坏程度也不相同。影响材料耐久性的内在因素有很多，除了材料本身的组成、

结构、强度等因素外，材料的致密程度、表面状态和孔隙特征对耐久性影响也很大。一般来说，材料的内在结构密实、强度高、孔隙率小、连通孔隙少、表面致密，则抵抗环境破坏能力强，材料的耐久性好。工程上常用提高密实度、改善表面状态和孔隙结构的方法来提高耐久性。建筑材料的耐久性与破坏因素的关系见表1-4。

表1-4 建筑材料的耐久性与破坏因素的关系

常见材料	评定指标	破坏因素	破坏作用	破坏原因
混凝土、砂浆	渗透系数、抗渗等级	压力水	物理	渗透
混凝土、砖	抗冻系数、抗冻等级	水、冻融作用	物理、化学	冻融
混凝土、石材	磨耗率	机械力、流水、泥砂	物理	磨损
耐火砖	*	湿热、冷热交替	物理、化学	热环境
防火板	*	高温、火焰	物理、化学	燃烧
混凝土	碳化深度	CO_2、H_2O	化学	碳化
混凝土	*	酸、碱、盐	化学	化学侵蚀
塑料、沥青	*	阳光、空气、水、湿度	化学	老化
钢材	电位锈蚀率	CO_2、H_2O、氯离子	物理、化学	锈蚀
木材、棉、毛	*	H_2O、O_2、菌类	生物	腐朽
木材、棉、毛	*	昆虫	生物	虫蛀
混凝土	膨胀率	R_2O、活性集料、水	物理、化学	碱-集料反应

注：＊表示可参考强度变化率、开裂情况、变形情况等进行评定。

本章小结

　　本章为全书的重点内容之一。不同材料在建筑物中的功能、用途不同，材料所处的环境不同，对其性质的要求也不同。本章所介绍的各种性质都是建筑材料使用中经常考虑的，了解这些性能便于进一步学习后面的内容。

　　本章详细阐述了建筑材料的基本物理性质、力学性质、表示方法及有关的影响因素，应重点掌握。另外，本章还简要介绍了材料的耐久性，有关具体材料的耐久性问题还将在以后的有关章节中详细介绍。

第 2 章　气硬性胶凝材料

学习重点

　　通过本章的学习，了解气硬性胶凝材料和水硬性胶凝材料的定义，胶凝材料的分类；熟悉石灰的生产、熟化、硬化过程，石膏的品种，石膏相关的建材产品；掌握石灰和石膏的重要性质。

学习目标

　　具备对常用的几种气硬性胶凝材料的识别技能；
　　具备对气硬性胶凝材料验收、仓储的技能；
　　具备对气硬性胶凝材料的应用做技术交底的技能。

　　建筑工程中常常需要将松散材料或构件粘结成整体，并使其具有一定的强度。具有这种粘结作用的材料，统称为胶结材料或胶凝材料。松散材料主要是粉状材料(石粉等)、纤维材料(钢纤维、矿棉、玻璃纤维、聚酯纤维等)、散粒材料(砂、石等)、块状材料(砖、砌块等)、板材(石膏板、水泥板等)等。

　　胶凝材料一般为液态或粉末状。粉末状一般加水或其他溶液后呈浆体，容易与其他材料混合或表面浸渍。胶凝材料经过一系列物理化学变化后凝结硬化，产生强度和粘结力，此过程可将松散的材料胶结成整体，也可将构件粘结成一体。

　　胶凝材料通常分为有机胶凝材料和无机胶凝材料两大类。

　　(1)有机胶凝材料是指以天然或人工合成高分子化合物为基本组成的一类胶凝材料，最常用的有沥青、树脂、橡胶等。

　　(2)无机胶凝材料是指以无机氧化物或矿物为主要组成的一类胶凝材料，最常用的有石灰、石膏、水玻璃、菱苦土和各种水泥，有时也包括沸石粉、粉煤灰、矿渣、火山灰等活性混合材料。

　　根据凝结硬化条件和使用特性，无机胶凝材料通常又分为气硬性和水硬性胶凝材料。

　　气硬性胶凝材料只能在空气中凝结硬化、保持并发展强度，如石灰、石膏、水玻璃、菱苦土等。这类材料在水中不凝结，硬化后不耐水，通常不宜在有水或潮湿环境中使用。

　　水硬性胶凝材料不仅能在空气中而且能更好地在水中凝结硬化、保持并发展强度，如各类水泥和某些复合材料。这类材料需要与水反应才能凝结硬化，在空气中使用时，凝结硬化初期要尽可能浇水或保持潮湿养护。

本章主要介绍气硬性胶凝材料，建筑工程中常用的气硬性胶凝材料有石灰、石膏和水玻璃。

2.1 石 灰

2.1.1 石灰的生产

石灰最主要的原材料是石灰石、白云石和白垩，主要成分是碳酸钙，其次是少量的碳酸镁。原材料的品种和产地不同，对石灰性质影响较大，一般要求原材料中黏土等杂质含量小于8%。

石灰的生产，实际上就是将石灰石在高温下煅烧，使其分解成为 CaO 和 CO_2，CO_2 以气体逸出。反应式如下：

$$CaCO_3 \xrightarrow{900\ ℃} CaO + CO_2 \uparrow$$

$$MgCO_3 \xrightarrow{700\ ℃} MgO + CO_2 \uparrow$$

实际生产中，煅烧温度通常为 1 000 ℃～1 200 ℃。生产所得为生石灰，主要成分为 CaO，是一种白色或灰色的块状物质，通常称作块灰。由于原料中常含有碳酸镁（$MgCO_3$），煅烧后生成 MgO，生石灰中 MgO 含量≤5% 的称为钙质生石灰；MgO 含量>5% 的称为镁质生石灰。同等级的钙质石灰质量优于镁质石灰。

工程中常见的石灰品种有块灰、生石灰粉、消石灰粉和石灰膏。生石灰粉是将块灰粉磨而成，消石灰粉和石灰膏又称熟石灰或消石灰，是由生石灰加水熟化而成，主要成分是 $Ca(OH)_2$。

2.1.2 石灰的熟化与硬化

1. 石灰的熟化

石灰的熟化又称消解，是生石灰（CaO）与水反应生成熟石灰[$Ca(OH)_2$]的过程，反应方程如下：

$$CaO + H_2O = Ca(OH)_2 + 64.9\ kJ$$

石灰的熟化反应速度快，煅烧良好的 CaO 与水接触时几秒钟内即反应完毕，并释放大量的热，熟化时体积膨胀（体积增大 1.5～2.0 倍）。

工程中石灰熟化的方法有两种，可分别得到熟石灰粉和石灰膏。

（1）淋灰法。这一过程通常称为消化。淋灰法得到的是熟石灰粉。工地上可通过人工分层喷淋消化，每堆放半米高的生石灰块，喷淋石灰质量 60%～80% 的水（理论值为31.2%），再堆放再淋，以成粉不结块为宜。目前通常是在工厂采用机械方法集中生产消石灰粉，作为产品销售。

（2）化灰法。当熟化时加入大量的水（为块灰质量的 2.5～3 倍），则生成浆状石灰膏。工地上常在化灰池中熟化成石灰浆后，通过筛网滤去欠火石灰和杂质，流入储灰池沉淀得到石灰膏。

石灰中常含有欠火石灰和过火石灰。当煅烧温度过低或时间不足时，由于 $CaCO_3$ 不能完全分解，石灰石没有完全变为生石灰，这类石灰称为欠火石灰。欠火石灰的特点是产浆量低、渣滓较多，石灰利用率低。

过火石灰是由于煅烧温度过高或时间过长时，部分块状石灰的表层会被煅烧成十分致密的釉状物。过火石灰颜色较深，密度较大，熟化反应十分缓慢，往往要在石灰使用后才开始水化熟化，从而产生局部体积膨胀，致使硬化后的石灰砂浆产生鼓包或开裂，影响工程质量。由于过火石灰在生产中是很难避免的，为消除过火石灰的危害，石灰膏在使用前必须在储灰坑中放置两周以上，此过程为"陈伏"。陈伏期间石灰膏面层必须蓄水养护，其目的是隔断与空气直接接触，防止干硬固化和碳化固结，以免影响正常使用。现场生产的消石灰粉一般也需要"陈伏"。

2. 石灰的硬化

石灰在空气中的硬化包括两个同时进行的过程。

（1）结晶过程：石灰浆在空气中因游离水分逐渐蒸发和被砌体吸收，$Ca(OH)_2$ 溶液过饱和而逐渐结晶析出，促进石灰浆体的硬化，从而具有强度，但是由于晶体溶解度较高，当再遇水时强度会降低。同时干燥使石灰浆体紧缩也会产生强度，但这种强度类似于黏土干燥后的强度，强度值较低。

（2）碳化过程：$Ca(OH)_2$ 与空气中的 CO_2 和水作用，生成不溶解于水的 $CaCO_3$ 晶体，析出的水分又逐渐被蒸发，这个过程称作碳化，反应式如下：

$$Ca(OH)_2 + CO_2 + nH_2O \longrightarrow CaCO_3 + (n+1)H_2O$$

碳化过程形成的 $CaCO_3$ 晶体使硬化石灰浆体结构致密、强度提高。但由于空气中 CO_2 浓度很低，又只在表面进行，故碳化过程极为缓慢。空气中湿度过小或过大均不利于石灰的碳化硬化。

石灰浆体硬化其实是两个过程的共同作用，氢氧化钙的结晶过程主要发生在内部，碳化过程十分缓慢，很长时间内仅限于表层。

2.1.3 石灰的性质

（1）保水性和可塑性好。生石灰熟化成石灰浆时，氢氧化钙粒子呈胶体分散状态，颗粒极细，直径 $1\ \mu m$ 左右，颗粒表面吸附一层较厚的水膜，所以石灰膏具有良好的保水性和可塑性，用来配制建筑砂浆可显著提高砂浆的和易性，便于施工。

（2）凝结硬化慢、强度低。石灰依靠干燥结晶以及碳化作用而硬化，由于空气中的二氧化碳含量低，且碳化后形成的碳酸钙硬壳阻止二氧化碳向内部渗透，同时妨碍水分向外蒸发，因而硬化过程缓慢，硬化后的强度也不高，1∶3 的石灰砂浆 28 d 的抗压强度只有 0.2～0.5 MPa。

（3）凝结硬化时体积收缩大。石灰在硬化过程中，要蒸发掉大量的水分，由于毛细管失水紧缩，引起体积显著收缩，石灰制品易出现干缩裂缝。所以，石灰不宜单独使用，施工中一般要掺入砂、纸筋、麻刀等材料，以减少收缩，增加抗拉强度，并能节约石灰。

（4）耐水性差。$Ca(OH)_2$ 微溶于水，如果长期受潮或受水浸泡会使硬化的石灰溃散。若石灰浆体在完全硬化之前就处于潮湿的环境中，石灰中的水分不能蒸发出去，其硬化就会被阻止。因此，石灰砂浆不宜在长期潮湿和受水浸泡的环境中使用。

（5）化学稳定性差。生石灰放置过程中会吸收空气中的水分而熟化成消石灰粉，石灰膏和消石灰粉容易与空气中的 CO_2 作用生成碳酸钙。石灰是碱性材料，还容易遭受酸性介质的腐蚀。

2.1.4　石灰的应用

1. 制作石灰砂浆、石灰混合砂浆

石灰膏中掺入适量的砂和水，即可配制成石灰砂浆，可以应用于内墙、顶棚的抹灰层，也可以用于要求不高的砌筑工程。在水泥砂浆中掺入适量石灰膏后，即制得工程上应用量很大的混合砂浆。石灰膏能提高砂浆的保水性、可塑性，保证施工质量的同时还能节约水泥。但石灰砂浆、混合砂浆不得用于潮湿环境和易受水浸泡的部位。

2. 制作灰土、三合土

将消石灰粉与黏土按一定比例拌和，可制成石灰土（也叫石灰改良土，如三七灰土、二八灰土，分别表示熟石灰粉和黏土的体积比为 3∶7 和 2∶8），或与黏土、砂石、炉渣等填料拌制成三合土。灰土经夯实后，主要用在一些建筑物的基础回填、地面的垫层和公路的路基上。配制灰土时，土种以黏土、粉质黏土及粉土为宜，一般熟石灰必须充分消解。施工时准确掌握灰土配合比，将灰土混合均匀并夯实。灰土的强度与夯实程度、土的塑性指数有关，并随龄期的增加而提高。黏土中的活性氧化硅和氧化铝与石灰中的氧化钙在长期作用下发生反应，生成不溶性的水化硅酸钙和水化铝酸钙，增强了颗粒间的粘结力，因而提高了灰土的强度和耐水性，这也是石灰硬化后不耐水，但灰土可以用于地基、路基等潮湿部位的原因。

3. 硅酸盐制品

以石灰（消石灰粉或生石灰粉）与硅质材料（砂、粉煤灰、火山灰、矿渣等）为主要原料，经过配料、拌和、成型和养护后可制得砖、砌块等各种制品。因内部的胶凝物质主要是水化硅酸钙，所以称为硅酸盐制品，常用的品种有灰砂砖、粉煤灰砌块、碳化石灰板等。将石灰和活性材料（粉煤灰、矿渣等工业废料）按比例混合后研磨，可以制得无熟料水泥。

2.1.5　石灰的储运

（1）在运输过程中不准与易燃、易爆及液态物品同时装运，运输时要采取防雨措施。

(2)生石灰露天存放时，存放时间不宜过长，必须干燥、不宜积水，石灰应尽量堆高。磨细生石灰应分类分级储存在干燥的仓库内，但储存期一般不超过 1 个月。

(3)施工现场使用的生石灰最好立即熟化，存放于储灰池内进行陈伏。

2.2 石 膏

石膏和石灰一样，都是最古老的建筑材料，具有悠久的使用与发展历史。我国的古长城，在砌筑时就使用了石膏作为砌筑灰浆。石膏是以硫酸钙为主要成分的气硬性胶凝材料，石膏制品具有轻质高强、隔热吸声、防火保温、环保美观、加工容易等优良性能，适用于室内装饰及框架轻板结构，特别是各种轻质石膏板材，在建筑工程中应用、发展很快。

2.2.1 石膏的生产

石膏的原材料有天然二水石膏(生石膏、软石膏)和天然无水石膏(硬石膏)以及来自化学工业的副产品化工石膏，如烟气脱硫石膏、磷石膏等。

天然的生石膏(二水石膏)出自石膏矿，主要成分是 $CaSO_4 \cdot 2H_2O$。建筑上常用的为熟石膏(半水石膏)，品种有建筑石膏、模型石膏、高强石膏、地板石膏等，主要由生石膏煅烧而成。

将生石膏在 $107\ ℃\sim170\ ℃$ 条件下煅烧脱去部分结晶水而制得的 β 型半水石膏(熟石膏)，经过磨细后的白色粉末称为建筑石膏，分子式为 $CaSO_4 \cdot \frac{1}{2}H_2O$，也是最常用的建筑石膏。其反应式如下：

$$CaSO_4 \cdot 2H_2O \xrightarrow{107\ ℃\sim170\ ℃} CaSO_4 \cdot \frac{1}{2}H_2O + \frac{3}{2}H_2O$$

生石膏在加热过程中，随着温度和压力不同，其产品的性能也不同。若将生石膏在 $124\ ℃$、$0.13\ MPa$ 压力的蒸压锅内蒸炼，则生成 α 型半水石膏，其晶粒较粗，拌制石膏浆体时的需水量较小，硬化后强度较高，故称为高强石膏。高强石膏适用于强度要求高的抹灰工程，制作装饰制品和石膏板。掺入防水剂后高强石膏制品可在潮湿环境中使用。

天然二水石膏在 $800\ ℃$ 以上煅烧时，部分硫酸钙分解成氧化钙，磨细后的石膏称为高温煅烧石膏。这种石膏硬化后有较高的强度和耐磨性，抗水性好，主要用作石膏地板，也称地板石膏。

2.2.2 建筑石膏的凝结硬化

建筑石膏加水拌和后，形成均匀的石膏浆体，石膏浆体逐渐失去塑性并产生强度，变成坚硬的固体，所以建筑石膏能很容易加工成各种模型、石膏饰品和板材。建筑石膏的凝结硬化主要是因为浆体内半水石膏先溶解再与水发生水化反应。其反应式如下：

$$CaSO_4 \cdot \frac{1}{2}H_2O + \frac{3}{2}H_2O \longrightarrow CaSO_4 \cdot 2H_2O$$

二水石膏的溶解度比半水石膏小得多，所以二水石膏胶体微粒不断从过饱和溶液中沉淀析出。二水石膏的析出促使半水石膏继续溶解，使这一反应过程连续不断进行，直至半水石膏全部水化生成二水石膏，随着水化反应的进行，自由水分被反应和蒸发而不断减少，加之生成的二水石膏微粒比半水石膏细，比表面积大，吸附更多的水，从而使石膏浆体很快失去塑性而凝结；后期随着二水石膏微粒结晶长大，晶体颗粒逐渐互相搭接、交错、共生，从而产生强度，即硬化。实际上，上述水化和凝结硬化过程是相互交叉而连续进行的。建筑石膏凝结硬化过程最显著的特点：速度快，水化过程一般为 7～12 min，整个凝结硬化过程只需 20～30 min；另外凝结硬化过程产生 0.1% 左右的体积膨胀，这是其他胶凝材料所不具有的特性。

2.2.3　建筑石膏的技术标准

纯净的建筑石膏为白色粉末，密度为 2.60～2.75 g/cm³，堆积密度为 800～1 000 kg/m³。建筑石膏按原材料种类分为：天然建筑石膏(N)、脱硫建筑石膏(S)和脱磷建筑石膏(P)；按 2 h 抗折强度分为 3.0、2.0、1.6 三个等级。牌号标记按产品名称、代号、等级及标准编号顺序标记，如等级为 2.0 的天然石膏标记为建筑石膏 N2.0 GB/T 9776—2008。

2.2.4　建筑石膏的性质

虽然建筑石膏与石灰同为气硬性胶凝材料，但二者的性能差异还是很大的，石膏的主要特点如下：

(1)凝结硬化快。建筑石膏加水拌和后几分钟便开始初凝，30 min 内终凝，2 h 后抗压强度可达 3～6 MPa，7 d 即可接近最高强度(8～12 MPa)。由于凝结时间过短不利于施工，一般使用时常掺入硼砂、骨胶、纸浆废液等缓凝剂，延长凝结时间。

(2)凝结硬化时体积微膨胀。建筑石膏硬化过程中体积略有膨胀，硬化时不出现裂缝，所以可以不掺加填料而单独使用。石膏制品尺寸准确、表面光滑、形体饱满，特别适合制作建筑装饰品。

(3)孔隙率大，保温、吸声性好。石膏制品生产时往往加入过量的水(水化反应理论需水 18.6%，实际施工为满足塑性需要，常加石膏用量的 60%～80%)，多余的自由水蒸发后，在石膏制品内部形成大量的毛细孔，孔隙率达 50%～60%，因此石膏制品表观密度小(800～1 000 kg/m³)，导热系数低，具有良好的保温绝热性能，常用作保温材料；大量的毛细孔对吸声有一定作用，可用作吸声材料。但孔隙率大使石膏制品的强度低、吸水率大。

(4)调湿性。由于建筑石膏内部的大量毛细孔隙对空气中水蒸气有较强的"呼吸"作用，所以可调节室内温度、湿度，使居住环境更舒适。

(5)防火性好，耐火性差。石膏制品导热系数小，传热慢，遇火时二水石膏分解产生水蒸气，能有效阻止火势蔓延，起防火作用。但二水石膏脱水后粉化，强度降低，石膏制品不宜长期在 65 ℃ 以上的高温环境使用。

(6)耐水性、抗冻性差。建筑石膏内部有大量毛细孔隙，吸湿性强，吸水量大，而其软化系数只有 0.30～0.45，不耐水、不抗冻，潮湿环境中易变形、发霉，可在石膏中掺入适当防水剂来提高石膏制品的耐水性。

2.2.5 建筑石膏的应用与储运

1. 建筑石膏的应用

(1)粉料制品。包括腻子粉、粉刷石膏、粘结石膏、嵌缝石膏等。石膏刮墙腻子是以建筑石膏为主要原料加入石膏改性剂而成的粉料，是喷刷涂料、粘贴壁纸的理想基材。粉刷石膏按用途分为面层粉刷石膏(M)、底层粉刷石膏(D)和保温层粉刷石膏(W)，具有操作简便、粘结力强、和易性好，施工后的墙面光滑细腻、不空鼓、不开裂的特点；使用时不仅可大大降低工人的劳动强度，还可以缩短施工工期，属于高档抹灰材料。

(2)装饰制品。主要产品有角线、平线、天花造型角、弧线、花角、灯盘、浮雕、梁托、罗马柱等。石膏制品以质量优良的石膏为主要原料，掺加少量的纤维增强材料和胶料，加水搅拌成石膏浆体，注模、成型、干燥后制得，掺入颜料后可得彩色制品。由于硬化时体积微膨胀，石膏装饰制品外观优美、表面光洁、花纹清晰、立体感强、施工性能优良，广泛用于酒店、家居、商场、别墅等内部装饰。

(3)石膏板。石膏板具有轻质、隔热、隔声、防火、抗震、绿色环保等特点，而且原料来源广、生产耗能低、设备简单、施工方便，是当前着重发展的新型轻质板材之一。石膏板已广泛用于住宅、办公楼、商店、旅馆和工业厂房等各种建筑物的内隔墙、墙体覆面板(代替墙面抹灰层)、天花板、吸声板、地面基层板和各种装饰板等。我国目前生产的石膏板主要有纸面石膏板、石膏装饰板、石膏空心板、石膏纤维板、石膏砌块等。

1)纸面石膏板。纸面石膏板是以掺入纤维增强材料的建筑石膏做芯材，两面用纸做护面制成，有普通型、耐水型、耐火型三种。板的长度 1 800～3 600 mm，宽度 900～1 200 mm，厚度 9～12 mm。一般结合龙骨使用，广泛应用于室内隔墙板、复合墙板内墙板、天花板等。

2)石膏装饰板。石膏装饰板是以建筑石膏为主要原料，掺加少量纤维材料等制成的有多种图案、花饰的板材。如石膏印花板、穿孔吊顶板、石膏浮雕吊顶板、纸面石膏饰面装饰板等，是一种新型的室内装饰材料，适用于中高档装饰，具有花色多样、颜色鲜艳、造型美观、易加工、安装简单等特点。

3)石膏空心板。该板以建筑石膏为胶凝材料，适量加入轻质多孔材料、改性材料(粉煤灰、矿渣等)搅拌、注模、成型、干燥而成。规格为：(2 500～3 500) mm×(450～600) mm×(60～100) mm，一般 7～9 孔，孔洞率为 30%～40%。安装时不需龙骨，强度高，可用作住宅和公共建筑的内墙和隔墙等。

4)石膏纤维板。石膏纤维板以建筑石膏、纸筋和短切玻璃纤维为原料。表面无护面纸，规格尺寸同纸面石膏板，抗弯强度高，可用于框架结构的内墙隔断，此外还有石膏蜂窝板、防潮石膏板、石膏矿棉复合板等，可分别用作绝热板、吸声板、内墙和隔墙板、天花板、地面基层板等。

(4)石膏砌块。石膏砌块是以建筑石膏为主要原料，加入各种轻集料、填充料、纤维增强材料、发泡剂等辅助材料，经加水搅拌、浇注成型和干燥而制成的块状轻质建筑石膏制品。有时也可用高强石膏（α型石膏）代替建筑石膏，实质上是一种石膏复合材料。主要品种有磷石膏空心砌块、粉煤灰石膏内墙多孔砌块、植物纤维石膏渣空心砌块等。推荐砌块尺寸，长度为 666 mm，高度为 500 mm，厚度为 60 mm、70 mm、80 mm 和 100 mm，即三块砌块组成1 m^2 墙面。

石膏砌块主要用于框架结构和其他结构建筑的非承重墙体，一般做内隔墙用。掺入特殊添加剂的防潮砌块，可用于浴室、厕所等空气湿度较大的场合。

石膏砌块与混凝土相比，其耐火性能要高 5 倍，具有良好的保温隔声特性，墙体轻，相当于黏土实心砖墙质量的 1/4～1/3，抗震性好。石膏砌块可钉、可锯、可刨、可修补，加工处理十分方便，干法施工，施工速度快。石膏砌块配合精密，墙体光洁平整。另外石膏砌块具有"呼吸"水蒸气功能，提高了居住舒适度。

2. 建筑石膏的储运

(1)建筑石膏容易吸湿受潮，凝结硬化变质，因此在运输、储存过程中，应防雨防潮。

(2)应分类分级存储在干燥的仓库内，储存期不宜超过 3 个月。一般储存 3 个月后强度下降 30% 左右，若超过 3 个月，需重新检验确定其等级。

2.3 水 玻 璃

水玻璃又称泡花碱，在建筑工程中常用来配制水玻璃胶泥、水玻璃砂浆、水玻璃混凝土，在防酸、防腐、耐热工程中应用广泛，也可以水玻璃为原料配制无机涂料。

2.3.1 水玻璃的组成

水玻璃是由碱金属氧化物和二氧化硅结合而成的可溶性碱金属硅酸盐材料，为无色或略带青灰色、透明或半透明的黏稠状液体，能溶于水，硬化后为无定型的玻璃状物质，无嗅无味，不燃不爆。

水玻璃可根据碱金属的种类分为钠水玻璃和钾水玻璃，其分子式分别为 $Na_2O \cdot nSiO_2$ 和 $K_2O \cdot nSiO_2$，式中的系数 n 称为水玻璃模数，是水玻璃中的氧化硅和碱金属氧化物的分子比（或摩尔比）。水玻璃模数是水玻璃的重要参数，一般在 1.5～3.5 之间。水玻璃模数越大，固体水玻璃越难溶于水，n 为 1 时常温水即能溶解，n 加大时需热水才能溶解，n 大于 3 时需 4 个大气压以上的蒸汽才能溶解。水玻璃模数越大，氧化硅含量越多，水玻璃黏度增大，易于分解硬化，粘结力增大。

水玻璃的生产有干法和湿法两种方法。干法用石英岩和纯碱为原料，磨细拌匀后，在熔炉内于 1 300 ℃～1 400 ℃ 温度下熔化，按 $NaCO_3 + nSiO_2 \longrightarrow Na_2O \cdot nSiO_2 + CO_2 \uparrow$ 反应生成固体水玻璃，溶解于水而制得液体水玻璃。湿法生产以石英岩粉和烧碱为原料，在高压蒸锅内，2～3 个大气压下进行压蒸反应，直接生成液体水玻璃。

2.3.2 水玻璃的性质

水玻璃硬化后具有较高的粘结强度、抗拉强度、抗压强度。硬化后的强度与水玻璃模数有关，模数越大，强度越高。水玻璃溶液可与水按任意比例混合，不同的用水量可使溶液具有不同的密度和黏度。同一模数的水玻璃溶液，其密度越大，黏度越大，粘结力越强。使用过程中，常将水玻璃加热或加入氟硅酸钠(Na_2SiF_6)作为固化剂，以加快水玻璃的硬化速度。

水玻璃硬化后形成 SiO_2 空间网状骨架，具有很强的耐酸腐蚀性，能耐各种浓度的三酸、铬酸、醋酸(除氢氟酸、热磷酸、氟硅酸外)及有机溶剂等介质的腐蚀，尤其在强氧化性酸中有较高的化学稳定性。

水玻璃硬化中析出的硅酸凝胶具有很强的粘附性，因而水玻璃有良好的粘结能力。硅酸凝胶能堵塞材料毛细孔并在表面形成连续封闭膜，起到阻止水分渗透的作用，因而具有很好的抗渗性和抗风化能力。

水玻璃还具有良好的耐热性能，在高温下不分解，强度不降低，采用耐热、耐火集料配制水玻璃砂浆和混凝土时，耐热度可达 1 000 ℃。

2.3.3 水玻璃的应用

(1)涂料与浸渍材料。水玻璃溶液涂刷或浸渍材料后，能渗入缝隙和孔隙中，固化的凝胶能堵塞毛细孔通道，提高材料的密实度和强度，从而提高材料的抗风化能力。但不能对石膏制品进行涂刷或浸渍，因为水玻璃与石膏反应生成硫酸钠晶体，会在制品孔隙内部产生体积膨胀，导致石膏制品开裂。

水玻璃基的无机涂料与水泥基材有非常牢固的粘结力，成膜硬度大、耐老化、不燃、耐酸碱，霉菌难以生长，可用于内外墙装饰工程。

以水玻璃为基体制作的混凝土养护剂，涂刷在新拆模的混凝土表面，形成致密的薄膜，可防止混凝土内部水分挥发，从而利用混凝土自身的水分最大限度地完成水化作用，达到养护的目的，节约施工用水。

(2)制作水玻璃砂浆、混凝土。以水玻璃为胶凝材料，以氟硅酸钠为固化剂，掺入填料、集料后可制得水玻璃砂浆、混凝土。若选用的填料、集料为耐酸材料，则称为水玻璃耐酸防腐蚀混凝土，主要用于耐酸池等防腐工程。若选用的填料、集料为耐热材料，则称为水玻璃耐热混凝土，主要应用于高炉基础和其他有耐热要求的结构部位。水玻璃混凝土的施工环境温度应在 10 ℃以上，养护期间不得与水或水蒸气直接接触，并应防止烈日暴晒，也不要直接铺砌在水泥砂浆或普通混凝土的基层上。水玻璃耐酸混凝土在使用前必须经过养护及酸化处理。

(3)配制速凝防水剂。以水玻璃为基料，加入二矾或四矾水溶液，称为二矾或四矾防水剂。这种防水剂掺入硅酸盐混凝土或砂浆中，可以堵塞内部毛细孔隙，提高砂浆或混凝土的密实度，改善抗渗、抗冻性。四矾防水剂还可以加速混凝土、砂浆的凝结，适用于堵塞漏洞、缝隙等抢修工程。

（4）加固土壤。将水玻璃与氯化钙溶液交替注入土壤中，两种溶液迅速反应生成硅胶和硅酸钙凝胶，包裹土壤颗粒，填充空隙、吸水膨胀，使土壤的强度和承载能力提高，称为双液注浆。常用于粉土、砂土和填土的地基加固。

本章小结

本章介绍了石灰、石膏、水玻璃三种气硬性胶凝材料的生产、主要品种、技术性质及工程应用。

第3章 水 泥

>> 学习重点

通过本章的学习，了解硅酸盐水泥的生产，硅酸盐水泥熟料的矿物组成、水化、凝结硬化机理；熟悉硅酸盐水泥的腐蚀和防治措施，通用水泥的性质和应用；掌握通用水泥的主要技术指标。

🌟 学习目标

具备通用水泥技术指标检测的技能；
具备水泥验收、仓储的技能；
具备对水泥应用进行技术交底的技能。

3.1 概 述

水泥是一种粉状矿物胶凝材料，它与水混合后形成浆体，经过一系列物理化学变化，由可塑性浆体变成坚硬的石状体，并能将散粒材料胶结成为整体。水泥浆体不仅能在空气中凝结硬化，更能在水中凝结硬化，是一种水硬性胶凝材料。

水泥的种类繁多，目前生产和使用的水泥品种已达200余种。按其主要水硬性物质的不同，水泥可分为硅酸盐系水泥、铝酸盐系水泥、硫铝酸盐系水泥、氟铝酸盐水泥、铁铝酸盐水泥等系列，其中以硅酸盐系列水泥生产量最大，应用最为广泛（图3-1）。

水泥按特性与用途不同，可分为：通用水泥（硅酸盐水泥、普通硅酸盐水泥、矿渣硅酸盐水泥、火山灰质硅酸盐水泥、粉煤灰硅酸盐水泥、复合硅酸盐水泥六大常用水泥）、专用水泥（砌筑水泥、油井水泥、道路水泥等）、特性水泥（快硬硅酸盐

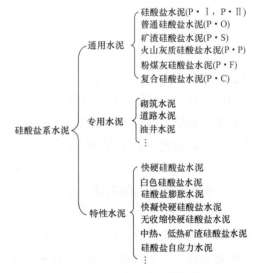

图3-1 硅酸盐系水泥分类

水泥、白色硅酸盐水泥、硅酸盐膨胀水泥、快凝快硬硅酸盐水泥、低热及中热矿渣硅酸盐水泥、抗硫酸盐硅酸盐水泥等）。

3.2 通用水泥

通用水泥是指土木建筑工程中一般用途的水泥，其应用范围很广泛。

3.2.1 硅酸盐水泥的生产及熟料的矿物组成

1. 硅酸盐水泥的定义

凡由硅酸盐水泥熟料、0～5％石灰石或粒化高炉矿渣、适量石膏磨细制成的水硬性胶凝材料，称为硅酸盐水泥（国外通称波特兰水泥）。硅酸盐水泥分两类：不掺加混合材料的称Ⅰ型硅酸盐水泥，代号 P·Ⅰ；在水泥粉磨时掺入不超过水泥质量 5％的石灰石或粒化高炉矿渣的称Ⅱ型硅酸盐水泥，代号 P·Ⅱ。

2. 硅酸盐水泥的原料及生产工艺

生产硅酸盐水泥的原料主要是石灰石、黏土和铁矿石粉，煅烧一般用煤做燃料。石灰石主要提供 CaO，黏土主要提供 SiO_2、Al_2O_3 和 Fe_2O_3，铁矿石粉主要是补充 Fe_2O_3 的不足。

硅酸盐水泥的生产工艺流程可用图 3-2 表示。

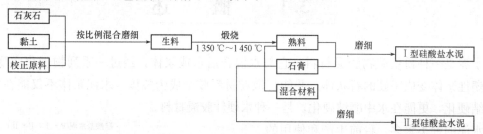

图 3-2　硅酸盐水泥的生产工艺流程

硅酸盐水泥的生产有三大主要环节，即生料制备、熟料烧成和水泥制成，其生产过程常被形象地概括为"两磨一烧"。生料煅烧成熟料是水泥生产的关键环节，因此，水泥的生产工艺也常以煅烧窑的类型来划分。生料在煅烧过程中要经过干燥、预热、分解、烧成和冷却五个环节，通过一系列物理化学变化，生成水泥矿物。为使生料能充分反应，窑内烧成温度要达到 1 450 ℃。

目前，我国水泥熟料的煅烧主要有以悬浮预热和窑外分解技术为核心的新型干法生产工艺、回转窑生产工艺和立窑生产工艺等几种。由于新型干法生产工艺具有规模大、质量好、消耗低、效率高的特点，已经成为发展方向和主流。

硅酸盐水泥生产中，须加入适量石膏和混合材料。加入石膏的作用是延缓水泥的凝结时间；加入混合材料则是为了改善其品种和性能，扩大其使用范围。

3. 硅酸盐水泥熟料的组成

由水泥原料经配比后煅烧得到的块状料即为水泥熟料，是水泥的主要组成部分。

硅酸盐水泥熟料的主要矿物成分是硅酸三钙（$3CaO \cdot SiO_2$），简称为 C_3S，占 $37\%\sim$ 60%；硅酸二钙（$2CaO \cdot SiO_2$），简称为 C_2S，占 $15\%\sim37\%$；铝酸三钙（$3CaO \cdot Al_2O_3$），简称为 C_3A，占 $7\%\sim15\%$；铁铝酸四钙（$4CaO \cdot Al_2O_3 \cdot Fe_2O_3$），简称为 C_4AF，占$10\%\sim18\%$。

水泥具有许多优良的建筑技术性能，这些性能取决于水泥熟料的矿物成分及其含量。各种矿物单独与水作用时，表现出不同的性能，详见表 3-1。

表 3-1　水泥熟料矿物的组成、含量及特性

矿物名称		硅酸三钙	硅酸二钙	铝酸三钙	铁铝酸四钙
氧化物成分		$3CaO \cdot SiO_2$	$2CaO \cdot SiO_2$	$3CaO \cdot Al_2O_3$	$4CaO \cdot Al_2O_3 \cdot Fe_2O_3$
简写式		C_3S	C_2S	C_3A	C_4AF
矿物含量/%		37～60	15～37	7～15	10～18
矿物特性	凝结、硬化速度	快	慢	最快	中
	强度高低（发展）	高（快）	高（慢）	低（最快）	低（中）
	水化热	大	小	最大	中
	耐蚀性	差	好	最差	中
	干缩	中	大	最大	小

由表 3-1 可知，C_3S 支配水泥的早期强度，而 C_2S 对水泥后期强度影响明显。C_3A 本身强度不高，对硅酸盐水泥的整体强度影响不大，但其凝结硬化快。如果水泥中 C_3A 含量过高，水泥会急凝，来不及施工。C_4AF 的强度和硬化速度一般，其主要特性是干缩小，耐磨性强，并有一定的耐化学腐蚀性。在水泥熟料煅烧时，C_4AF 和 C_3A 的形成能降低烧成温度，有利于熟料的煅烧，在硅酸盐水泥中是不可缺少的矿物成分。因此，改变熟料矿物的相对含量，水泥的性质即发生相应的变化。如提高 C_3S 的含量，可制得早强硅酸盐水泥；如提高 C_2S 和 C_4AF 的含量，降低 C_3A 和 C_3S 的含量，可制得水化热低的水泥，如大坝水泥；由于 C_3A 能与硫酸盐发生化学作用，产生结晶，体积膨胀，易产生裂缝，因此在抗硫酸盐水泥中，C_3A 含量应小于 5%。

3.2.2　硅酸盐水泥的凝结与硬化

水泥加水拌和后，成为可塑的水泥浆，水泥浆逐渐变稠失去塑性，但尚不具有强度的过程，称为水泥的"凝结"。随后产生明显的强度并逐渐发展而成为坚硬的人造石——水泥石，这一过程称为水泥的"硬化"。水泥凝结过程较短，一般几小时即可完成；硬化过程则

是一个长期过程，在一定温度和湿度下，可持续几年。

1. 硅酸盐水泥的水化

水泥加水后，其熟料矿物很快与水发生化学反应，生成一系列新的化合物，并放出一定的热量。其反应式如下：

$$2(3CaO \cdot SiO_2) + 6H_2O \longrightarrow 3CaO \cdot 2SiO_2 \cdot 3H_2O + 3Ca(OH)_2$$

$$2(2CaO \cdot SiO_2) + 4H_2O \longrightarrow 3CaO \cdot 2SiO_2 \cdot 3H_2O + Ca(OH)_2$$

$$3CaO \cdot Al_2O_3 + 6H_2O \longrightarrow 3CaO \cdot Al_2O_3 \cdot 6H_2O$$

$$4CaO \cdot Al_2O_3 \cdot Fe_2O_3 + 7H_2O \longrightarrow 3CaO \cdot Al_2O_3 \cdot 6H_2O + CaO \cdot Fe_2O_3 \cdot H_2O$$

为调节水泥的凝结时间，水泥中掺适量石膏，铝酸三钙和石膏反应生成高硫型水化硫铝酸钙(钙矾石)。其反应式如下：

$$3CaO \cdot Al_2O_3 + 3(CaSO_4 \cdot 2H_2O) + 25H_2O \longrightarrow 3CaO \cdot Al_2O_3 \cdot 3CaSO_4 \cdot 31H_2O$$

形成的高硫型水化硫铝酸钙($3CaO \cdot Al_2O_3 \cdot 3CaSO_4 \cdot 31H_2O$，代号 AFt，称为钙矾石)为难溶于水的物质。当石膏消耗完，部分高硫型水化硫铝酸钙会逐渐转化为低硫型水化硫铝酸钙($3CaO \cdot Al_2O_3 \cdot CaSO_4 \cdot 12H_2O$，代号 AFm)，延长了水化产物的析出，从而延长了水泥的凝结。

硅酸盐水泥水化后的主要水化产物为水化硅酸钙($3CaO \cdot 2SiO_2 \cdot 3H_2O$，简写为 $C_3S_2H_3$ 或 C—S—H)、水化铁酸钙($CaO \cdot Fe_2O_3 \cdot H_2O$，简写为 CFH)、水化铝酸钙($3CaO \cdot Al_2O_3 \cdot 6H_2O$，简写为 C_3AH_6)、水化硫铝酸钙($3CaO \cdot Al_2O_3 \cdot 3CaSO_4 \cdot 31H_2O$，简写为 $C_3AS_3H_{31}$)和氢氧化钙[$Ca(OH)_2$]。

2. 硅酸盐水泥的凝结、硬化过程

水泥加水后，水化反应首先在水泥颗粒表面进行，水化产物立即溶于水中。接着，水泥颗粒又暴露出一层新的表面，继续与水反应。该过程不断进行，水泥颗粒周围的溶液很快成为水化产物的饱和溶液。

当溶液达到饱和后，水泥继续水化生成的产物就不再溶解，许多细小分散状态的颗粒析出，形成凝胶体。随着水化作用继续进行，新生胶粒不断增多，游离水分不断减少，使凝胶体逐渐变稠，水泥浆逐渐失去塑性，即出现凝结现象。

此后，凝胶体中的氢氧化钙和水化铝酸钙逐渐转变为结晶，并贯穿于凝胶体中，紧密结合起来，形成具有一定强度的水泥石。随着硬化时间(龄期)的延续，水泥颗粒内部未水化部分将继续水化，晶体逐渐增多，凝胶体逐渐密实，水泥石的粘结力和强度亦越来越高。

水泥净浆的硬化体，称为水泥石。它是由晶体、胶体、未完全水化的水泥颗粒、游离水分和气孔等组成的不均质结构体。而在硬化过程中的各不同龄期，水泥石中晶体、胶体、未完全水化的颗粒等所占的比率，会直接影响水泥石的强度及其他性质。

3. 影响硅酸盐水泥凝结、硬化的主要因素

(1)熟料矿物组成。由于各矿物的组成比例不同、性质不同，对水泥性质的影响也不同。如硅酸钙占熟料的比例最大，它是水泥的主导矿物，其比例决定了水泥的基本性质；C_3A 的水化和凝结硬化速率最快，是影响水泥凝结时间的主要因素，加入石膏可延缓水泥凝结，但石膏掺量不能过多，否则会引起安定性不良；当 C_3S 和 C_3A 含量较高时，水泥凝结硬化快、早期强度高，水化放热量大。熟料矿物对水泥性质的影响是各矿物的综合作用，不是简单叠加，其组成比例是影响水泥性质的根本因素，调整比例结构可以改善水泥性质和产品结构。

（2）水泥细度。水泥的细度并不改变其根本性质，但却直接影响水泥的水化速率、凝结硬化、强度、干缩和水化放热等性质。由于水泥的水化是从颗粒表面逐步向内部发展的，颗粒越细小，其表面积越大，与水的接触面积就越大，水化作用就越迅速越充分，凝结硬化速率越快，早期强度越高。但水泥颗粒过细时，在磨细时消耗的能量和成本会显著提高且水泥易与空气中的水分和二氧化碳反应，使之不易久存；另外，过细的水泥，达到相同稠度时的用水量增加，硬化时会产生较大的体积收缩，同时水分蒸发产生较多的孔隙，会使水泥石强度下降。因此，水泥的细度要控制在一个合理的范围内。

（3）拌合用水量。通常水泥水化时的理论需水量是水泥质量的23%左右，但为了使水泥浆体具有一定的流动性和可塑性，实际的加水量远高于理论需水量，如配制混凝土时的水胶比（水与水泥重量之比）一般为 $0.4 \sim 0.7$。不参加水化的"多余"水分，使水泥颗粒间距增大，会延缓水泥浆的凝结时间，并在硬化的水泥石中蒸发形成毛细孔。拌合用水量越多，水泥石中的毛细孔越多，孔隙率就越高，水泥的强度越低，硬化收缩越大，抗渗性、抗侵蚀性能就越差。

（4）养护湿度、温度。硅酸盐水泥是水硬性胶凝材料，水化反应是水泥凝结硬化的前提。因此，水泥加水拌和后，必须保持湿润状态，以保证水化进行和获得强度增长。若水分不足，水化会停止，同时导致较大的早期收缩，甚至使水泥石开裂。提高养护温度，可加速水化反应，提高水泥的早期强度，但后期强度可能会有所下降。原因是在较低温度（20 ℃以下）下虽水化硬化较慢，但生成的水化产物更加致密，可获得更高的后期强度。当温度低于 0 ℃时，由于水结冰而使水泥水化硬化停止，将影响其结构强度。一般水泥石结构的硬化温度不得低于−5 ℃。硅酸盐水泥的水化硬化较快，早期强度高，若采用较高温度养护，反而还会因水化产物生长过快，损坏其早期结构，造成强度下降。因此，硅酸盐水泥不宜采用蒸汽养护等湿热方法养护。

（5）养护龄期。水泥的水化硬化是一个长期不断进行的过程。随着养护龄期的延长，水化产物不断积累，水泥石结构趋于致密，强度不断增长。由于熟料矿物中对强度起主导作用的 C_3S 早期强度发展快，硅酸盐水泥强度在 $3 \sim 14$ d 内增长较快，28 d 后增长变慢。

（6）储存条件。水泥应该储存在干燥的环境里。如果水泥受潮，其部分颗粒会因水化而结块，从而失去胶结能力，强度严重降低。即使是在良好的干燥条件下，也不宜储存过久。因为水泥会吸收空气中的水分和二氧化碳，发生缓慢水化和碳化现象，使强度下降。通常，储存 3 个月的水泥，强度下降10%～20%；储存 6 个月的水泥，强度下降15%～30%；储存 1 年后，强度下降25%～40%，因此水泥的储存期一般规定不超过 3 个月。

3.2.3 硅酸盐水泥的技术性质

1. 密度、堆积密度及水泥中各成分含量
硅酸盐水泥的密度、堆积密度以及各成分含量规定见表 3-2。

表 3-2 硅酸盐水泥的密度、堆积密度以及各成分含量规定

技术要求	硅酸盐水泥
密度/$(kg \cdot m^{-3})$	3 100～3 200
堆积密度/$(kg \cdot m^{-3})$	1 300～1 600
不溶物	Ⅰ型：不溶物≤0.75% Ⅱ型：不溶物≤1.50%
烧失量	Ⅰ型：烧失量≤3.0% Ⅱ型：烧失量≤3.5%
氧化镁	水泥中氧化镁含量≤5.0%，如果水泥经压蒸法检验安定性合格，则水泥中氧化镁含量≤6.0%
三氧化硫	水泥中三氧化硫含量≤3.5%
碱含量	水泥中碱含量按($Na_2O+0.658K_2O$)计算值来表示。若使用活性集料，用户要求提供低碱水泥时，水泥中碱含量应≤0.60%或由供需双方商定

2. 细度

细度是指水泥颗粒的粗细程度。水泥颗粒的粗细直接影响水化速度、活性和强度。国家标准规定：硅酸盐水泥、普通硅酸盐水泥的细度采用比表面积测定仪检验，其比表面积应大于300 m^2/kg。矿渣硅酸盐水泥、火山灰硅酸盐水泥、粉煤灰硅酸盐水泥和复合硅酸盐水泥细度用筛析法测定。80 μm 方孔筛筛余不大于10%，或45 μm 方孔筛筛余不大于30%。

3. 水泥标准稠度需水量

为了测定水泥的凝结时间、体积安定性等性能，使其具有可比性，必须在一定的稠度下进行，这个规定的稠度，称为标准稠度。水泥净浆达到标准稠度时所需的拌合用水量，称为水泥净浆标准稠度用水量。常用的水泥净浆标准稠度用水量为22%～32%（质量百分数）。水泥标准稠度用水量可采用"标准法"或"代用法"进行测定。

4. 凝结时间

水泥从加水开始到失去流动性，即从可塑状态发展到固体状态所需的时间叫作凝结时间。水泥浆的稀稠对水泥浆体的凝结时间影响很大，因此国家标准规定水泥的凝结时间必须采用标准稠度的水泥净浆，在标准温度、湿度的条件下用水泥凝结时间测定仪测定。水泥凝结时间分初凝时间和终凝时间。初凝时间是从水泥加水拌和起至水泥浆开始失去可塑性所需的时间；从加水拌和起至水泥浆完全失去塑性的时间为水泥的终凝时间。

水泥的凝结时间对施工有重大意义。如凝结过快，混凝土会很快失去流动性，以致无法浇筑，所以初凝不宜过快，以便有足够的时间完成混凝土的搅拌、运输、浇筑和振捣等工序的施工操作；但终凝亦不宜过迟，以便混凝土在浇捣完毕后，尽早完成凝结并开始硬化，具有一定强度，以利下一步施工的进行，并可尽快拆去模板，提高模板周转率。国家标准规定：硅酸盐水泥初凝不早于45 min，终凝不迟于6.5 h。

5. 体积安定性

水泥的体积安定性是指水泥浆体硬化后体积变化的稳定性。不同水泥在凝结、硬化过程中，几乎都产生不同程度的体积变化。水泥在硬化以后如果产生不均匀的体积膨胀，即体积安定性不良，构件就会产生膨胀性裂缝，甚至崩溃，引起严重的工程事故。

熟料中游离的 CaO 和 MgO 含量过多是导致体积安定性不良的主要原因。另外，生产水泥时所掺的石膏过量，也是一个不容忽视的因素。熟料中所含过量的游离氧化钙或游离氧化镁水化很慢，往往在水泥硬化后才开始水化，这些氧化物在水化时体积剧烈膨胀，使水泥石开裂。当石膏掺入过多时，在水泥硬化后，多余的石膏与水化铝酸钙反应生成含水硫铝酸钙（$3CaO \cdot Al_2O_3 \cdot 3CaSO_4 \cdot 31H_2O$），使体积膨胀，也会引起水泥石开裂。国家标准规定：水泥体积安定性用沸煮法检验必须合格。可以用试饼法也可用雷氏法，有争议时以雷氏法为准。

6. 强度及强度等级

水泥的强度是评定其质量的重要指标，是划分强度等级的依据。水泥、标准砂按 1:3.0，水胶比为 0.5 的比例混合，按标准制作方法制成 40 mm×40 mm×160 mm 的标准试件，在标准养护条件[1 d 温度为（20±1）℃，相对湿度在 90% 以上的空气中带模养护；1 d 以后拆模，放入（20±1）℃的水中养护]下，分别测其规定龄期（3 d、28 d）的抗压强度和抗折强度，即为水泥的胶砂强度。

根据 3 d、28 d 抗折强度和抗压强度划分硅酸盐水泥强度等级，并按照 3 d 强度的大小分为普通型和早强型（用 R 表示）。硅酸盐水泥分为 42.5、42.5R、52.5、52.5R、62.5、62.5R 六个强度等级。各强度等级水泥的各龄期强度值不得低于国家标准规定（表 3-3），如有一项指标低于表中数值，则应降低强度等级，直至 4 个数值都满足表中规定为止。

表 3-3　硅酸盐水泥各强度等级及各龄期的强度值　　　　　　　　　　　MPa

强度等级	抗压强度		抗折强度	
	3 d	28 d	3 d	28 d
42.5	≥17.0	≥42.5	≥3.5	≥6.5
42.5R	≥22.0	≥42.5	≥4.0	≥6.5
52.5	≥23.0	≥52.5	≥4.0	≥7.0
52.5R	≥27.0	≥52.5	≥5.0	≥7.0
62.5	≥28.0	≥62.5	≥5.0	≥8.0
62.5R	≥32.0	≥62.5	≥5.5	≥8.0

7. 水化热

水泥在水化过程中放出的热量称为水泥的水化热。水化放热量和放热速度不仅取决于水泥的矿物成分，而且与水泥细度、水泥中掺入的混合材料等有关。大体积混凝土建筑物（如大型基础、桥墩）不能选用水化热大的水泥。因为体积大，水化热聚积在内部不易散发，致使内外产生很大的温度差，引起不均匀的内应力，会使混凝土产生裂缝。

8. 碱

水泥中碱含量按($Na_2O+0.658K_2O$)计算值来表示。使用活性集料，要求提供低碱水泥时，水泥中碱含量不得大于0.60%或由供需双方商定。

当混凝土集料中含有活性二氧化硅时，其会与水泥中的碱相互作用形成碱的硅酸盐凝胶，由于后者体积膨胀可引起混凝土开裂，造成结构的破坏，这种现象称为"碱-集料反应"，也是影响混凝土耐久性的一个重要因素。

3.2.4 水泥石的腐蚀与防治

1. 水泥石的腐蚀

硅酸盐水泥在硬化后形成的水泥石，在通常使用条件下，有较好的耐久性。但在某些腐蚀性液体或气体介质中，会逐渐受到腐蚀，其强度降低、耐久性下降，甚至发生破坏，这种现象称为水泥石的腐蚀。引起水泥石腐蚀的原因很多，作用也比较复杂，下面介绍几种典型介质的腐蚀作用。

(1)软水侵蚀(溶出性侵蚀)。雨水、雪水、蒸馏水、工厂冷凝水及含重碳酸盐较少的河水与湖水等都属于软水。当水泥石长期与这些水分相接触时，氢氧化钙逐渐溶于水中，由于氢氧化钙溶解度较小，所以在静水及无水压的情况下，氢氧化钙很容易在周围溶液中达到饱和，使溶解作用中止。但在流水及压力作用下，溶解的氢氧化钙被水冲走，又不断地溶解新的氢氧化钙，但永远达不到饱和状态，特别是当混凝土不够密实或有缝隙时，在压力水作用下，水渗入混凝土内部，更能产生渗流作用，将氢氧化钙溶解并渗滤出来。这个过程连续不断地进行，使水泥石结构受到破坏，强度不断降低，以致最后整个建筑物被毁坏。

(2)盐类腐蚀。在海水、湖水、盐沼水、地下水、某些工业污水及流经高炉矿渣或炉渣的水中，常含有大量钠盐、钾盐、镁盐(主要是硫酸盐)，它们与水泥石中的氢氧化钙发生反应，生成硫酸钙，硫酸钙与水泥石中的固态水化铝酸钙作用生成高硫型水化硫铝酸钙。

反应生成的高硫型水化硫铝酸钙含有大量结晶水，相应的体积比原有的水化铝酸钙的体积增大1.5倍以上。由于是在已经固化的水泥石中产生上述反应，所以对水泥石有极大的破坏作用。高硫型水化硫铝酸钙呈针状晶体，通常称为"水泥杆菌"。

硫酸镁和氯化镁与水泥石中的氢氧化钙发生如下反应：

$$MgSO_4+Ca(OH)_2+2H_2O \longrightarrow CaSO_4 \cdot 2H_2O+Mg(OH)_2$$
$$MgCl_2+Ca(OH)_2 \longrightarrow CaCl_2+Mg(OH)_2$$

反应生成的氢氧化镁松软而无胶凝能力，氯化钙易溶于水，二水石膏则引起硫酸盐的破坏作用。因此，硫酸镁对水泥石起镁盐和硫酸盐的双重腐蚀作用。

(3)酸腐蚀。

1)碳酸的腐蚀。在工业污水、地下水中常溶解有较多的二氧化碳，这些水对水泥石发生如下反应：

二氧化碳与水泥石中的氢氧化钙作用生成碳酸钙：

$$Ca(OH)_2 + CO_2 \Longrightarrow CaCO_3 + H_2O$$

生成的碳酸钙再与含碳酸的水作用转变成重碳酸钙（可逆反应）：

$$CaCO_3 + CO_2 + H_2O \Longleftrightarrow Ca(HCO_3)_2$$

生成的重碳酸钙易溶于水，当水中含有较多的碳酸，并超过平衡浓度，则上式反应向右进行，因此水泥石中的氢氧化钙通过转变为易溶的重碳酸钙而溶失。氢氧化钙浓度降低，还会导致水泥石中其他水化物的分解，使腐蚀作用进一步加剧。

2）一般酸的腐蚀。在工业废水、地下水和沼泽水中常含有无机酸和有机酸；工业窑炉中的烟气常含有二氧化硫，遇水即生成亚硫酸。各种酸类对水泥石都有不同程度的腐蚀作用。它们与水泥石中的氢氧化钙作用后生成的化合物或者易溶于水，或者在水泥石孔隙内形成结晶，体积膨胀，在水泥石内造成内应力而产生破坏作用。腐蚀作用最快的是无机酸中的盐酸、氢氟酸、硝酸、硫酸和有机酸中的醋酸、蚁酸和乳酸。

（4）强碱腐蚀。强碱（$NaOH$、KOH）在浓度不大时，对水泥石不产生腐蚀。当浓度较大且水泥中铝酸钙含量较高时，强碱会与水泥发生如下反应：

$$3CaO \cdot Al_2O_3 \cdot 6H_2O + 2NaOH \Longrightarrow Na_2O \cdot Al_2O_3 + 3Ca(OH)_2 + 4H_2O$$

生成的铝酸钠极易溶解于水，造成水泥石腐蚀。

当水泥石受到干湿交替作用时，进入水泥石中的 $NaOH$ 会与空气中的 CO_2 作用生成 Na_2CO_3，其反应式如下：

$$2NaOH + CO_2 \Longrightarrow Na_2CO_3 + H_2O$$

生成的碳酸钠在水泥石毛细孔中结晶沉积，而使水泥石胀裂。

除上述几种腐蚀类型外，对水泥石有腐蚀作用的还有一些其他物质，如糖、铵盐、动物脂肪、含环烷酸的石油产品等。

2. 水泥石腐蚀的防治

为了保证混凝土的耐久性，防止过早地被建筑物周围的环境腐蚀而降低强度，一般可采取以下措施：

（1）根据侵蚀环境特点，合理选择水泥品种。例如，当水泥石遭受软水腐蚀时，可使用水化产物中 $Ca(OH)_2$ 含量较少的水泥；当水泥石遭受硫酸盐侵蚀时，可使用 C_3A 含量低于 5% 的抗硫酸盐水泥。在水泥生产中加入适当的活性混合材料，可以降低水化产物中的 $Ca(OH)_2$ 含量，从而提高抗腐蚀能力。

（2）提高水泥石的密实度，降低孔隙率。水泥石的密实度越大、孔隙率越小，则腐蚀性介质难以进入水泥石内部，从而达到防腐效果，提高其抵抗腐蚀的能力。

（3）在水泥石表面设置保护层。当水泥石处在较强的腐蚀介质中时，根据不同的腐蚀介质，可在混凝土或砂浆表面覆盖玻璃、塑料、沥青、耐酸陶瓷和耐酸石料等耐腐蚀性较高且不透水的保护层，隔断腐蚀介质与水泥石的接触，保护水泥石不受腐蚀。

当水泥石处于多种介质同时作用时，应分析清楚对水泥石侵蚀最严重的介质，采取相应措施，提高水泥石的耐腐蚀性。对有特殊要求的抗侵蚀工程，还可采用聚合物混凝土。

3.3　掺混合材料的通用水泥

3.3.1　可用于水泥的混合材料

在磨制水泥时加入的天然或人工矿物材料称为混合材料。混合材料的加入可以改善水泥的某些性能，拓宽水泥强度等级，扩大应用范围，并能降低水泥生产成本；掺加工业废料作为混合材料，能有效减少污染，有利于环境保护和可持续发展。水泥混合材料包括非活性混合材料、活性混合材料和窑灰，其中活性混合材料的应用量最大。为确保工程质量，凡国家标准中没有规定的混合材料品种，严格禁止使用。

1. 非活性混合材料

在常温下，加水拌和后不能与水泥、石灰或石膏发生化学反应的混合材料，称为非活性混合材料，又称填充性混合材料。非活性混合材料加入水泥中的作用是提高水泥产量，降低生产成本，降低强度等级，减少水化热，改善耐腐蚀性与和易性等。这类材料有磨细的石灰石、石英砂、慢冷矿渣、黏土和各种符合要求的工业废渣等。由于非活性混合材料加入会降低水泥强度，其加入量一般较少。

2. 活性混合材料

在常温下，加水拌和后能与水泥、石灰或石膏发生化学反应，生成具有一定水硬性的胶凝产物的混合材料，称为活性混合材料。活性混合材料的加入可起与非活性混合材料相同的作用。因活性混合材料的掺加量较大，改善水泥性质的作用更加显著，而且当其活性激发后可使水泥后期强度大大提高，甚至赶上同等级的硅酸盐水泥。常用的活性混合材料有粒化高炉矿渣、火山灰质混合材料和粉煤灰等。

（1）粒化高炉矿渣。粒化高炉矿渣是高炉冶炼生铁时，将浮在铁水表面的熔融物经水淬等急冷处理而成的松散颗粒，又称为水淬矿渣。粒化高炉矿渣的主要化学成分是 CaO、SiO_2、Al_2O_3 和少量 MgO、Fe_2O_3。急冷的矿渣结构为不稳定的玻璃体，具有较大的化学潜能，其主要活性成分是活性 SiO_2 和活性 Al_2O_3，常温下能与 $Ca(OH)_2$ 反应，生成水化硅酸钙、水化铝酸钙等具有水硬性的产物，从而产生强度。在用石灰石做熔剂的矿渣中，含有少量 C_2S，本身就具有一定的水硬性，加入激发剂磨细就可制得无熟料水泥。

（2）火山灰质混合材料。天然火山灰材料是火山喷发时形成的一系列矿物，如火山灰、凝灰岩、浮石、沸石和硅藻土等；人工火山灰是与天然火山灰成分和性质相似的人造矿物或工业废渣，如烧黏土、粉煤灰、煤矸石碴和炉渣等。火山灰的主要活性成分是活性 SiO_2 和活性 Al_2O_3，在激发剂作用下，可发挥出水硬性。

（3）粉煤灰是火力发电厂以煤粉做燃料，燃烧后收集下来的极细的灰渣颗粒，为球状玻璃体结构，也是一种火山灰质混合材料。

3. 窑灰

窑灰是水泥回转窑窑尾废气中收集下的粉尘，活性较低，一般作为非活性混合材料加入，以减少污染，保护环境。

3.3.2 普通硅酸盐水泥

凡由硅酸盐水泥熟料、5％～20％混合材料、适量石膏磨细制成的水硬性胶凝材料，称为普通硅酸盐水泥(简称普通水泥)，代号为 P·O。

掺加活性混合材料时，最大掺量不得超过 20％，其中允许用不超过水泥质量 5％的窑灰或不超过水泥质量 8％的非活性混合材料来代替。

国家标准对普通硅酸盐水泥的技术要求如下

(1)细度：比表面积不小于 300 m²/kg。

(2)凝结时间：初凝不得早于 45 min，终凝不得迟于 10 h。

(3)强度和强度等级：根据 3 d 和 28 d 龄期的抗折强度和抗压强度，将普通硅酸盐水泥划分为 42.5、42.5R、52.5、52.5R 四个等级、两种类型，各类型水泥的各龄期强度值不得低于表 3-4 中的规定。

表 3-4　普通硅酸盐水泥各强度等级、各龄期的强度值　　　　MPa

强度等级	抗压强度		抗折强度	
	3 d	28 d	3 d	28 d
42.5	≥17.0	≥42.5	≥3.5	≥6.5
42.5R	≥22.0	≥42.5	≥4.0	≥6.5
52.5	≥23.0	≥52.5	≥4.0	≥7.0
52.5R	≥27.0	≥52.5	≥5.0	≥7.0

普通硅酸盐水泥的体积安定性、氧化镁含量、三氧化硫含量等技术要求均与硅酸盐水泥相同，但是烧失量值≤5.0％。

普通硅酸盐水泥与硅酸盐水泥相比，由于在熟料中掺入 20％以下的混合材料，其密度略有降低，约为 3 100 kg/m³。其早期强度、水化热、抗冻性、耐磨性和抗碳化性略有降低，耐腐蚀性和耐热性略有提高。这种水泥适应性强，被广泛应用于各种混凝土及钢筋混凝土工程，是我国主要水泥品种之一。

3.3.3 矿渣硅酸盐水泥

凡由硅酸盐水泥熟料和粒化高炉矿渣、适量石膏磨细制成的水硬性胶凝材料称为矿渣硅酸盐水泥(简称矿渣水泥)，代号为 P·S·A 和 P·S·B。

P·S·A 矿渣掺量>20%且≤50%，P·S·B 矿渣掺量>50%且≤70%。

3.3.4 火山灰质硅酸盐水泥

凡由硅酸盐水泥熟料和火山灰质混合材料、适量石膏磨细制成的水硬性胶凝材料称为火山灰质硅酸盐水泥(简称火山灰水泥)，代号为 P·P。

水泥中火山灰质混合材料掺加量按质量百分比计为 20%～40%。

3.3.5 粉煤灰硅酸盐水泥

凡由硅酸盐水泥熟料和粉煤灰、适量石膏磨细制成的水硬性胶凝材料称为粉煤灰硅酸盐水泥(简称粉煤灰水泥)，代号为 P·F。

水泥中粉煤灰掺加量按质量百分比计为 20%～40%。

以上三种水泥的共性与应用如下：

(1)凝结硬化慢、早期强度低和后期强度增长快，不宜用于早期强度要求高的工程、冬期施工工程和预应力混凝土等工程，且应加强早期养护。

(2)温度敏感性高，适宜高温、湿热养护，适合采用蒸汽养护和蒸压养护。

(3)水化热低，适合大体积混凝土工程，如大型基础和水坝等。

(4)耐腐蚀性能强，可用于有耐腐蚀要求的工程中。

(5)抗冻性差，耐磨性差，不宜用于严寒地区水位升降范围内的混凝土工程和有耐磨要求的工程。

(6)抗碳化能力差。

另外，矿渣硅酸盐水泥具有较强的耐热性，但其抗渗性差，干燥收缩较大；火山灰质硅酸盐水泥具有较好的抗渗性和耐水性，但干燥收缩比矿渣水泥更加显著；粉煤灰水泥具有较好的抗裂性，但其抗渗性较差。

3.3.6 复合硅酸盐水泥

由硅酸盐水泥熟料、两种或两种以上规定的混合材料和适量石膏磨细制成的水硬性胶凝材料称为复合硅酸盐水泥(简称复合水泥)，代号为 P·C。

水泥中混合材料总掺量按质量百分比计应大于 20%，但不超过 50%。

由于在复合硅酸盐水泥中掺入了两种或两种以上的混合材料，可以相互取长补短，克服了掺单一混合材料水泥的一些弊病，使其早期强度接近于普通水泥，而其他性能优于矿渣水泥、火山灰水泥和粉煤灰水泥，因而适用范围更加广泛。

以上四种水泥技术要求如下：

(1)细度：80 μm 方孔筛筛余不大于 10%或 45 μm 方孔筛筛余不大于 30%。

(2)凝结时间、体积安定性：要求与普通硅酸盐水泥相同。

(3)氧化镁含量：矿渣水泥 P.S.A 要求≤6%，P·S·B 不做要求。其余三种水泥要求≤6%。

(4)三氧化硫含量：矿渣水泥中的三氧化硫含量不得超过 4.0%；火山灰水泥、粉煤灰水泥和复合水泥中的三氧化硫不得超过 3.5%。

(5)强度等级：四种水泥根据 3 d 和 28 d 的抗折强度和抗压强度划分强度等级，分为32.5、32.5R、42.5、42.5R、52.5、52.5R。各强度等级水泥的各龄期强度不得低于表 3-5 中的数值。

表 3-5 四种水泥各龄期强度值及强度等级   MPa

水泥品种	强度等级	抗压强度		抗折强度	
		3 d	28 d	3 d	28 d
矿渣水泥、火山灰水泥、粉煤灰水泥、复合水泥	32.5	≥10.0	≥32.5	≥2.5	≥5.5
	32.5R	≥15.0	≥32.5	≥3.5	≥5.5
	42.5	≥15.0	≥42.5	≥3.5	≥6.5
	42.5R	≥19.0	≥42.5	≥4.0	≥6.5
	52.5	≥21.0	≥52.5	≥4.0	≥7.0
	52.5R	≥23.0	≥52.5	≥4.5	≥7.0

3.4 通用水泥的包装、储存、选用

3.4.1 通用水泥的包装、储存

1. 水泥的包装

为了便于识别，避免错用，国家标准对水泥的包装标志做了详细规定。水泥袋上应清楚标明产品名称、代号、净含量、强度等级、生产许可证编号、生产者名称、产地、出厂编号、执行标准和包装时间等。包装袋两侧用不同颜色印刷名称和等级，硅酸盐水泥、普通硅酸盐水泥用红色，矿渣硅酸盐水泥用绿色，火山灰质硅酸盐水泥、粉煤灰硅酸盐水泥、复合硅酸盐水泥用黑色或蓝色。散装水泥发货时应提供与袋装水泥标志内容相同的卡片。

2. 水泥的储存

(1)散装水泥的储存。散装水泥宜在仓罐中储存，不同品种和强度等级的水泥不得

混仓,并应定期清仓。散装水泥在库内储存时,水泥库的地面和外墙内侧应进行防潮处理。

(2)袋装水泥的储存。

1)库房内储存。库房地面应有防潮措施。库内应保持干燥,防止雨水侵入。

堆放时,应按品种、强度等级、出场编号、到货先后或使用顺序排列成垛。堆垛高度以不超过10袋为宜。堆垛应至少离开四周墙壁20 cm,各垛之间应留置宽度不小于70 cm的通道。

2)露天堆放。袋装水泥露天堆放时,应在距离地面不小于30 cm的垫板上堆放,垫板下不得积水。水泥堆垛必须用布严密覆盖,防止雨水侵入使水泥受潮。

3. 水泥的储存期限

水泥储存期过长,其活性将会降低。如前所述,一般储存3个月以上的水泥,强度降低10%~20%;6个月降低15%~30%;1年后降低25%~40%。对已进场的每批水泥,视在场存放情况,应重新采样复检其强度和安定性。

常用六种水泥的有效存放期规定为3个月(自出厂日期算起),超过有效期的水泥应视为过期水泥。存放期超过3个月的通用水泥和存放期超过1个月的快硬水泥,使用前必须复检,并按复检结果使用。

4. 水泥的验收

水泥验收时应注意核对包装上所注明的产品名称、代号、净含量、强度等级、生产许可证编号、生产者名称和地址、出厂编号、执行标准号、包装年月日、混合材料名称等项(表3-6)。

表3-6 常用水泥包装标志

水 泥 名 称	包 装 标 志
硅酸盐水泥 普通水泥	(1)普通水泥(掺火山灰质混合材料的)在包装袋上标有"掺火山灰"字样。 (2)包装袋两侧印有水泥名称和强度等级,印刷颜色为红色
矿渣水泥 火山灰水泥 粉煤灰水泥 复合水泥	(1)掺火山灰质混合材料的矿渣水泥,在包装袋上标有"掺火山灰"字样。 (2)包装袋两侧印有水泥名称和强度等级,矿渣水泥印刷颜色为绿色,火山灰水泥、粉煤灰水泥和复合水泥印刷颜色为黑色或蓝色

水泥数量的验收:一般袋装水泥,每袋净含量50 kg,且不得少于标志质量的99%;随机抽取20袋总质量不得少于1 000 kg。交货时质量验收可以抽取实物试样,以其检验结果为依据,或者以生产者同编号水泥的检验结果为依据。采用何种方法验收由买卖双方商定,并在合同或协议中注明。卖方有告知买方验收方法的责任。

3.4.2 通用水泥的选用

六种常用水泥的组成、性质及应用范围见表 3-7。

表 3-7 六种常用水泥的组成、性质及应用范围

<table>
<tr><th colspan="2">项目</th><th>硅酸盐水泥</th><th>普通硅酸盐水泥</th><th>矿渣硅酸盐水泥</th><th>火山灰质硅酸盐水泥</th><th>粉煤灰硅酸盐水泥</th><th>复合硅酸盐水泥</th></tr>
<tr><td rowspan="4">组成及特点</td><td>组成</td><td>硅酸盐水泥熟料、很少量（0～5%）混合材料、适量石膏</td><td>硅酸盐水泥熟料、少量（5%～20%）混合材料、适量石膏</td><td>硅酸盐水泥熟料、多量（20%～70%）粒化高炉矿渣、适量石膏</td><td>硅酸盐水泥熟料、多量（20%～40%）火山灰质混合材料、适量石膏</td><td>硅酸盐水泥熟料、多量（20%～40%）粉煤灰、适量石膏</td><td>硅酸盐水泥熟料、多量（15%～50%）的两种或两种以上规定的混合材料、适量石膏</td></tr>
<tr><td>共同点</td><td colspan="6">硅酸盐水泥熟料、适量石膏</td></tr>
<tr><td rowspan="2">不同点</td><td rowspan="2">无或很少量的混合材料</td><td rowspan="2">少量混合材料</td><td colspan="3">多量活性混合材料（化学组成或化学活性基本相同）</td><td>多量活性或非活性混合材料</td></tr>
<tr><td>粒化高炉矿渣</td><td>火山灰质混合材料</td><td>粉煤灰</td><td>两种以上活性或非活性混合材料</td></tr>
<tr><td colspan="2" rowspan="3">性质</td><td rowspan="3">1. 早期、后期强度均高
2. 耐腐蚀性差
3. 水化热大
4. 抗碳化性好
5. 抗冻性好
6. 耐磨性好
7. 耐热性差</td><td rowspan="3">1. 早期强度稍低，后期强度高
2. 耐腐蚀性稍好
3. 水化热略小
4. 抗碳化性好
5. 抗冻性较好
6. 耐磨性好
7. 耐热性稍好
8. 抗渗性好</td><td colspan="3">早期强度低，后期强度高</td><td>早期强度较高</td></tr>
<tr><td colspan="4">1. 对温度敏感，适合高温养护
2. 耐腐蚀性好
3. 水化热小
4. 抗冻性较差
5. 抗碳化性较差</td></tr>
<tr><td>1. 泌水性大、抗渗性差
2. 耐热性较好
3. 干缩较大</td><td>1. 保水性好、抗渗性好
2. 干缩大
3. 耐磨性差</td><td>1. 泌水性大（快）、易产生失水裂纹，抗渗性差
2. 干缩小、抗裂性好
3. 耐磨性差</td><td>干缩较大</td></tr>
</table>

项目		硅酸盐水泥	普通硅酸盐水泥	矿渣硅酸盐水泥	火山灰质硅酸盐水泥	粉煤灰硅酸盐水泥	复合硅酸盐水泥
应用	优先使用	早期强度要求高的混凝土，有耐磨要求的混凝土，严寒地区反复遭受冻融作用的混凝土，抗碳化性要求高的混凝土，掺混合材料的混凝土		水下混凝土，海港混凝土，大体积混凝土，耐腐蚀性要求较高的混凝土，高温下养护的混凝土			
		高强度混凝土	普通气候及干燥环境中的混凝土，抗渗要求的混凝土，受干湿交替作用的混凝土	有耐热要求的混凝土	有抗渗要求的混凝土	受载较晚的混凝土	
	可以使用	一般工程	高强度混凝土，水下混凝土，高温养护混凝土，耐热混凝土	普通气候环境中的混凝土			
				抗冻要求较高的混凝土，有耐磨要求的混凝土	—	—	早期强度要求较高的混凝土
	不宜或不得使用	大体积混凝土，耐腐蚀性要求高的混凝土	早期强度要求高的混凝土				
			抗冻性要求高的混凝土，低温或冬期施工混凝土，抗碳化性要求高的混凝土				
		耐热混凝土、高温养护混凝土		抗渗性要求高的混凝土	干燥环境中的混凝土，有耐磨要求的混凝土		—
					—	有抗渗要求的混凝土	—

3.5 专用水泥、特性水泥

专用水泥是指具有专门用途的水泥，其用途较单一。特性水泥是指某方面性能比较突出的水泥，一般用于某些特殊环境。

3.5.1 道路水泥

由道路硅酸盐水泥熟料、适量石膏（可加入标准规定的混合材料）磨细制成的水硬性胶凝材料，称为道路硅酸盐水泥（简称道路水泥），代号为 P·R。道路硅酸盐水泥熟料以硅酸钙为主要成分和较多量的铁铝酸钙；其中，游离氧化钙含量不得大于1%，C_3A含量不得大于5%，C_4AF含量不得低于16%。

道路硅酸盐水泥的技术要求如下：

(1)细度：0.08 mm方孔筛筛余量不得超过10%。

(2)凝结时间：初凝不得早于1.5 h，终凝不得迟于10 h。

(3)体积安定性：沸煮法检验必须合格。

(4)干缩和耐磨性：28 d干缩率不得大于0.10%，磨损量不得大于3.0 kg/m^2。

对道路水泥的性能要求是耐磨性好、收缩小、抗冻性好、抗冲击性好，有高的抗折强度和良好的耐久性。道路水泥可以较好地承受高速车辆的车轮摩擦、循环负荷、冲击和震荡、货物起卸时的骤然负荷，较好地抵抗路面与路基的温差和干湿度差产生的膨胀应力，抵抗冬季的冻融循环。使用道路水泥铺筑路面，可减少路面裂缝和磨耗，减小维修量，延长使用寿命。

道路水泥主要用于道路路面、机场跑道路面和城市广场等工程。

3.5.2 大坝水泥

大坝水泥是专门用于要求水化热较低的大坝和大体积混凝土工程的水泥品种。生产低水化热水泥，主要是降低水泥熟料中的高水化热组分C_3S、C_3A和f-CaO的含量，主要品种有三种：中热硅酸盐水泥、低热硅酸盐水泥、低热矿渣硅酸盐水泥。

中热硅酸盐水泥主要适用于大坝溢流面的面层和水位变动区等要求较高耐磨性和抗冻性的工程，低热硅酸盐水泥和低热矿渣硅酸盐水泥主要适用于大坝或大体积建筑物内部及水下工程。

3.5.3 快硬硅酸盐水泥

凡以硅酸盐水泥熟料和适量石膏磨细制成的以3 d抗压强度表示强度等级的水硬性胶凝材料，称为快硬硅酸盐水泥(简称快硬水泥)。

国家标准规定：细度要求为0.08 mm方孔筛筛余不得超过10%；初凝不得早于45 min，终凝不得迟于10 h；安定性必须合格。按照1 d和3 d的强度值将快硬水泥划分为32.5、37.5和42.5三个强度等级，各龄期的强度值不得低于表3-8的规定。

表3-8　快硬水泥各龄期强度值　　　　　　　　MPa

强度等级	抗压强度			抗折强度		
	1 d	3 d	28 d*	1 d	3 d	28 d*
32.5	15.0	32.5	52.5	3.5	5.0	7.2
37.5	17.0	37.5	57.5	4.0	6.0	7.6
42.5	19.0	42.5	62.5	4.5	6.4	8.0
注：* 表示供需双方参考指标。						

快硬水泥凝结硬化快，早期、后期强度均高，抗渗性及抗冻性强，水化热高而集中，吸湿性强，吸湿后水泥活性降低比一般水泥的快，耐腐蚀性差。

快硬水泥可用来配制早强、高强混凝土，适用于紧急抢修工程，低温施工工程和高强度等级的混凝土预制件等；适用于配制干硬混凝土，水胶比可控制在 0.40 以下；不适宜大体积混凝土及经常与腐蚀介质接触的混凝土工程。快硬水泥的有效储存期较其他水泥短。

3.5.4 膨胀水泥和自应力水泥

膨胀水泥和自应力水泥都是硬化时具有一定体积膨胀的水泥品种。膨胀水泥膨胀值较小，主要用于补偿收缩；自应力水泥膨胀值较大，用于生产预应力混凝土。

常用硅酸盐系膨胀水泥主要有明矾石膨胀水泥、低热微膨胀水泥和自应力硅酸盐水泥。

明矾石膨胀水泥膨胀值要求是：水中养护净浆自由膨胀时 1 d 线膨胀率≥0.15%，28 d 线膨胀率≥0.35%，但不得大于 1.20%。

明矾石膨胀水泥适用于补偿收缩混凝土结构、防渗混凝土、补强和防渗抹面工程，接缝和接头，设备底座和地脚螺栓固结等。

低热微膨胀水泥主要用于要求低水化热和要求补偿收缩的混凝土、大体积混凝土工程，也可用于要求抗渗和抗硫酸盐腐蚀的工程。

自应力水泥硬化后要求其 28 d 自由膨胀率不得大于 3%，膨胀稳定期不得迟于 28 d。

自应力硅酸盐水泥适用于制造自应力钢筋混凝土压力管及其配件，制造一般口径和压力的自应力水管和城市煤气管。

本章小结

本章是本课程的重点章节之一，以硅酸盐水泥和掺混合材料的硅酸盐水泥为重点。

本章主要介绍硅酸盐水泥熟料矿物的组成及特性，硅酸盐水泥水化产物及其特性，掺混合材料的硅酸盐水泥性质的共同点及不同点，硅酸盐水泥以及掺混合材料的硅酸盐水泥的性质与应用；硅酸盐水泥的腐蚀类型、基本原因及防止措施；简要介绍了其他品种水泥的特性及应用。

第4章 混凝土

4.1 概 述

4.1.1 混凝土的定义及分类

混凝土是由胶凝材料、粗集料、细集料和水按适当的比例配合、拌和制成混合物，经一定时间后硬化而成的人造石材。混凝土过去常简写为"砼"。

混凝土通常从以下几个方面分类：

(1)混凝土按所用胶凝材料不同，可分为水泥混凝土、沥青混凝土、水玻璃混凝土、聚合物混凝土、石膏混凝土等几种。

(2)混凝土按表观密度不同，可分为重混凝土、普通混凝土及轻混凝土三种。

1)重混凝土是干表观密度大于 2 600 kg/m³ 的混凝土，采用表观密度大的集料(如重晶石、铁矿石、铁屑等)配制而成，具有良好的防辐射性能，故称为防辐射混凝土，主要用于核反应堆及其他防辐射工程中。

2)普通混凝土是干表观密度为 1 950～2 600 kg/m³ 的混凝土，采用普通天然密实的集料配制而成，是各种工程中用量最大的混凝土，简称为混凝土。

3)轻混凝土是干表观密度小于 1 950 kg/m³ 的混凝土,采用多孔轻质集料配制而成,或采用特殊方法在混凝土内部造成大量孔隙,使混凝土具有多孔结构。其保温性较好,主要用作保温、结构保温或结构材料。

(3)混凝土按用途不同,分为结构混凝土、道路混凝土、耐热混凝土、耐酸混凝土、防辐射混凝土等。

(4)混凝土按生产和施工工艺不同,分为现场搅拌混凝土、预拌混凝土(商品混凝土)、喷射混凝土、碾压混凝土、离心混凝土等。

本章讲述的混凝土,如无特别说明,均指普通混凝土。

4.1.2 混凝土的优缺点

混凝土的主要优点如下:

(1)原材料来源丰富。混凝土中约 70% 的材料是砂石料,属地方性材料,可就地取材,避免远距离运输,因而价格低廉。

(2)施工方便。混凝土拌合物具有良好的流动性和可塑性,可根据工程需要浇筑成各种形状、尺寸的构件及构筑物。

(3)性能可根据需要设计调整。通过调整各组成材料的品种和数量,特别是掺入不同外加剂和掺合料,可获得不同施工和易性、强度、耐久性或具有特殊性能的混凝土,满足工程上的不同要求。

(4)抗压强度高。混凝土的抗压强度一般为 7.5～60 MPa。当掺入高效减水剂和掺合料时,强度可达 100 MPa 以上。而且,混凝土与钢筋具有良好的匹配性,浇筑成钢筋混凝土后,可以有效地改善抗拉强度低的缺陷,使混凝土能够应用于各种结构部位。

(5)耐久性好。原材料选择正确、配比合理、施工养护良好的混凝土具有优异的抗渗性、抗冻性和耐腐蚀性能,且对钢筋有保护作用,可保持混凝土结构长期使用性能稳定。

混凝土存在的主要缺点如下:

(1)自重大。1 m³ 混凝土重约 2 400 kg,故结构物自重较大,不利于建筑物向高层、大跨度方向发展,同时导致地基处理费用增加。

(2)抗拉强度低,抗裂性差。混凝土的抗拉强度一般只有抗压强度的 1/20～1/10,易开裂。

(3)收缩变形大。水泥水化凝结硬化引起的自身收缩和干燥收缩达 500×10^{-6} m/m 以上,易产生混凝土收缩裂缝。

4.2 混凝土的组成材料

混凝土的性能在很大程度上取决于组成材料的性能,因此,必须根据工程性质、设计要求和施工条件合理选择原材料的品种、质量和用量。

混凝土由水泥、水、砂和石子组成，另外，还常掺入适量的外加剂和掺合料。砂和石子在混凝土中起骨架作用，故称为集料（旧称骨料）。砂称为细集料，石子称为粗集料。水泥和水形成水泥浆包裹在集料的表面并填充集料之间的空隙，在混凝土硬化之前起润滑作用，赋予混凝土拌合物流动性；硬化之后起胶结作用，将砂石集料胶结成一个整体，使混凝土产生强度，成为坚硬的人造石材。外加剂起改性作用，掺合料起降低成本和改性作用，混凝土的宏观结构如图 4-1 所示。

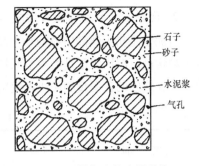

图 4-1　混凝土的宏观结构

4.2.1　水泥

水泥是混凝土中最重要的组分，它关系到混凝土的和易性、强度、耐久性和经济性。合理选用水泥包括以下两方面内容：

1. 水泥品种的选择

水泥品种的选择主要根据工程结构特点、工程所处环境及施工条件确定。如高温车间结构混凝土有耐热要求，一般宜选用耐热性好的矿渣水泥。

2. 水泥强度等级的选择

水泥强度等级应与混凝土的设计强度等级相适应。一般以水泥强度等级为混凝土强度等级的 1.5～2.0 倍为宜，对于高强度混凝土（≥60 MPa），可取混凝土强度等级的 1 倍左右。水泥强度过高或过低，会导致混凝土内水泥用量过少或过多，对混凝土的技术性能及经济效果均产生不利影响。

4.2.2　细集料——砂

粒径为 0.15～4.75 mm 的岩石颗粒称为细集料，简称砂。常用的细集料有河砂、海砂、山砂和机制砂（有时也称为人工砂、加工砂）等。根据技术要求，砂分为Ⅰ类、Ⅱ类和Ⅲ类。Ⅰ类用于强度等级大于 C60 的混凝土；Ⅱ类用于强度等级为 C30～C60 的混凝土；Ⅲ类用于强度等级小于 C30 的混凝土。

海砂可用于配制素混凝土，但不能直接用于配制钢筋混凝土，主要是海砂氯离子含量高，容易导致钢筋锈蚀，如要使用，必须经过淡水冲洗，使有害成分含量减少到要求以下。山砂可以直接用于一般工程混凝土结构，当用于重要结构物时，必须通过坚固性试验和碱活性试验。机制砂是指将卵石或岩石用机械破碎的方法，通过冲洗、过筛制成。通常是在加工碎卵石或碎石时，将小于 10 mm 的部分进一步加工而成。

砂的技术要求如下：

1. 表观密度、堆积密度、空隙率

砂的表观密度大于 2 500 kg/m³；松散堆积密度大于 1 350 kg/m³；空隙率小于 47%。

2. 含泥量、石粉含量和泥块含量

含泥量是指天然砂中粒径小于75 μm的颗粒含量；石粉含量是指人工砂中粒径小于75 μm 的颗粒含量；泥块含量是指砂中原粒径大于1.18 mm，经水浸洗、手捏后小于600 μm的颗粒 含量。天然砂的含泥量和泥块含量见表4-1；人工砂的石粉和泥块含量见表4-2。

表 4-1　天然砂的含泥量和泥块含量

项　目	指　标		
	Ⅰ类	Ⅱ类	Ⅲ类
含泥量(按质量计)/%	<1.0	<3.0	<5.0
泥块含量(按质量计)/%	0	<1.0	<2.0

表 4-2　人工砂的石粉和泥块含量

				指　标		
			项　目	Ⅰ类	Ⅱ类	Ⅲ类
1	亚甲基蓝试验	MB值<1.4 或合格	石粉含量 (按质量计)/%	<3.0	<5.0	<7.0*
2			泥块含量 (按质量计)/%	0	<1.0	<2.0
3		MB值≥1.4 或不合格	石粉含量 (按质量计)/%	<1.0	<3.0	<5.0
4			泥块含量 (按质量计)/%	0	<1.0	<2.0

注：亚甲基蓝MB值是用于判定人工砂中粒径小于75 μm的颗粒主要是泥土还是与被加工母岩化学成分相同的石 粉的指标。

* 根据使用地区和用途在试验验证的基础上，可由供需双方协商确定。

3. 有害物质含量

砂中不应混有草根、树叶、树枝、塑料、煤块、炉渣等杂物，其有害物质主要是云母、 轻物质、有机物、硫化物及硫酸盐、氯盐等。有害物质含量见表4-3。

表 4-3　有害物质含量

项　目	指　标		
	Ⅰ类	Ⅱ类	Ⅲ类
云母(按质量计)/%，<	1.0	2.0	2.0
轻物质(按质量计)/%，<	1.0	1.0	1.0
有机物(比色法)	合格	合格	合格
硫化物及硫酸盐(按SO$_3$质量计)/%，<	0.5	0.5	0.5
氯化物(以氯离子质量计)/%，<	0.01	0.02	0.06

4. 坚固性

坚固性是指砂在自然风化和其他物理化学因素作用下抵抗破裂的能力。天然砂采用硫酸钠溶液法进行试验，砂样经5次循环后其质量损失应符合表4-4的规定。人工砂采用压碎指标法进行试验，压碎指标值应小于表4-5的规定。

表4-4　坚固性指标

项　目	指　标		
	I类	II类	III类
质量损失/%，<	8	8	10

表4-5　压碎指标

项　目	指　标		
	I类	II类	III类
单级最大压碎指标/%，<	20	25	30

5. 粗细程度与颗粒级配

砂的粗细程度是指不同粒径的砂粒混合体平均粒径大小，通常用细度模数（M_x）表示，其值并不等于平均粒径，但能较准确反映砂的粗细程度。细度模数M_x越大，表示砂越粗，单位重量总表面积（或比表面积）越小；M_x越小，则砂比表面积越大，砂越细。

砂的颗粒级配是指不同粒径砂粒的搭配比例。良好的级配指粗颗粒的空隙恰好由中颗粒填充，中颗粒的空隙恰好由细颗粒填充，如此逐级填充，使砂形成最致密的堆积状态，空隙率达到最小值，堆积密度达到最大值。这样可达到节约水泥，提高混凝土综合性能的目标。因此，砂颗粒级配反映空隙率大小。砂颗粒级配示意图如图4-2所示。

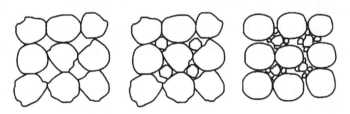

图4-2　砂颗粒级配示意图

砂的粗细程度和颗粒级配采用筛分析法来测定与评定，即采用一套孔径为4.75 mm、2.36 mm、1.18 mm、600 μm、300 μm、150 μm的标准筛，将抽样后经缩分所得500 g干砂由粗到细依次筛分，然后称取每一个筛上的筛余质量，并计算出各筛号的分计筛余百分率（各筛号的筛余质量与试样总质量之比，计算精确至0.1%）和各筛号的累计筛余百分率A_1、A_2、A_3、A_4、A_5、A_6（该号筛的分计筛余百分率与该号筛以上各筛分计筛余百分率之和），见表4-6。

表 4-6　筛余质量、分计筛余百分率、累计筛余百分率的关系

筛孔尺寸	筛余质量/g	分计筛余/%	累计筛余/%
4.75 mm	m_1	α_1	$A_1=\alpha_1$
2.36 mm	m_2	α_2	$A_2=\alpha_1+\alpha_2$
1.18 mm	m_3	α_3	$A_3=\alpha_1+\alpha_2+\alpha_3$
600 μm	m_4	α_4	$A_4=\alpha_1+\alpha_2+\alpha_3+\alpha_4$
300 μm	m_5	α_5	$A_5=\alpha_1+\alpha_2+\alpha_3+\alpha_4+\alpha_5$
150 μm	m_6	α_6	$A_6=\alpha_1+\alpha_2+\alpha_3+\alpha_4+\alpha_5+\alpha_6$

　　细度模数描述的是砂的粗细程度，即总表面积大小。细度模数按下式计算，精确至 0.01：

$$M_x=\frac{(A_2+A_3+A_4+A_5+A_6)-5A_1}{100-A_1} \tag{4-1}$$

式中　A_1、A_2、A_3、A_4、A_5、A_6——4.75 mm、2.36 mm、1.18 mm、600 μm、300 μm、150 μm 筛的累计筛余百分率；

　　　　　M_x——砂的细度模数。

　　细度模数越大，表示砂越粗。细度模数在 3.1～3.7 之间为粗砂，细度模数在 2.3～3.0 之间为中砂，细度模数在 1.6～2.2 之间为细砂。

　　砂的颗粒级配根据 600 μm 筛孔对应的累计筛余百分率 A_4，分成Ⅰ区、Ⅱ区和Ⅲ区三个级配区。级配良好的粗砂应落在Ⅰ区；级配良好的中砂应落在Ⅱ区；细砂则落在Ⅲ区。实际使用的砂颗粒级配可能不完全符合要求，除了 4.75 mm 和 600 μm 对应的累计筛余率外，其余各档可以略有超出，但某一筛档累计筛余率超界 5% 以上时，说明砂级配很差，视作不合格。

　　为方便使用，可将表 4-7 中的数值绘制成砂的级配曲线图(图 4-3)，即以累计筛余为纵坐标，以筛孔尺寸为横坐标，画出砂的Ⅰ、Ⅱ、Ⅲ三个区的级配曲线。混凝土用砂的颗粒级配曲线应处于三个级配区中的任意一个级配区内。如砂的自然级配不符合级配区的要求，应进行调整。方法是将粗、细不同的两种砂按适当比例混合试配，直至合格。

表 4-7　砂的颗粒级配

累计筛余/%　　级配区 方孔筛径	Ⅰ	Ⅱ	Ⅲ
4.75 mm	10～0	10～0	10～0
2.36 mm	35～5	25～0	15～0
1.18 mm	65～35	50～10	25～0
600 μm	85～71	70～41	40～16
300 μm	95～80	92～70	85～55
150 μm	100～90	100～90	100～90

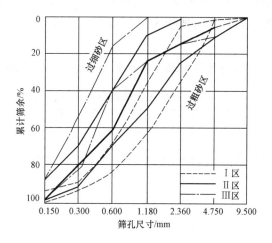

图 4-3　砂的级配区曲线

【例 4-1】　某工程用砂，经烘干、称量、筛分析，各号筛上的筛余量列于表 4-8。试评定该砂的粗细程度(M_x)和级配情况。

表 4-8　筛分析试验结果

筛孔尺寸/mm	4.75	2.36	1.18	0.60	0.30	0.15	底盘	合计
筛余量/g	28.5	57.6	73.1	156.6	118.5	55.5	9.7	499.5

【解】　(1)分计筛余率和累计筛余率计算结果列于表 4-9。

表 4-9　分计筛余和累计筛余计算结果

	α_1	α_2	α_3	α_4	α_5	α_6
分计筛余率/%	5.71	11.53	14.63	31.35	23.72	11.11
	A_1	A_2	A_3	A_4	A_5	A_6
累计筛余率/%	5.71	17.24	31.87	63.22	86.94	98.05

(2)计算细度模数：

$$M_x = \frac{(A_2+A_3+A_4+A_5+A_6)-5A_1}{100-A_1}$$

$$= \frac{(17.24+31.87+63.22+86.94+98.05)-5\times5.71}{100-5.71} = 2.85$$

(3)确定级配区、绘制级配曲线：该砂样在 600 μm 筛上的累计筛余率 $A_4=63.22\%$，落在 Ⅱ 区，其他各筛上的累计筛余率也均落在 Ⅱ 区规定的范围内，因此可以判定该砂为 Ⅱ 区砂。

(4)结果评定：该砂的细度模数 $M_x=2.85$，属中砂；Ⅱ 区级配良好。

【例 4-2】 甲、乙两种砂经筛分试验并计算出累计筛余百分率列于表 4-10，试分别计算其细度模数并评定其级配。若将这两种砂各 50%混合，试计算混合砂的细度模数并评定其级配。

【解】 将计算出的甲、乙两种砂及混合砂的细度模数及其级配评定列入表 4-10 中。

表 4-10　砂的细度模数及级配评定

筛孔尺寸 /mm	甲砂累计筛余/%	乙砂累计筛余/%	混合砂(甲、乙各占 50%)累计筛余
4.75	0	10	0×50%+10×50%=5%
2.36	0	40	0×50%+40×50%=20%
1.18	4	70	4×50%+70×50%=37%
0.60	50	80	50×50%+80×50%=65%
0.30	70	90	70×50%+90×50%=80%
0.15	95	97	95×50%+97×50%=96%
M_x	2.19	3.63	2.87
级配评定	按Ⅱ区评定。在 1.18 mm 筛上的累计筛余百分率超出规定范围 6%，故级配不合格	按Ⅰ区评定。在 2.36 mm 及 1.18 mm 筛上的累计筛余百分率都超出规定范围 5%，故级配不合格	按Ⅱ区评定，各筛的累计筛余百分率均未超出规定范围，故级配合格

配制普通混凝土的砂宜为中砂(M_x＝2.3～3.0)，Ⅱ区。但实际工程中往往出现砂偏细或偏粗的情况，通常有两种处理方法：

(1)当只有一种砂源时，对偏细砂适当减少用量，即降低砂率；对偏粗砂，则适当增加用量，即增加砂率。

(2)当粗砂和细砂可同时提供时，宜将细砂和粗砂按一定比例掺配使用，这样既可调整M_x，也可改善砂的级配，有利于节约水泥，提高混凝土性能。

6. 砂的含水状态

砂的含水有如下四种状态(图 4-4)：

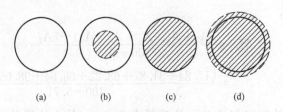

图 4-4　砂的含水状态

(a)绝干状态；(b)气干状态；(c)饱和面干状态；(d)湿润状态

(1)绝干状态：砂粒内外不含任何水，通常在(105±5)℃条件下烘干而得。

（2）气干状态：砂粒表面干燥，内部孔隙中部分含水。

（3）饱和面干状态：砂粒表面干燥，内部孔隙全部吸水饱和。水利工程上通常采用饱和面干状态计量砂用量。

（4）湿润状态：砂粒内部吸水饱和，表面还含有部分表面水。施工现场，特别是雨后常出现此种状况，搅拌混凝土计量砂用量时，要扣除砂中的含水量；同样，计量水用量时，要扣除砂中带入的水量。

4.2.3 粗集料——石子

粒径大于 4.75 mm 的岩石颗粒（石子）称为粗集料。对石子（碎石、卵石）的技术要求如下：

1. 表观密度、堆积密度、空隙率

石子的表观密度大于 2 500 kg/m³，松散堆积密度大于 1 350 kg/m³，空隙率小于 47%。

2. 含泥量和泥块含量

含泥量是指碎石、卵石中粒径小于 75 μm 的颗粒含量。泥块含量是指碎石、卵石中原粒径大于 4.75 mm，经水浸洗、手捏后小于 2.36 mm 的颗粒含量。碎石、卵石的含泥量和泥块含量见表 4-11。

表 4-11　碎石、卵石的含泥量和泥块含量

项　目	指　标		
	Ⅰ类	Ⅱ类	Ⅲ类
含泥量（按质量计）/%	≤0.5	≤1.0	≤1.5
泥块含量（按质量计）/%	≤0.2	≤0.5	≤0.7

3. 针、片状颗粒含量

针状颗粒是指碎石和卵石颗粒长度大于该粒级平均粒径 2.4 倍者；片状颗粒是颗粒厚度小于平均粒径 0.4 倍者（平均粒径指该粒级上、下限粒径的平均值）。针、片状颗粒含量见表 4-12。

表 4-12　针、片状颗粒含量

项　目	指　标		
	Ⅰ类	Ⅱ类	Ⅲ类
针、片状颗粒（按质量计）/%，≤	5	15	25

4. 有害物质

碎石和卵石中不应混有草根、树叶、树枝、塑料、煤块和炉渣等杂物。碎石、卵石有害物质含量见表 4-13。

表 4-13 碎石、卵石有害物质含量

项 目	指 标		
	Ⅰ类	Ⅱ类	Ⅲ类
有机物	合格	合格	合格
硫化物及硫酸盐(按 SO_3 质量计)/%,≤	0.5	1.0	1.0

5. 强度

采用压碎指标来检验石子的强度。

压碎指标是将一定质量风干状态下 $9.50\sim19.0$ mm 的颗粒装入标准圆模内,置于压力机上,按 1 kN/s 速度均匀加荷至 200 kN 并稳荷 5 s。卸荷后用 2.36 mm 的筛筛除被压碎的细粒,称出留在筛上的试件质量,然后按下式计算(精确至 0.1%):

$$Q_e = \frac{G_1 - G_2}{G_1} \times 100\% \tag{4-2}$$

式中 Q_e——压碎指标值,%;

G_1——试样的质量,g;

G_2——压碎试验后筛余的试样质量,g。

压碎指标值越小,表示集料抵抗受压碎裂的能力越强。普通混凝土用碎石和卵石的压碎指标见表 4-14。

表 4-14 普通混凝土用碎石和卵石的压碎指标

项 目	指 标		
	Ⅰ类	Ⅱ类	Ⅲ类
碎石压碎指标/%,≤	10	20	30
卵石压碎指标/%,≤	12	14	16

6. 最大粒径(D_{max})

粗集料公称粒级的上限称为该粒级的最大粒径。混凝土用的粗集料,其最大粒径不得超过构件截面最小尺寸的 1/4,且不得超过钢筋最小净距的 3/4。对混凝土实心板,集料的最大粒径不宜超过板厚的 1/3,且不得超过 40 mm。

7. 颗粒级配

粗集料的颗粒级配也是通过筛分试验来测定的。其标准筛的孔径为 2.36 mm、4.75 mm、9.50 mm、16.0 mm、19.0 mm、26.5 mm、31.5 mm、37.5 mm、53.0 mm、63.0 mm、75.0 mm、90.0 mm。试样筛析时,可按需要选用筛号。

粗集料颗粒级配分为连续级配和间断级配,连续级配也叫连续粒级,是集料粒径从大到小连续分级,每一级都占适当比例。间断级配也叫单粒粒级,是剔除中间一级或几级颗粒,使集料粒径不连续。碎石和卵石的颗粒级配见表 4-15。

表 4-15 碎石和卵石的颗粒级配

	方孔筛/mm 公称粒径/mm	2.36	4.75	9.50	16.0	19.0	26.5	31.5	37.5	53.0	63.0	75.0	90.0
连续粒级	5~10	95~100	80~100	0~15	0								
	5~16	95~100	85~100	30~60	0~10	0							
	5~20	95~100	90~100	40~80	—	0~10	0						
	5~25	95~100	90~100	—	30~70	—	0~5	0					
	5~31.5	95~100	90~100	70~90	—	15~45	—	0~5	0				
	5~40	—	95~100	70~90	—	30~65	—	—	0~5	0			
单粒粒级	10~20		95~100	85~100		0~15	0						
	16~31.5		95~100		85~100			0~10	0				
	20~40			95~100		80~100			0~10	0			
	31.5~63				95~100			75~100	45~75		0~10	0	
	40~80					95~100			70~100		30~60	0~10	0

4.2.4 拌合用水及养护用水

凡是影响混凝土的和易性及凝结，有损于混凝土强度增长，降低混凝土的耐久性，加快腐蚀及导致预应力钢筋脆断，污染混凝土表面的水均不得使用。混凝土用水中的物质含量限值见表 4-16。

表 4-16 混凝土用水中的物质含量限值

项 目	预应力混凝土	钢筋混凝土	素混凝土
pH	≥4	≥4	≥4
不溶物/(mg·L⁻¹)	<2 000	<2 000	<5 000
可溶物/(mg·L⁻¹)	<2 000	<5 000	<10 000
氯化物(以 Cl^- 计)/(mg·L⁻¹)	<500	<1 200	<3 500
硫酸盐(以 SO_4^{2-} 计)/(mg·L⁻¹)	<600	<2 700	<2 700
硫化物(以 S^{2-} 计)/(mg·L⁻¹)	<100	—	—

注：使用钢丝或经热处理钢筋的预应力混凝土氯化物含量不得超过 350 mg/L。

4.3　新拌混凝土的性质

4.3.1 和易性的含义

新拌混凝土的和易性，也称工作性，是指拌合物易于搅拌、运输、浇捣成型，并因此获得均匀密实混凝土的一项综合技术性能，通常用流动性、黏聚性和保水性三项指标表示。流动性是拌合物在自重或外力作用下产生流动的性能，反映了混凝土拌合物的稀稠程度；黏聚性是拌合物各组成材料之间有一定黏聚力，不产生分层离析现象，反映了混凝土拌合物的均匀性；保水性是拌合物不产生严重的泌水现象，反映了混凝土拌合物的稳定性。

通常情况下，混凝土拌合物的流动性、黏聚性及保水性，三者互相联系，但又互相矛盾。当流动性较大时，往往混凝土拌合物的黏聚性和保水性较差，反之亦然。因此，混凝土拌合物良好的和易性是指三者相互协调，均为良好。良好的和易性既是施工的要求，也是获得均匀密实混凝土的基本保证。

4.3.2 和易性的评定

混凝土拌合物和易性是一项综合指标，目前为止尚无能够全面反映混凝土和易性的测定方法，通常通过测定流动性，再辅以直观观察或经验评定黏聚性和保水性，然后综合评定混凝土和易性。流动性的测定方法，最常用的是坍落度法和维勃稠度法。

1. 坍落度法

将搅拌好的混凝土分三层装入坍落度筒中，每层插捣 25 次，抹平后垂直提起坍落度筒，混凝土则在自重作用下坍落，以坍落高度(单位为 mm)代表混凝土的流动性。坍落度越大，则流动性越好。

如图 4-5 所示，黏聚性通过观察坍落度测试后混凝土锥体所保持的形状，或侧面用捣棒敲击后的形状判定，当坍落度筒一提起即出现图中(c)或(d)形状，表示黏聚性不良；敲击后出现(b)状，则黏聚性好；敲击后出现(c)状，则黏聚性欠佳；敲击后出现(d)状，则黏聚性不良。

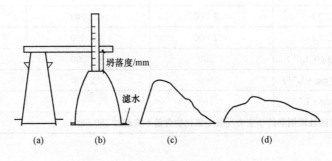

图 4-5　混凝土拌合物坍落度测定

(a)坍落度筒；(b)黏聚性好；(c)黏聚性欠佳；(d)黏聚性不良

保水性是以水或稀浆从底部析出的多少来评定。析出量大，保水性差，严重时粗集料表面因稀浆流失而裸露。析出量小则保水性好。

坍落度法测定混凝土和易性的适用条件为：粗集料最大粒径≤40 mm；坍落度≥10 mm。

对坍落度小于 10 mm 的干硬性混凝土，坍落度值已不能准确反映其流动性大小。如两种混凝土坍落度均为零，但在振捣器作用下，流动性可能完全不同。这种情况下，一般采用维勃稠度法测定。

2. 维勃稠度法

坍落度法的测试原理是混凝土在自重作用下坍落，而维勃稠度法则是在坍落度筒提起后，使用维勃稠度仪(图 4-6)对其施加一个振动外力，测试混凝土在外力作用下完全布满面板所需时间(单位为 s)。时间越短，流动性越好；时间越长，流动性越差。

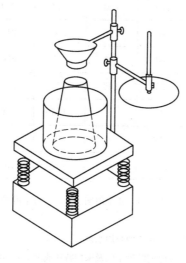

图 4-6　维勃稠度仪

4.3.3　施工和易性的选择

混凝土拌合物流动性的选择可参考表 4-17。

表 4-17　混凝土浇筑时的坍落度　　　　　　　　　　　　　　mm

结　构　种　类	坍落度
基础或地面等的垫层、无配筋的大体积结构(挡土墙、基础等)或配筋稀疏的结构	10～30
板、梁或大型及中型截面的柱子等	30～50
配筋密列的结构(薄壁、斗仓、筒仓、细柱等)	50～70
配筋特密的结构	70～90
注：1. 本表是指采用机械振捣时的坍落度，当采用人工振捣时可适当增大； 2. 对轻集料混凝土拌合物，坍落度宜较表中数值减小 10～20。	

4.3.4　和易性的影响因素及改善措施

1. 影响和易性的主要因素

(1)单位用水量。用水量增大，流动性随之增大。但用水量增大带来的不利影响是保水性和黏聚性变差，易产生泌水、分层、离析。在进行混凝土配合比设计时，单位用水量可根据施工要求的坍落度和粗集料的种类、规格，根据表 4-18 选用。

表 4-18 混凝土单位用水量选用表

| 项 目 | 指 标 | 卵石最大粒径/mm | | | | 碎石最大粒径/mm | | | |
		10	20	31.5	40	16	20	31.5	40
坍落度 /mm	10～30	190	170	160	150	200	185	175	165
	35～50	200	180	170	160	210	195	185	175
	55～70	210	190	180	170	220	205	195	185
	75～90	215	195	185	175	230	215	205	195
维勃稠度 /s	16～20	175	160	—	145	180	170	—	155
	11～15	180	165	—	150	185	175	—	160
	5～10	185	170	—	155	190	180	—	165

注：1. 本表用水量是采用中砂时的平均取值，如采用细砂，每立方米混凝土用水量可增加 5～10 kg，采用粗砂时，则可减少 5～10 kg。

2. 掺用各种外加剂或掺合料时，可相应增减用水量。

3. 本表不适用于水胶比小于 0.4 时的混凝土以及采用特殊成型工艺的混凝土。

(2)水胶比。水胶比即水用量与水泥用量之比。在水泥用量和集料用量不变的情况下，水胶比增大，相当于单位用水量增大，水泥浆很稀，拌合物流动性也随之增大。但用水量增大带来的负面影响是严重降低混凝土的保水性，增大泌水，同时使黏聚性也下降。但水胶比也不宜太小，否则因流动性过低影响混凝土振捣密实，易产生麻面和空洞。

(3)砂率。砂率是指砂占砂石总重量的百分率，表达式为

$$S_p = \frac{S}{S+G} \tag{4-3}$$

式中　S_p——砂率；

　　　S——砂子用量，kg；

　　　G——石子用量，kg。

砂率对和易性的影响非常显著。

1)对流动性的影响。在水泥用量和水胶比一定的条件下，由于砂与水泥浆组成的砂浆在粗集料间起到润滑和滚珠作用，可以减小粗集料间的摩擦力，所以在一定范围内，随砂率增大，混凝土流动性增大。另一方面，由于砂的比表面积比粗集料大，随着砂率增加，粗细集料的总表面积增大，在水泥浆用量一定的条件下，集料表面包裹的水泥浆量减薄，润滑作用下降，混凝土流动性降低。当砂率超过一定范围时，流动性随砂率增加而下降，如图 4-7 所示。

2)对黏聚性和保水性的影响。砂率减小，混凝土的黏聚性和保水性均下降，易产生泌

水、离析和流浆现象。砂率增大，黏聚性和保水性增加。但砂率过大，当水泥浆不足以包裹集料表面时，黏聚性反而下降。

3）合理砂率的确定。合理砂率是指砂填满石子空隙并有一定的富余量，用水量和水泥用量一定的情况下，能在石子间形成一定厚度的砂浆层，以减小粗集料间的摩擦阻力，使混凝土流动性达到最大值；或者在保持拌合物所需的流动性及良好的黏聚性与保水性的情况下，使水泥用量达到最小值。如图 4-7 和图 4-8 所示。混凝土砂率的选用见表 4-19。

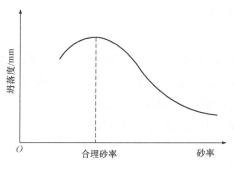

图 4-7　砂率与坍落度的关系

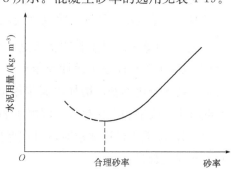

图 4-8　砂率与水泥用量的关系

表 4-19　混凝土砂率选用表

水胶比 (W/B)	卵石最大粒径/mm			碎石最大粒径/mm		
	10	20	40	16	20	40
0.4	26～32	25～31	24～30	30～35 .	29～34	27～32
0.5	30～35	29～34	28～33	33～38	32～37	30～35
0.6	33～38	32～37	31～36	36～41	35～40	33～38
0.7	36～41	35～40	34～39	39～44	38～43	36～41

注：1. 表中数值是中砂的选用砂率。对细砂或粗砂，可相应地减小或增大砂率。

2. 本砂率适用于坍落度为 10～60 mm 的混凝土。坍落度如大于 60 mm 或小于 10 mm，应相应地增大或减小砂率；按每增大 20 mm，砂率增大 1% 的幅度予以调整。

3. 只用一个单粒级粗集料配制混凝土时，砂率值应适当增大。

4. 掺入各种外加剂或掺合料时，其合理砂率值应经试验或参照其他有关规定选用。

5. 对薄壁构件，砂率取偏大值。

（4）水泥品种及细度。水泥品种不同，达到相同流动性的需水量往往不同，从而影响混凝土流动性；另一方面，不同水泥品种对水的吸附作用也不同，从而影响混凝土的保水性和黏聚性。如火山灰水泥、矿渣水泥配制的混凝土流动性比普通水泥小。在流动性相同的情况下，矿渣水泥的保水性能较差，黏聚性也较差。同品种水泥越细，流动性越差，但黏聚性和保水性越好。

（5）集料的品种和粗细程度。卵石表面光滑，碎石粗糙且多棱角，因此卵石配制的混凝土流动性较好，但黏聚性和保水性则相对较差。河砂与山砂的差异与上述相似。对级配符合要求的砂石料来说，粗集料粒径越大，砂的细度模数越大，则流动性越大，但黏聚性和保水性有所下降。

(6)外加剂。改善混凝土和易性的外加剂主要有减水剂和引气剂。它们能使混凝土在不增加用水量的条件下增加流动性，并具有良好的黏聚性和保水性。

(7)时间、气候条件。随着水泥水化和水分蒸发，混凝土的流动性将随着时间的延长而下降。气温高、湿度小、风速大将加速流动性的损失。

2. 混凝土和易性的调整和改善措施

(1)当混凝土流动性小于设计要求时，为了保证混凝土的强度和耐久性，不能单独加水，必须保持水胶比不变，增加水泥浆用量。但水泥浆用量过多，则混凝土成本提高，且将增大混凝土的收缩和水化热等，混凝土的黏聚性和保水性也可能下降。

(2)当坍落度大于设计要求时，可在保持砂率不变的前提下，增加砂石用量。实际上相当于减小水泥浆数量。

(3)改善集料级配，既可增加混凝土流动性，也能改善黏聚性和保水性。但集料占混凝土用量的 75% 左右，实际操作难度往往较大。

(4)掺减水剂或引气剂，是改善混凝土和易性的最有效措施。

(5)尽可能选用最优砂率。当黏聚性不足时，可适当增大砂率。

4.4　硬化混凝土的性质

4.4.1　抗压强度

1. 混凝土立方体抗压强度 f_{cu}

混凝土立方体抗压强度，是指按标准方法制作的边长为 150 mm 的立方体试件，在标准养护条件[温度(20±2)℃，相对湿度大于 95%]下，养护到 28 d，用标准试验方法测得的抗压强度值，用 f_{cu} 表示，单位为 N/mm²。

用非标准试件测得的强度值均应乘以尺寸换算系数，换算成标准试件强度值。200 mm×200 mm×200 mm 试件换算系数为 1.05，100 mm×100 mm×100 mm 试件换算系数为 0.95。

2. 混凝土立方体抗压强度标准值

混凝土立方体抗压强度标准值是指按照标准方法制作和养护的边长为 150 mm 的立方体试件，在 28 d 龄期用标准试验方法测得的具有 95% 保证率的抗压强度。

3. 混凝土的强度等级

混凝土的强度等级按立方体抗压强度标准值划分。混凝土的强度分为 C15、C20、C25、

C30、C35、C40、C45、C50、C55、C60、C65、C70、C75、C80 共十四个等级。"C"代表混凝土，C 后面的数字为立方体抗压强度标准值（MPa）。

4. 混凝土轴心抗压强度 f_{cp}

确定混凝土强度等级时，采用立方体试件，但在实际结构中，钢筋混凝土受压构件多为棱柱体或圆柱体。为了使测得的混凝土强度与实际情况接近，在进行钢筋混凝土受压构件（如柱子、桁架的腹杆等）计算时，都是采用混凝土的轴心抗压强度。混凝土轴心抗压强度是指按标准方法制作的，标准尺寸为 150 mm×150 mm×300 mm 的棱柱体试件，在标准养护条件下养护到 28 d 龄期，以标准试验方法测得的抗压强度值。轴心抗压强度比同截面的立方体抗压强度要小，当标准立方体抗压强度在 10～50 MPa 范围内时，两者之间的比值为 0.7～0.8。

4.4.2 抗拉强度

混凝土是脆性材料，抗拉强度很低，拉压比为 1/20～1/10，拉压比随着混凝土强度等级的提高而降低。因此，在钢筋混凝土结构设计时，不考虑混凝土承受拉力（考虑钢筋承受拉力），但抗拉强度对混凝土抗裂性具有重要作用，是结构设计时确定混凝土抗裂度的重要指标，有时也用它来间接衡量混凝土与钢筋的粘结强度。

4.4.3 影响混凝土强度的因素

1. 水泥强度与水胶比

水泥强度等级和水胶比是影响混凝土强度的决定性因素。因为混凝土的强度主要取决于水泥石的强度及其与集料间的粘结力，而水泥石的强度及其与集料间的粘结力又取决于水泥的强度等级和水胶比的大小。在相同配合比、相同成型工艺、相同养护条件的情况下，水泥强度等级越高，配制的混凝土强度越高。

在水泥品种、水泥强度等级不变时，混凝土在振动密实条件下，水胶比越小，强度越高（图 4-9、图 4-10）。

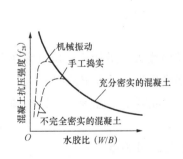

图 4-9 混凝土强度与水胶比的关系

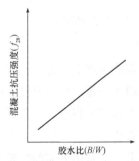

图 4-10 混凝土强度与胶水比的关系

大量试验结果表明，在原材料一定的情况下，混凝土 28 d 龄期抗压强度 $f_{cu,0}$ 与水泥实

际强度 f_{ce} 及胶水比(B/W)之间的关系符合下列经验公式：

$$f_{cu,0} = \alpha_a f_{ce}(C/W - \alpha_b)$$ (4-4)

式中　$f_{cu,0}$——混凝土 28 d 龄期的抗压强度，MPa；

　　　α_a、α_b——回归系数(碎石：$\alpha_a = 0.53$，$\alpha_b = 0.20$；卵石：$\alpha_a = 0.49$，$\alpha_b = 0.13$)；

　　　B/W——胶水比；

　　　f_{ce}——水泥 28 d 抗压强度实测值，MPa。

当无 28 d 抗压强度实测值时，f_{ce} 可按以下方法确定：

$$f_{ce} = \gamma_c \cdot f_{ce,k}$$

式中　γ_c——水泥强度等级值的富余系数，可按实际统计资料确定；

　　　$f_{ce,k}$——水泥强度等级值，MPa。

2. 集料品种、规格与质量

碎石表面粗糙、有棱角，与水泥石的胶结力较强，而且相互间有嵌固作用，所以在其他条件相同时，碎石混凝土强度高于卵石混凝土。当水胶比小于 0.40 时，碎石混凝土强度比卵石混凝土高约 1/3。因此，当配制高强度混凝土时，往往选择碎石。

3. 养护条件

温度及湿度对混凝土强度的影响，本质上是对水泥水化的影响。养护温度越高，水泥早期水化越快，混凝土的早期强度越高。但混凝土早期养护温度过高(40 ℃以上)，因水泥水化产物来不及扩散而使混凝土后期强度反而降低。当温度在 0 ℃以下时，水泥水化反应停止，混凝土强度停止发展。这时还会因为混凝土中的水结冰产生体积膨胀，对混凝土产生相当大的膨胀压力，使混凝土结构破坏，强度降低。

湿度是决定水泥能否正常水化的必要条件。浇筑后的混凝土所处环境湿度相宜，水泥水化反应顺利进行，混凝土强度得以充分发展。若环境湿度较低，水泥不能正常进行水化作用，甚至停止水化，混凝土强度将严重降低或停止发展。

为了保证混凝土强度正常发展和防止失水过快引起的收缩裂缝，混凝土浇筑完毕后，应及时覆盖和浇水养护。气候炎热和空气干燥时，如不及时进行养护，混凝土中水分会蒸发过快，出现脱水现象，混凝土表面出现片状、粉状剥落和干缩裂纹等劣化现象，混凝土强度明显降低；在冬季应特别注意保持必要的温度，以保证水泥能正常水化和防止混凝土内水结冰引起的膨胀破坏。

4. 龄期

在正常养护条件下，混凝土强度随龄期的增长而增大，最初 7～14 d 发展较快，28 d 后强度发展趋于平缓，所以混凝土以 28 d 龄期的强度作为质量评定依据。

在混凝土施工过程中，经常需要尽快知道已成型混凝土的强度，所以快速评定混凝土强度就非常必要。

工程技术人员常用下面的经验公式来估算混凝土 28 d 强度：

$$f_n = f_{28}\frac{\lg n}{\lg 28}$$ (4-5)

式中　f_{28}——混凝土 28 d 龄期的抗压强度，MPa；

f_n——混凝土 n d 龄期的抗压强度，MPa；

n——养护龄期，d($n \geqslant 3$ d)。

该公式仅适用于在标准条件下养护中等强度(C20～C30)的混凝土。对较高强度混凝土(≥C35)和掺外加剂的混凝土，用该公式估算会产生很大误差。

5. 施工方法、施工质量及其控制

混凝土的搅拌、运输、浇筑、振捣、现场养护是一项复杂的施工过程，受到各种不确定性随机因素的影响。配料的准确、振捣密实程度、拌合物的离析、现场养护条件的控制以至施工单位的技术和管理水平都会造成混凝土强度的变化。因此，必须采取严格有效的控制措施和手段，以保证混凝土的施工质量。

4.4.4 提高强度的措施

(1)采用高强度等级水泥或早强型水泥。

(2)采用较小的水胶比。

(3)采用级配好、质量高、粒径适宜的集料。

(4)采用机械搅拌和机械振捣成型。

(5)加强养护。

(6)掺入混凝土外加剂。

(7)掺加混凝土掺合料。

4.4.5 非荷载作用下混凝土的变形

混凝土在硬化和使用过程中，由于受到物理、化学和力学等因素的作用，常发生各种变形。由物理、化学因素引起的变形称为非荷载作用下的变形，包括化学收缩、干湿变形、碳化收缩及温度变形等。

1. 化学收缩

由于水泥水化生成物的体积比反应物的总体积小，从而引起混凝土的收缩称为化学收缩。收缩量随混凝土硬化龄期的延长而增加，一般在混凝土成型后 40 d 内增长较快，以后逐渐趋于稳定。化学收缩不会对混凝土结构造成明显的破坏作用，混凝土的化学收缩是不可恢复的。

2. 干湿变形

混凝土因环境湿度变化，会产生干燥收缩和湿胀，统称为干湿变形。

混凝土在水中硬化时，由于凝胶体中的胶体粒子表面的吸附水膜增厚，胶体粒子间距离增大，混凝土产生微小的膨胀，即湿胀，湿胀对混凝土无危害。混凝土在空气中硬化时，首先失去自由水，继续干燥时，毛细孔水蒸发，毛细孔中形成负压产生收缩，再继续干燥则吸附水蒸发，引起凝胶体失水而紧缩。以上这些作用的结果导致混凝土产生干缩变形。

混凝土的干缩变形在重新吸水后大部分可以恢复，但不能完全恢复。在一般条件下，混凝土极限收缩值可达 $5 \times 10^{-4} \sim 9 \times 10^{-4}$ mm/mm，在结构设计中混凝土干缩率取值为 $1.5 \times 10^{-4} \sim 2.0 \times 10^{-4}$ mm/mm，即每米混凝土收缩 $0.15 \sim 0.20$ mm。由于混凝土抗拉强度低，所以很容易产生干缩裂缝。

混凝土中水泥石是引起干缩的主要组分，集料起限制收缩的作用，孔隙的存在会加大收缩。因此，减少水泥用量，减小水胶比，加强振捣，保证集料洁净和级配良好是减少混凝土干缩变形的关键。另外，混凝土的干缩主要发生在早期，前三个月的收缩量为 20 年收缩量的 $40\% \sim 80\%$。由于混凝土早期强度低，抵抗干缩应力的能力弱，因此加强混凝土的早期养护，延长湿养护时间，对减少混凝土干缩裂缝具有重要作用（但对混凝土的最终干缩率无显著影响）。

水泥的细度及品种对混凝土的干缩也产生一定的影响。水泥颗粒越细，干缩越大；掺大量混合材料的硅酸盐水泥配制的混凝土，比用普通水泥配制的混凝土干缩率大，其中火山灰水泥混凝土的干缩率最大，粉煤灰水泥混凝土的干缩率较小。

3. 碳化收缩

混凝土的碳化是指混凝土内水泥石中的 $Ca(OH)_2$ 与空气中的 CO_2 在湿度适宜的条件下发生化学反应，生成 $CaCO_3$ 和 H_2O 的过程，也称为中性化。

混凝土的碳化会引起收缩，这种收缩称为碳化收缩。碳化收缩可能是由于在干燥收缩引起的压应力下，因 $Ca(OH)_2$ 晶体应力释放和在无应力空间 $CaCO_3$ 的沉淀所引起。碳化收缩会在混凝土表面产生拉应力，导致混凝土表面产生微细裂纹。观察碳化混凝土的切割面，可以发现细裂纹的深度与碳化层的深度相近。但是，碳化收缩与干燥收缩总是相伴发生，很难准确划分。

4. 温度变形

混凝土同其他材料一样，也会随着温度的变化而产生热胀冷缩变形。混凝土的温度膨胀系数为 0.7×10^{-5} ℃$^{-1}$ $\sim 1.4 \times 10^{-5}$ ℃$^{-1}$，一般取 1.0×10^{-5} ℃$^{-1}$，即温度每改变 1 ℃，1 m 混凝土将产生 0.01 mm 膨胀或收缩变形。

混凝土是热的不良导体，传热很慢，因此，在大体积混凝土（截面最小尺寸大于 1 m 的混凝土，如大坝、桥墩和大型设备基础等）硬化初期，由于水化热而内部积聚较多热量，造成混凝土内外层温差很大（可达 50 ℃ $\sim$ 80 ℃）。这将使内部混凝土产生较大热膨胀，而外部混凝土与大气接触，温度相对较低，产生收缩。内部膨胀与外部收缩相互制约，在外表混凝土中将产生很大拉应力，严重时使混凝土产生裂缝。

大体积混凝土施工时，需采取一些措施来减小混凝土内外层温差，以防止混凝土温度裂缝，目前常用的方法有以下几种。

（1）采用低热水泥（如矿渣水泥、粉煤灰水泥、大坝水泥等）和尽量减小水泥用量，以减少水泥水化热。

（2）在混凝土拌合物中掺入缓凝剂、减水剂和掺合料，降低水泥水化速度，使水泥水化热不至于在早期过分集中放出。

（3）预先冷却原材料，用冰块代替水，以抵消部分水化热。

（4）在混凝土中预埋冷却水管，从管子的一端注入冷水，从另一端排出，将混凝土内部的水化热带出。

（5）在建筑结构安全许可的条件下，将大体积混凝土化整为零施工，减轻约束和扩大散热面积。

（6）表面绝热，调节混凝土表面温度下降速率。

对于纵长和大面积混凝土工程（如混凝土路面、广场、地面和屋面等），常采用每隔一段距离设置一道伸缩缝或留设后浇带来防止混凝土温度裂缝。监测混凝土内部温度场是控制与防范混凝土温度裂缝的重要工作内容。过去多采用点式温度计来测试，这种方法布点有限，施工工艺复杂，温度信息量少；现在一些大型水利水电工程（如三峡大坝），通过在混凝土内埋设光纤维，利用光纤传感技术来监测内部温度场，该方法具有测点连续，温度信息量大，定位准确，抗干扰性强，施工简便等优点。

4.4.6　荷载作用下混凝土的变形

1. 在短期荷载作用下的变形

混凝土是一种弹塑性体，静力受压时，既产生弹性变形，又产生塑性变形，其应力（σ）与应变（ε）的关系是一条曲线。材料的弹性模量是指 σ-ε 曲线上任一点的应力与应变之比。混凝土 σ-ε 曲线是一条曲线，因此混凝土的弹性模量是一个变量。

混凝土弹性模量的测定，采用标准为 150 mm×150 mm×300 mm 的棱柱体试件，试验控制应力为轴心抗压强度的 1/3，经三次以上反复加荷和卸荷后，测定应力与应变的比值，得到混凝土的弹性模量。

混凝土的弹性模量与混凝土的强度、集料的弹性模量、集料用量和早期养护温度等因素有关。混凝土强度越高，集料弹性模量越大，集料用量越多、早期养护温度较低，混凝土的弹性模量越大。C10～C60 的混凝土其弹性模量为 $1.75×10^4$～$4.90×10^4$ MPa。

2. 在长期荷载作用下的变形

混凝土在长期荷载作用下会发生徐变。所谓徐变，是指混凝土在长期恒载作用下，沿作用力的方向，随时间而发展的变形。混凝土的徐变在加荷早期增长较快，然后逐渐减慢，2～3 年才趋于稳定。当混凝土卸载后，一部分变形瞬时恢复，一部分要过一段时间才能恢复（称为徐变恢复），剩余的变形是不可恢复部分，称作残余变形。

混凝土产生徐变的原因是在长期荷载作用下，水泥石中的凝胶体产生黏性流动，向毛细孔中迁移，或者凝胶体中的吸附水或结晶水向内部毛细孔迁移渗透。因此，影响混凝土徐变的主要因素是水泥用量多少和水胶比大小。水泥用量越多，混凝土中凝胶体含量越大；水胶比越大，混凝土中的毛细孔越多，这两个方面均会使混凝土的徐变增大。

混凝土的徐变对混凝土及钢筋混凝土结构物的影响有有利的一面，也有不利的一面。徐变有利于削弱由温度、干缩等引起的约束变形，从而防止裂缝的产生。但在预应力结构中，徐变将产生应力松弛，引起预应力损失。

4.4.7 混凝土的耐久性

混凝土除应具有设计要求的强度，以保证其能安全承受设计荷载外，还应经久耐用，以适应周围环境及使用条件。耐久性是指混凝土抵抗环境介质作用并长久保持其良好使用性能的能力。

1. 评价混凝土耐久性的常用指标

(1)抗渗性。混凝土的抗渗性是指混凝土抵抗压力液体(水、油和溶液等)渗透作用的能力。它是决定混凝土耐久性最主要的因素。因为外界环境中的侵蚀性介质只有通过渗透才能进入混凝土内部产生破坏作用。

混凝土在压力液体作用下产生渗透的主要原因，是其内部存在连通的渗水孔道。这些孔道来源于水泥浆中多余水分蒸发留下的毛细管道、混凝土浇筑过程中泌水产生的通道、混凝土拌合物振捣不密实、混凝土干缩和热胀产生的裂缝等。由此可见，提高混凝土抗渗性的关键是提高混凝土的密实度或改变混凝土孔隙特征。在受压力液体作用的工程，如地下建筑、水池、水塔、压力水管、水坝、油罐以及港工、海工等，必须要求混凝土具有一定的抗渗性能。

提高混凝土抗渗性的主要措施有降低水胶比，以减少泌水和毛细孔；掺引气型外加剂，将开口孔转变成闭口孔，割断渗水通道；减小集料最大粒径，集料干净、级配良好；加强振捣，充分养护等。

工程上用抗渗等级来表示混凝土的抗渗性。测定混凝土抗渗等级采用顶面直径为175 mm、底面直径为185 mm、高度为150 mm的圆台体标准试件，在规定的试验条件下，以6个试件中4个试件未出现渗水时的最大水压力来表示混凝土的抗渗等级，试验时加水压至6个试件中有3个试件端面渗水时为止。

混凝土抗渗等级分为P4、P6、P8、P10和P12五级，相应表示混凝土能抵抗0.4 MPa、0.6 MPa、0.8 MPa、1.0 MPa和1.2 MPa的水压不渗漏。

(2)抗冻性。混凝土的抗冻性是指混凝土在水饱和状态下，经受多次冻融循环作用，强度不严重降低，外观能保持完整的性能。

水结冰时体积膨胀约9%，如果混凝土毛细孔充水程度超过某一临界值(91.7%)，则结冰，产生很大的压力。此压力的大小取决于毛细孔的充水程度、冻结速度及尚未结冰的水向周围能容纳水的孔隙流动的阻力(包括凝胶体的渗透性及水通路的长短)。除了水的冻结膨胀引起的压力之外，当毛细孔水结冰时，凝胶孔水处于过冷的状态，过冷水的蒸汽压比同温度下冰的蒸汽压高，将发生凝胶水向毛细孔中冰的界面迁移渗透，并产生渗透压力。因此，混凝土受冻融破坏的原因是其内部的孔隙和毛细孔中的水结冰产生体积膨胀和过冷水迁移产生压力。当两种压力超过混凝土的抗拉强度时，混凝土发生微细裂缝。在反复冻融作用下，混凝土内部的微细裂缝逐渐增多和扩大，导致混凝土强度降低甚至破坏。

以上是混凝土在纯水中的抗冻性，对于道路工程还存在盐冻破坏问题。为防止冰雪冻滑影响行驶和引发交通事故，常常在冰雪路面撒除冰盐（NaCl、$CaCl_2$等），以降低水的冰点，达到自动融化冰雪的目的。但除冰盐会使混凝土的饱水程度、膨胀压力、渗透压力提高，加大冰冻的破坏力；并且，在干燥时，盐会在孔中结晶，产生结晶压力。以上两个方面的共同作用，使混凝土路面剥蚀，并且氯离子能渗透到混凝土内部，引起钢筋锈蚀。

因此，盐冻比纯水结冰的破坏力大。盐冻破坏已成为北美、北欧等国家混凝土路桥破坏的最主要原因之一。

混凝土的抗冻性与混凝土的密实度、孔隙充水程度、孔隙特征、孔隙间距、冰冻速度及反复冻融的次数等有关。提高混凝土抗冻性的主要措施有：降低水胶比，加强振捣，提高混凝土的密实度；掺引气型外加剂，将开口孔转变成闭口孔，使水不易进入孔隙内部，同时细小闭口孔可减缓冰胀压力；保持集料干净和级配良好；充分养护。

混凝土的抗冻性用抗冻等级 Fn 来表示，分为 F10、F15、F25、F50、F100、F150、F200、F250 和 F300 九个等级，其中数字表示混凝土能承受的最大冻融循环次数。混凝土抗冻等级的测定有两种方法：一是慢冻法，以标准养护 28 d 龄期的立方体试件，在水饱和后，于 $-15\ ℃\sim+20\ ℃$ 情况下进行冻融，最后以抗压强度下降不超过 25％、质量损失不超过 5％时，混凝土所能承受的最大冻融循环次数来表示。二是快冻法，采用 100 mm×100 mm×400 mm 的棱柱体试件，以混凝土快速冻融循环后，相对动弹性模量不小于 60％、质量损失率不超过 5％时的最大冻融循环次数表示。

（3）抗侵蚀性。当混凝土所处的环境水有侵蚀时，混凝土有抗侵蚀性的要求，混凝土的抗侵蚀性取决于水泥品种及混凝土的密实度。密实度越高、连通孔隙越少，外界的侵蚀性介质越不易侵入，故混凝土的抗侵蚀性好。提高密实度主要从提高混凝土抗渗性的措施着手。

（4）碳化。碳化是指空气中的 CO_2 渗透到混凝土中，与混凝土内的 $Ca(OH)_2$ 发生化学反应，生成碳酸盐和水，使混凝土碱度降低的过程，也称混凝土中性化。

混凝土的碳化弊多利少。由于中性化，混凝土中的钢筋因失去碱性保护而锈蚀，并引起混凝土顺筋开裂；碳化收缩会引起微细裂纹，使混凝土强度降低。但是碳化时生成的碳酸钙填充在水泥石的孔隙中，使混凝土的密实度和抗压强度提高，对防止有害杂质的侵入有一定的缓冲作用。

影响混凝土碳化的因素有：

1）环境湿度。当环境的相对湿度在 50％～75％时，混凝土碳化速度最快，当相对湿度小于 25％或达到 100％时，碳化停止。

2）水胶比。水胶比愈小，混凝土愈密实，二氧化碳和水不易渗入，碳化速度慢。

3）环境中二氧化碳的浓度。二氧化碳浓度越大，混凝土碳化作用越快。

4）水泥品种。普通水泥、硅酸盐水泥水化产物碱度高，其抗碳化能力优于矿渣水泥、火山灰质水泥和粉煤灰水泥，且水泥随混合材料掺量的增多而碳化速度加快。

5)外加剂。混凝土中掺入减水剂、引气剂或引气型减水剂时，由于可降低水胶比或引入封闭小气泡，可使混凝土碳化速度明显减慢。

提高混凝土密实度(如降低水胶比，采用减水剂，保证集料级配良好，加强振捣和养护等)是提高混凝土碳化能力的根本措施。

(5)碱-集料反应。碱-集料反应是水泥中的碱性氧化物(Na_2O 和 K_2O)与集料中的活性二氧化硅发生化学反应，生成碱-硅酸凝胶，这种凝胶吸水后会产生很大的体积膨胀(体积增大可达 3 倍以上)，从而导致混凝土产生膨胀开裂而破坏。

碱-集料反应必须同时具备以下三个条件：

1)混凝土中含有过量的碱($Na_2O + K_2O$)。混凝土中的碱主要来自水泥，也来自外加剂、掺合料、集料、拌合水等组分。水泥中的碱($Na_2O + 0.658K_2O$)大于 0.6% 的水泥称为高碱水泥，我国许多水泥碱含量在 1% 左右。如果加上其他组分引入的碱，混凝土中的碱含量较高。

2)碱活性集料占集料总量的比例大于 1%。碱活性集料包括含活性 SiO_2 的集料、黏土质、白云石质石灰石和层状硅酸盐集料。

3)潮湿环境。碱-集料反应很慢，引起的破坏往往经过若干年后才会出现。一旦出现，破坏性很大，难以加固处理，应加强防范。

施工中可采取以下措施来预防碱-集料反应：

1)尽量采用非活性集料。

2)当确认为碱活性集料又非用不可时，则严格控制混凝土中碱含量，如采用碱含量小于 0.6% 的水泥，降低水泥用量，选用含碱量低的外加剂等。

3)在水泥中掺入火山灰质混合材料(如粉煤灰、硅灰和矿渣等)。因为它们能吸收溶液中的钠离子和钾离子，使反应产物早期能均匀分布在混凝土中，不致集中于集料颗粒周围，从而减轻或消除膨胀破坏。

4)在混凝土中掺入引气剂或引气减水剂。它们可以产生许多分散的气泡，当发生碱-集料反应时，反应生成的胶体可渗入或被挤入这些气泡内，降低了膨胀破坏应力。

2. 提高混凝土耐久性措施

提高混凝土耐久性的措施主要有：

(1)选用合理的水泥品种。

(2)采用较小水胶比，并严格控制最大水胶比和最小水泥用量。

(3)选用杂质少、级配良好、粒径较大或适中的集料，针、片状颗粒含量少，坚固性好的集料，以及合理砂率。

(4)采用机械搅拌，机械振捣。

(5)充分养护。

(6)掺入减水剂或引气剂，以提高混凝土的密实度。

(7)掺加掺合料。

混凝土的最大水胶比和最小水泥用量见表 4-20。

表 4-20　混凝土的最大水胶比和最小水泥用量

环境条件		结构物类别	最大水胶比			最小水泥用量/(kg·m⁻³)		
			素混凝土	钢筋混凝土	预应力混凝土	素混凝土	钢筋混凝土	预应力混凝土
干燥环境		正常的居住或办公用房屋内	不做规定	0.65	0.60	200	260	300
潮湿环境	无冻害	(1)高湿度的室内; (2)室外部件; (3)在非侵蚀性土和(或)水中的部件	0.70	0.60	0.60	225	280	300
	有冻害	(1)经受冻害的室外部件; (2)在非侵蚀性土和(或)水中经受冻害的部件; (3)高湿度且经受冻害的室内部件	0.55	0.55	0.55	250	280	300
有冻害和除冰剂的潮湿环境		经受冻害和除冰剂作用的室内和室外部件	0.50	0.50	0.50	300	300	300

注：当用活性掺合料取代部分水泥时，本表所指水泥用量及水灰比值均指取代前的值。

4.5　混凝土配合比设计

4.5.1　混凝土配合比设计的基本要求

混凝土配合比是指混凝土各组成材料之间的比例关系。混凝土的组成材料主要包括水泥、粗集料、细集料和水。如何确定混凝土单位体积内各组成材料的用量，就称为混凝土配合比设计。

混凝土配合比的表示方法主要有两种：一种是以 $1 m^3$ 混凝土中各组成材料的用量(kg)来表示，如水泥 320 kg，砂 690 kg，石子 1 224 kg，水 180 kg；另一种是以水泥质量为1，用各组成材料之间的质量比来表示，将上例换算成质量比，水泥∶砂∶石＝1∶2.16∶3.83，$W/B＝0.56$。当掺加外加剂或混凝土掺合料时，其用量以水泥用量的质量百分比来表示。

混凝土配合比设计应满足混凝土施工所要求的和易性；满足混凝土结构设计要求的强度等级；满足工程所处环境对混凝土耐久性的要求并要符合经济原则，即节约水泥，降低混凝土成本。

4.5.2 混凝土配合比设计的三个参数

混凝土配合比设计的基本参数为水胶比、单位用水量和砂率。它们与混凝土各项性能之间有着非常密切的关系。配合比设计要正确地确定出这三个参数，才能保证配制出满足四项基本要求的混凝土。

水胶比、单位用水量、砂率三个参数的确定原则是：

(1)在满足强度和耐久性的前提下，确定混凝土的水胶比。

(2)根据混凝土施工要求的和易性、粗集料的种类和最大粒径确定混凝土的单位用水量。

(3)砂率应以填充石子空隙后略有富余的原则来确定。

4.5.3 混凝土配合比设计方法及步骤

配合比设计采用的是计算与试验相结合的方法，按以下四步进行：

1. 确定初步配合比

(1)确定混凝土配制强度 $f_{cu,0}$。在实际施工中，由于受各种因素(如原材料质量的波动、施工配料精度、拌制成型条件、环境温、湿度变化等)的影响，混凝土的强度值是不稳定的。如果混凝土的配制强度取设计强度，混凝土的强度保证率只有 50%。因此，为了保证混凝土具有设计所要求的 95%强度保证率，在进行混凝土配合比设计时，必须使混凝土的配制强度大于设计强度。混凝土配制强度按下式计算：

$$f_{cu,0} \geqslant f_{cu,k} + 1.645\sigma \tag{4-6}$$

式中　　$f_{cu,0}$——混凝土配制强度，MPa；

　　　　$f_{cu,k}$——设计的混凝土强度等级值，MPa；

　　　　σ——混凝土强度标准差，MPa。

混凝土强度标准差(σ)是评定混凝土质量均匀性的一种指标。σ 值愈小，则混凝土质量愈稳定，施工管理水平愈高。

混凝土强度标准差，可根据施工单位近期(统计周期不超过三个月，预拌混凝土厂和预制混凝土构件厂统计周期可取为一个月)同一品种、同一强度等级的混凝土强度资料按下式计算：

$$\sigma = \sqrt{\frac{\sum_{i=1}^{n} f_{cu,i}^2 - n\overline{f}_{cu}^2}{n-1}} \tag{4-7}$$

式中　　n——混凝土试件的组数，$n \geqslant 30$；

　　　　$f_{cu,i}$——第 i 组试件的混凝土强度值，MPa；

　　　　$\overline{f}_{cu}$——n 组试件的混凝土强度平均值，MPa。

当混凝土强度等级不大于 C30 时，如计算所得 $\sigma < 3.0$ MPa，取 $\sigma = 3.0$ MPa；当混凝

土强度等级高于 C30 且小于 C60 时，如计算所得 $\sigma<4.0$ MPa，取 $\sigma=4.0$ MPa。当施工单位不具有近期同一品种、同一强度等级混凝土的强度资料时，σ 可按表 4-21 取值。

表 4-21　σ 取值表

混凝土设计强度等级	≤C20	C25～C45	C50～C55
σ/MPa	4.0	5.0	6.0

(2)确定水胶比 W/B(水灰比 W/C)。当混凝土强度等级小于 C60 时，由

$$f_{cu,0}=\alpha_a f_b\left(\frac{B}{W}-\alpha_b\right)$$

得

$$\frac{W}{B}=\frac{\alpha_a f_b}{f_{cu,0}+\alpha_a\alpha_b f_b}$$

以上按强度公式计算出的水胶比值(水灰比值)不应大于表 4-20 中规定的最大水胶比值(水灰比值)，以满足耐久性的要求。若计算值大于表中规定值，应取表 4-20 中规定的最大水胶比值(水灰比值)。

当混凝土强度等级大于等于 C60 时，水胶比值(水灰比值)参见高强混凝土部分有关内容，然后通过试配予以调整。

$$f_b=\gamma_f\gamma_s f_{ce}$$

$$f_{ce}=\gamma_c f_{ce,g}$$

式中　f_b——胶凝材料 28 d 胶砂抗压强度，MPa；

　　γ_f、γ_s——粉煤灰影响系数，粒化高炉矿渣粉影响系数，见表 4-22；

　　f_{ce}——水泥强度实测值，MPa；

　　$f_{ce,g}$——水泥强度等级值，MPa；

　　γ_c——水泥强度等级值富余系数，见表 4-23。

表 4-22　粉煤灰影响系数 γ_f 与粒化高炉矿渣粉影响系数 γ_s

掺量/%	粉煤灰影响系数 γ_f	粒化高炉矿渣粉影响系数 γ_s
0	1.00	1.00
10	0.85～0.95	1.00
20	0.75～0.85	0.95～1.00
30	0.65～0.75	0.90～1.00
40	0.55～0.65	0.80～0.90
50	—	0.70～0.85

表 4-23　水泥强度等级值富余系数 γ_c

水泥强度等级	32.5	42.5	52.5
富余系数	1.12	1.16	1.10

(3)确定用水量 m_{w0}。干硬性和塑性混凝土的用水量根据集料品种、最大粒径及施工要求的拌合物稠度，按表 4-24 和表 4-25 选取。

表 4-24　干硬性混凝土的用水量　　　　　　　　　　　kg/m³

拌合物稠度		卵石最大粒径/mm			碎石最大粒径/mm		
项目	指标	10	20	40	16	20	40
维勃稠度/s	16～20	175	160	145	180	170	155
	11～15	180	165	150	185	175	160
	5～10	185	170	155	190	180	165

表 4-25　塑性混凝土的用水量　　　　　　　　　　　kg/m³

拌合物稠度		卵石最大粒径/mm				碎石最大粒径/mm			
项目	指标	10	20	31.5	40	16	20	31.5	40
坍落度/mm	10～30	190	170	160	150	200	185	175	165
	35～50	200	180	170	160	210	195	185	175
	55～70	210	190	180	170	220	205	195	185
	75～90	215	195	185	175	230	215	205	195

注：1. 本表用水量是采用中砂时的平均值。采用细砂时，每立方米混凝土用水量可增加 5～10 kg；采用粗砂时，则可减少 5～10 kg。

2. 掺用各种外加剂或掺合料时，用水量应相应调整。

3. 本表适用于混凝土水胶比在 0.40～0.80，$W/B < 0.40$ 的混凝土用水量应通过试验确定。

掺外加剂的混凝土用水量按下式计算：

$$m_{wa} = m_{w0}(1-\beta) \tag{4-8}$$

式中　m_{wa}——掺外加剂的混凝土每立方米用水量，kg；

　　　m_{w0}——未掺外加剂的混凝土每立方米用水量，kg；

　　　β——外加剂的减水率(％)，由试验确定。

(4)计算胶凝材料用量 m_{b0}、矿物掺合料用量 m_{f0} 和水泥用量 m_{c0}。根据已确定的混凝土用水量 m_{w0} 和水胶比 W/B 值（水灰比 W/C 值），可由下式计算水泥用量 m_{c0}，并按表 4-20 复核耐久性。

$$m_{b0} = m_{w0} \div (W/B)$$

$$m_{f0} = m_{b0}\beta_f$$

$$m_{c0} = m_{b0} - m_{f0}$$

式中　m_{b0}——1 m³ 混凝土胶凝材料用量，kg；

　　　m_{f0}——1 m³ 混凝土矿物掺合料用量，kg；

　　　β_f——矿物掺合料掺量，％。

计算所得的水泥用量 m_{c0} 应大于或等于表 4-20 中规定的最小水泥用量值。若计算值小于规定值，应取表 4-20 中规定的最小水泥用量值。

(5)确定合理砂率 β_s。坍落度为 10～60 mm 混凝土的合理砂率，可按表 4-26 选取。

表 4-26　混凝土的砂率

水胶比 (W/B)	卵石最大粒径/mm			碎石最大粒径/mm		
	10	20	40	16	20	40
0.4	26~32	25~31	24~30	30~35	29~34	27~32
0.5	30~35	29~34	28~33	33~38	32~37	30~35
0.6	33~38	32~37	31~36	36~41	35~40	33~38
0.7	36~41	35~40	34~39	39~44	38~43	36~41

(6)计算砂用量 m_{s0}、石用量 m_{g0}。砂、石用量可用质量法或体积法求得。

质量法：当原材料质量比较稳定，所配制混凝土拌合物的表观密度将接近一个固定值，可以先假设一个混凝土拌合物的表观密度 $\rho_t(kg/m^3)$，按下列方程计算砂用量 m_{s0}、石用量 m_{g0}。

$$m_{c0}+m_{w0}+m_{s0}+m_{g0}=\rho_t \qquad (4\text{-}9)$$

$$\beta_s=\frac{m_{s0}}{m_{s0}+m_{g0}}\times100\%$$

式中　ρ_t——混凝土拌合物的假定表观密度，其值可取 2 350~2 450 kg/m^3。

体积法（又称绝对体积法）：假定混凝土拌合物的体积等于各组成材料绝对体积及拌合物中所含空气的体积之和，按下列方程计算 1 m^3 混凝土所需砂、石的用量：

$$\frac{m_{c0}}{\rho_c}+\frac{m_{s0}}{\rho_s'}+\frac{m_{g0}}{\rho_g'}+\frac{m_{w0}}{\rho_w}+0.01\alpha=1 \qquad (4\text{-}10)$$

$$\beta_s=\frac{m_{s0}}{m_{s0}+m_{g0}}\times100\%$$

式中　ρ_c——水泥的密度，可取 2 900~3 100 kg/m^3；

ρ_s'、ρ_g'——砂、石的表观密度，kg/m^3；

ρ_w——水的密度，可取 1 000 kg/m^3；

α——混凝土的含气量百分数，在不使用引气型外加剂时，α 可取 1。

(7)计算初步配合比。通过以上步骤便可将水泥、水、砂和石子的用量全部求出，从而得到初步配合比。

2. 确定基准配合比

初步配合比是借助经验公式计算得出的，或是利用经验资料查得的，许多影响混凝土技术性质的因素并未考虑进去，可能不符合实际情况，不一定能满足配合比设计的基本要求，因此，必须对其进行试配与调整。首先，试拌、检验、调整混凝土拌合物的和易性，直到符合施工要求的和易性为止。确定出满足和易性要求的配合比即基准配合比，它可作为检验混凝土强度之用。

混凝土试配时应采用工程中实际使用的原材料，混凝土的搅拌方法也宜与生产时使用的方法相同。试配时，每盘混凝土的最小搅拌量应符合：集料的最大粒径小于或等于 31.5 mm 时为 20 L；最大粒径为 40 mm 时为 25 L。当采用机械搅拌时，拌合量应不小于搅拌机额定搅拌量的 1/4。

调整混凝土拌合物和易性的方法是先调整黏聚性和保水性，然后调整流动性。调整原则是：当流动性小于施工要求的坍落度时，可保持水胶比不变，增加水泥浆量，一般每增加 10 mm 坍落度，需增加 2%～5% 的水泥浆量；当流动性大于施工要求坍落度时，可保持砂率不变，增加砂、石用量；当拌合物砂浆量不足，出现黏聚性和保水性不良时，可适当提高砂率，反之应降低砂率。每次调整后，试拌测试，直至符合施工要求为止。和易性合格后，测出该拌合物的实际表观密度 $\rho_{c,t}$，并计算出各组成材料的拌合用量：水泥 $m_{c0拌}$、水 $m_{w0拌}$、砂 $m_{s0拌}$、石 $m_{g0拌}$，则拌合物总量 $Q_总 = m_{c0拌} + m_{w0拌} + m_{s0拌} + m_{g0拌}$。

可计算出 1 m³ 混凝土各种材料用量，即基准配合比为：

$$m_{c基} = \frac{m_{c0拌}}{Q_总} \times \rho_{c,t} \qquad m_{w基} = \frac{m_{w0拌}}{Q_总} \times \rho_{c,t}$$

$$m_{s基} = \frac{m_{s0拌}}{Q_总} \times \rho_{c,t} \qquad m_{g基} = \frac{m_{g0拌}}{Q_总} \times \rho_{c,t}$$

3. 确定设计配合比

上述得出的满足和易性的基准配合比，其水胶比是根据经验公式 $f_{cu,0} = \alpha_a f_b (\frac{B}{W} - \alpha_b)$ 得出的，不一定选用恰当，即不一定满足设计强度要求，所以应检验其强度。一般采用三个不同的配合比，其中一个为基准配合比，另外两个配合比的水胶比值分别较基准配合比增减 0.05，而用水量、砂用量、石子用量与基准配合比相同，即运用固定用水量法则，以保证另外两组配合比的和易性基本满足要求（必要时，也可适当调整砂率，砂率分别增减 1%）。两组配合比也需试拌、检验。调整和易性，当不同水胶比的混凝土拌合物坍落度与要求值的差超过允许偏差时，可通过增减用水量进行调整。

混凝土强度试验时，每个配合比应至少制作一组（3 块）试件，并测标准养护 28 d 的抗压强度。需要时，可同时制作几组试件，供快速检验或较早龄期试压，以便提前定出混凝土配合比供施工使用。但应以标准养护 28 d 强度的检验结果为依据调整配合比。

（1）设计配合比的确定。根据测出的混凝土强度与相应胶水比作图或计算求出与混凝土配制强度 $f_{cu,0}$ 相对应的胶水比值，该胶水比既满足了强度要求，又满足了水泥用量最少的要求。每立方米混凝土各材料用量按下列原则确定：用水量 m_w 应在基准配合比用水量的基础上，根据制作强度试件时测得的坍落度或维勃稠度值，进行调整确定；水泥用量 m_c 应以用水量乘以选定的胶水比计算确定；砂用量 m_s、石用量 m_g 应在基准配合比的基础上，按选定的胶水比进行调整后确定。此时，四种材料用量为：水泥为 $m_{w基} \times \frac{B}{W}$、水为 $m_{w基}$、砂为 $m_{s基}$、石子为 $m_{g基}$。

（2）设计配合比的校正。因为四种材料的体积之和不一定等于 1 m³，需根据实测表观密度（$\rho_{c,t}$）和计算表观密度（$\rho_{c,c}$）进行校正。校正系数 δ 为：

$$\delta = \frac{\rho_{c,t}}{\rho_{c,c}} = \frac{\rho_{c,t}}{m_{w基} \times \frac{C}{W} + m_{w基} + m_{s基} + m_{g基}} \tag{4-11}$$

当混凝土表观密度实测值与计算值之差的绝对值不超过计算值的 2% 时，上述四种材料用量即为最终的设计配合比：

$$m_c = m_{w基} \times \frac{B}{W} \qquad m_w = m_{w基}$$

$$m_s = m_{s基} \qquad m_g = m_{g基}$$

当混凝土表观密度实测值与计算值之差的绝对值超过计算值的2%时，上述4种材料用量均乘以校正系数δ，作为混凝土的最终设计配合比。

混凝土最终设计配合比为：

$$m_c = \delta \times m_{w基} \times \frac{B}{W} \qquad m_w = \delta \times m_{w基}$$

$$m_s = \delta \times m_{s基} \qquad m_g = \delta \times m_{g基}$$

4. 确定施工配合比

混凝土设计配合比中，砂、石是以干燥状态(砂子含水率<0.5%，石子含水率<0.2%)计算的。而实际上，施工现场的砂、石都含有一定的水分。因此，现场材料的实际称量应根据砂、石的含水情况对试验室最终设计配合比进行修正，修正后的1 m³混凝土各材料用量叫作施工配合比。

设砂的含水率为$a\%$，石子的含水率为$b\%$。则混凝土施工配合比为：

$$m'_c = m_c \qquad m'_s = m_s(1+a\%)$$

$$m'_g = m_g(1+b\%) \qquad m'_w = m_w - m_s \times a\% - m_g \times b\%$$

施工现场集料的含水率是经常变动的，因此，在混凝土施工中，应随时测定砂、石集料的含水率，并及时调整混凝土配合比，以免因集料含水量的变化而导致混凝土水胶比的波动，从而导致混凝土的强度、耐久性等性能降低。

【例4-3】 处于干燥环境室内使用的钢筋混凝土，混凝土设计强度等级C25，施工要求坍落度为35～50 mm(混凝土由机械搅拌、机械振捣)，施工单位无历史统计资料。试确定混凝土的配合比。

所用原材料为：42.5级的普通水泥，强度等级标准值的富余系数为1.13；密度ρ_c为3.10 g/cm³；级配合格，细度模数为2.3的中砂，表观密度为2 650 kg/m³，含水率为3%；级配合格，5～31.5 mm粒级碎石，表观密度为2 700 kg/m³，含水率为1%；饮用水；$\alpha_a = 0.46$，$\alpha_b = 0.07$。

【解】

(1)确定混凝土初步配合比。

1)确定混凝土配制强度$f_{cu,0}$。

查表4-21，$\sigma = 5.0$ MPa，因而

$$f_{cu,0} = f_{cu,k} + 1.645\sigma = 25 + 1.645 \times 5.0 = 33.2(\text{MPa})$$

2)确定水胶比W_0/B_0。

$$\frac{W_0}{B_0} = \frac{\alpha_a \times f_{ce}}{f_{cu,0} + \alpha_a \times \alpha_b \times f_{ce}} = \frac{0.46 \times 1.13 \times 42.5}{33.2 + 0.46 \times 0.07 \times 1.13 \times 42.5} = 0.64$$

由于钢筋混凝土处于干燥环境的室内，按表4-20查得最大水胶比为0.65，计算值0.64小于规定值0.65，满足耐久性要求，故取$W_0/B_0 = 0.64$。

3)确定用水量m_{w0}。根据表4-25，对于最大粒径31.5 mm的碎石混凝土，当坍落度为

$35\sim50$ mm 时，并考虑中砂偏细，$1\ m^3$ 混凝土的用水量可选用 $m_{w0}=186\ kg$。

4)计算水泥用量 m_{c0}。

$$m_{c0}=m_{w0}\div\frac{W_0}{B_0}=186\div0.64=291(kg)$$

大于表 4-20 的最小水泥用量 $260\ kg/m^3$，满足耐久性要求。

5)确定砂率 β_s。根据水胶比为 0.64，碎石、最大粒径 31.5 mm，查表 4-26，并考虑中砂偏细，故选取 $\beta_s=35\%$。

6)计算砂石用量 m_{s0}、m_{g0}。

体积法：

根据

$$\frac{m_{c0}}{\rho_c}+\frac{m_{s0}}{\rho_s'}+\frac{m_{g0}}{\rho_g'}+\frac{m_{w0}}{\rho_w}+0.01\alpha=1$$

$$\frac{m_{s0}}{m_{s0}+m_{g0}}\times100\%=\beta_s$$

因未掺引气剂外加剂，故 $\alpha=1$，将已知数值代入上式得：

$$\frac{291}{3\ 100}+\frac{m_{s0}}{2\ 650}+\frac{m_{g0}}{2\ 700}+\frac{186}{1\ 000}+0.01\times1=1$$

$$\frac{m_{s0}}{m_{s0}+m_{g0}}\times100\%=35\%$$

解得 $m_{s0}=666\ kg$，$m_{g0}=1\ 238\ kg$

质量法：

根据 $m_{c0}+m_{w0}+m_{s0}+m_{g0}=m_{cp}$

$$\frac{m_{s0}}{m_{s0}+m_{g0}}\times100\%=\beta_s$$

假定每立方米混凝土拌合物的质量 $m_{cp}=2\ 390\ kg$，则有

$$291+186+m_{s0}+m_{g0}=2\ 390(kg)$$

$$\frac{m_{s0}}{m_{s0}+m_{g0}}\times100\%=35\%$$

解得 $m_{s0}=669\ kg$，$m_{g0}=1\ 244\ kg$。

两种方法的结果接近，这里取体积法的结果，即初步配合比为：$m_{c0}=293\ kg$，$m_{w0}=186\ kg$，$m_{s0}=666\ kg$，$m_{g0}=1\ 238\ kg$。

(2)试拌检验、调整及确定基准配合比。

按初步配合比试拌 15 L 拌合物，其各材料用量为：

$$水泥=291\times\frac{15}{1\ 000}=4.37(kg)$$

$$水=186\times\frac{15}{1\ 000}=2.79(kg)$$

$$砂=666\times\frac{15}{1\ 000}=9.99(kg)$$

$$石=1\ 238\times\frac{15}{1\ 000}=18.57(kg)$$

搅拌均匀后，检验和易性，测得的坍落度为 20 mm，小于施工要求坍落度 35 mm，而黏聚性和保水性合格。水泥用量和用水量增加 5% 后（水胶比不变），测得坍落度为 40 mm，在施工要求 35～50 mm 范围内，黏聚性和保水性均合格。此时拌合物各材料用量为：

水泥 $m_{c0拌}=4.31\times(1+5\%)=4.59(kg)$

水 $m_{w0拌}=2.79\times(1+5\%)=2.93(kg)$

砂 $m_{s0拌}=9.99\ kg$

石 $m_{g0拌}=18.57\ kg$

测得该表观密度为 $\rho_{c,t}=2\ 410\ kg/m^3$，则

$$m_{c基}=\frac{m_{c0拌}}{m_{c0拌}+m_{w0拌}+m_{s0拌}+m_{g0拌}}\times\rho_{c,t}=\frac{4.59}{4.59+2.93+9.99+18.57}\times2\ 410=307(kg)$$

$$m_{w基}=\frac{m_{w0拌}}{m_{c0拌}+m_{w0拌}+m_{s0拌}+m_{g0拌}}\times\rho_{c,t}=\frac{2.93}{4.59+2.93+9.99+18.57}\times2\ 410=196(kg)$$

$$m_{s基}=\frac{m_{s0拌}}{m_{c0拌}+m_{w0拌}+m_{s0拌}+m_{g0拌}}\times\rho_{c,t}=\frac{9.99}{4.59+2.93+9.99+18.57}\times2\ 410=667(kg)$$

$$m_{g基}=\frac{m_{g0拌}}{m_{c0拌}+m_{w0拌}+m_{s0拌}+m_{g0拌}}\times\rho_{c,t}=\frac{18.57}{4.59+2.93+9.99+18.57}\times2\ 410=1\ 240(kg)$$

（3）强度检验、校正及确定设计配合比。

以基准配合比为基准，再配制两组不同配合比的混凝土，水胶比分别为 0.64 ± 0.05，即 0.69 和 0.59。两组配合比中的用水量、砂用量和石用量与基准配合比的相同，即分别为 2.93 kg、9.99 kg、18.57 kg，水泥用量分别为 $2.93\div0.69=4.25(kg)$ 和 $2.93\div0.59=4.97(kg)$。经检验，两组配合比的混凝土也满足和易性的要求。将上述三组配合比的混凝土分别制成标准试件，在标准条件下养护 28 d，测得三组配合比的强度分别为：

$W/B=0.69\qquad f_1=30.6\ MPa$

$W/B=0.64\qquad f_2=34.0\ MPa$

$W/B=0.59\qquad f_3=38.6\ MPa$

绘制胶水比 (B/W) 与强度线性关系，如图 4-11 所示。

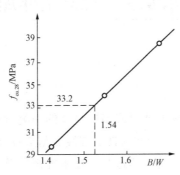

图 4-11　胶水比与抗压强度关系

由图 4-11 可得到与配制强度 $f_{cu,0}=33.2$ MPa 相对应的胶水比 $B/W=1.54$。此时各材料用量为：

水泥：$\dfrac{B}{W} \times m_{w基} = 1.54 \times 196 = 302(kg)$ 水：$m_{w基} = 196 \text{ kg}$

砂：$m_{s基} = 667 \text{ kg}$ 石：$m_{g基} = 1\,240 \text{ kg}$

计算表观密度 $\rho_{c,c} = \dfrac{B}{W} \times m_{w基} + m_{w基} + m_{s基} + m_{g基} = 302 + 196 + 667 + 1\,240 = 2\,405(kg/m^3)$，测得拌合物的表观密度为 $\rho_{c,t} = 2\,390 \text{ kg/m}^3$。

由于 $\dfrac{\rho_{c,t} - \rho_{c,c}}{\rho_{c,c}} = \dfrac{2\,405 - 2\,390}{2\,405} \times 100\% = 0.6\% < 2\%$，故配合比不需要校正。最终设计配合比为：

$\quad m_c = 302 \text{ kg} \qquad m_w = 196 \text{ kg} \qquad m_s = 667 \text{ kg} \qquad m_g = 1\,240 \text{ kg}$

(4)确定施工配合比。

$m_c' = m_c = 302 \text{ kg}$

$m_s' = m_s(1 + a\%) = 667 \times (1 + 3\%) = 687(kg)$

$m_g' = m_g(1 + b\%) = 1\,240 \times (1 + 1\%) = 1\,252(kg)$

$m_w' = m_w - m_s \times a\% - m_g \times b\% = 196 - 667 \times 3\% - 1\,240 \times 1\% = 164(kg)$

质量比：水泥：砂：石 $= 302 : 667 : 1\,252 = 1 : 2.27 : 4.15$ $W/B = 0.54$

施工现场一般根据搅拌机出料容量确定每次拌合所需水泥的用量（按袋计），然后按水泥用量来计算砂、石、水的相应用量。如采用 JZC200 型搅拌机，出料容积为 0.20 m³，则每搅拌一次的配料数量为：

水泥：$302 \times 0.20 = 60(kg)$，为便于施工操作，取用一袋水泥，即 50 kg。

砂：$50 \times 2.27 = 114(kg)$

碎石：$50 \times 4.15 = 208(kg)$

水：$50 \times 0.54 = 27(kg)$

4.6　混凝土外加剂

4.6.1　概述

外加剂是指能有效改善混凝土某项或多项性能的一类材料。其掺量一般只占水泥用量的 5% 以下，却能显著改善混凝土的和易性、强度、耐久性或能调节凝结时间及节约水泥。外加剂的应用促进了混凝土技术的飞速进步，技术经济效益十分显著，并使高强、高性能混凝土的生产和应用成为现实，解决了许多工程技术难题。如远距离运输和高耸建筑物的泵送问题；紧急抢修工程的早强速凝问题；大体积混凝土工程的水化热问题；纵长结构的收缩补偿问题；地下建筑物的防渗漏问题等。目前，外加剂已成为除水泥、水、砂子、石子以外的第五组成材料，应用越来越广泛。

混凝土外加剂一般根据其主要功能分类如下：

(1)改善混凝土流变性能的外加剂，主要有减水剂、引气剂、泵送剂等。

(2)调节混凝土凝结硬化性能的外加剂，主要有缓凝剂、速凝剂、早强剂等。

(3)调节混凝土含气量的外加剂，主要有引气剂、加气剂、泡沫剂等。

(4)改善混凝土耐久性的外加剂，主要有引气剂、防水剂、阻锈剂等。

(5)提供混凝土特殊性能的外加剂，主要有防冻剂、膨胀剂、着色剂、引气剂和泵送剂等。

4.6.2 常用的外加剂

1. 减水剂

减水剂是在不影响混凝土拌合物和易性的条件下，具有减水及增强作用的外加剂。减水剂之所以能减水，是由于它是一种表面活性剂。其分子由亲水基团和憎水基团两部分组成，与其他物质接触时会定向排列。加水拌和后，由于颗粒之间分子凝聚力的作用，水泥会形成絮凝结构，将一部分拌合用水包裹在絮凝结构内，从而使混凝土拌合物的流动性降低。当水泥中加入减水剂后，减水剂的憎水基团定向吸附于水泥颗粒表面，使水泥颗粒表面带有相同的电荷，产生静电斥力，使水泥颗粒相互分开，絮凝结构解体，释放出游离水，从而增大了混凝土拌合物的流动性。另外，减水剂还能在水泥颗粒表面形成一层稳定的溶剂化水膜，这层水膜是很好的润滑剂，有利于水泥颗粒的滑动，从而使混凝土拌合物的流动性进一步提高。

(1)减水剂的作用机理如图 4-12、图 4-13 所示。

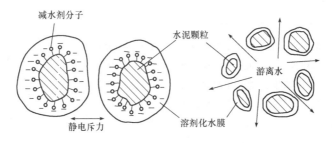

图 4-12　减水剂减水机理示意图

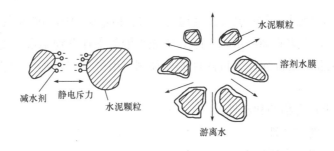

图 4-13　减水剂作用示意图

(2)常用减水剂品种。减水剂种类很多，按化学成分分类，主要有木质素系减水剂、萘系减水剂、树脂系减水剂、糖蜜系减水剂、腐殖酸系减水剂。常用减水剂的品种见表 4-27。

表 4-27 常用减水剂的品种

种类	木质素系	萘系	树脂系	糖蜜系	腐殖酸系
类别	普通减水剂	高效减水剂	早强减水剂（高效减水剂）	缓凝减水剂	普通减水剂
主要品种	木质素磺酸钙（木钙粉、M 形）、木钠、木镁	NNO、NF、FDN、UNF、AF、建 1 等	SM 等	3FG、TF、ST 等	—
适宜掺量（占水泥质量）/%	0.2～0.3	0.5～1.0	0.5～2.0	0.2～0.3	0.3
减水率/%	10 左右	10～25 甚至更高	20～30	6～10	8～10
早强效果	—	显著	显著（1 d 强度提高 1 倍，7 d 可达 28 d 强度）	—	有早强型、缓凝型两种
缓凝效果	1～3 h	—	—	3 h 以上	—
引气效果	1%～2%	部分品种 <2%	—	—	—
适用范围	一般混凝土工程及大模板、滑模、泵送大体积、夏季施工的混凝土工程	适用于所用的混凝土工程，更适用于配制高强混凝土及流态混凝土	配制高强混凝土、早强混凝土、流态混凝土、蒸养混凝土等	大体积混凝土、大坝混凝土及滑模、夏季施工的混凝土工程	一般混凝土工程

2. 引气剂

引气剂是指在搅拌过程中能引入大量均匀分布、稳定而封闭的微小气泡（引入的气泡直径为 20～1 000 μm，大多在 200 μm 以下），以减少混凝土拌合物泌水、离析，改善和易性，并能显著提高硬化混凝土抗冻性、抗渗性的外加剂。引气剂对混凝土的性能影响较大，主要有以下三方面：

(1)改善混凝土拌合物的和易性。

(2)提高混凝土的耐久性。

(3)混凝土抗压强度有所降低。

常用引气剂品种、成分及掺量见表 4-28。

表 4-28　常用引气剂品种、成分及掺量

名　　称	主要成分	一般掺量（占水泥质量）/%
PC—2	松香热聚物	0.005～0.010
CON—A	松香皂	0.005～0.010
801	高级脂肪醇衍生物	0.01～0.03
OP 乳化剂	烷基酚环氧乙烷缩合物	0.06
ABS	烷基苯磺酸钠	0.008～0.010
AS	烷基磺酸钠	0.008～0.010
木质素磺酸钙	木质素磺酸盐	0.3～0.5

3. 早强剂

早强剂是指能提高混凝土早期强度，并对后期强度无显著影响的外加剂。混凝土常用早强剂见表 4-29。

表 4-29　混凝土常用早强剂

混凝土种类及使用条件		早强剂品种	掺量（占水泥质量）/%
预应力混凝土		硫酸钠	1
		三乙醇胺	0.05
钢筋混凝土	干燥环境	氯盐	1
		硫酸钠	2
		硫酸钠与缓凝减水剂复合使用	3
		三乙醇胺	0.05
	潮湿环境	硫酸钠	1.5
		三乙醇胺	0.03
有饰面要求的混凝土		硫酸钠	1
无筋混凝土		氯盐	3

4. 缓凝剂

缓凝剂是指能延缓混凝土拌合物凝结时间，并对混凝土后期强度发展无不利影响的外加剂。缓凝剂的品种及掺量应根据混凝土的凝结时间、运输距离、停放时间以及强度要求来确定，主要品种有糖类、木质素磺酸盐类、羟基羧酸盐类及无机盐类。

缓凝剂因其在水泥及其水化物表面的吸附或与水泥矿物反应生成不溶层而延缓水泥的水化达到缓凝的效果。糖蜜的掺量为 0.1%～0.3%，可缓凝 2～4 h。木钙既是减水剂又是缓凝剂，其掺量为 0.1%～0.3%；当掺量为 0.25% 时，可缓凝 2～4 h。羟基羧酸及其盐

类，如柠檬酸或酒石酸钾钠等，当掺量为 0.03%～0.10% 时，凝结时间可达 8～19 h。

缓凝剂有延缓混凝土的凝结、保持工作性、延长放热时间，消除或减少裂缝以及减水增强等多种功能，对钢筋也无锈蚀作用，适于高温季节施工和泵送混凝土，滑模混凝土以及大体积混凝土的施工或远距离运输的商品混凝土。但缓凝剂不宜用于月最低气温在 5 ℃以下施工的混凝土，也不宜单独用于有早强要求的混凝土或蒸养混凝土。

5. 速凝剂

速凝剂是指能促使混凝土（砂浆）迅速凝结硬化的外加剂。速凝剂与水泥、水拌和后立即反应，使水泥中的石膏失去缓凝作用，促成 C_3A 迅速水化，并在溶液中析出其化合物，导致水泥迅速凝结。国产速凝剂"711"和"782"型，当其掺量为 2.5%～4.0% 时，可使水泥在 5 min 内初凝，10 min 内终凝，并能提高早期强度。虽然 28 d 强度比不掺速凝剂时有所降低，但可长期保持稳定值不再下降。

4.7　其他品种混凝土

4.7.1　多孔混凝土

多孔混凝土是一种不含粗集料，且内部均匀分布着大量细小封闭气孔的轻质混凝土。常用的多孔混凝土有加气混凝土和泡沫混凝土。

加气混凝土是用含钙材料（水泥、石灰）、硅质材料（石英砂、粉煤灰、矿渣、页岩、尾矿粉等）和发气剂作为原料，经过磨细、配料、搅拌、浇筑、发泡、静停、切割和蒸压养护（0.8～1.5 MPa 压力下养护 6～8 h）等工序生产而成。

泡沫混凝土是由水泥浆与泡沫剂搅拌而成的泡沫混合，再经浇筑、养护硬化而成的多孔混凝土。

多孔混凝土的孔隙率可达 85%，表观密度为 300～1 200 kg/m³，导热系数为 0.081～0.290 W/(m·K)，具有承重和保温双重作用，可制成砌块、墙板、屋面板及保温制品。

4.7.2　大孔混凝土

无砂大孔混凝土是由粗集料、水泥和水拌制而成的一种多孔轻质混凝土。它不含细集料，由粗集料表面包覆一薄层水泥浆相互粘结而形成孔穴均匀分布的蜂窝状结构，故名无砂大孔混凝土。无砂大孔混凝结构上的这一特征，赋予它很多独特的性能，如隔热保温性好、收缩变形小、抗冻性好以及无毛细吸水作用等；其水泥用量少，一般为 200～300 kg/m³，水胶比为 0.4～0.6，选用 10～20 mm 颗粒均匀的碎石或卵石。水泥浆在其中不起填充粗集料空隙作用，仅起将粗集料胶结在一起的作用。配制时要严格控制用水量，若用水量过多，水泥浆易流淌，导致混凝土强度不均匀。

4.7.3　水泥粉煤灰混凝土

水泥粉煤灰混凝土是指在水泥混凝土中掺加粉煤灰组分配制成的混凝土。

在混凝土中掺入适量粉煤灰，可以节约水泥，改善混凝土的和易性；提高混凝土的强度，特别是后期强度；降低混凝土的水化热；减少混凝土的收缩（主要是干燥收缩）；显著改善混凝土的耐久性，特别是改善混凝土的抗渗性、耐腐蚀性。粉煤灰混凝土不但在技术经济方面有显著的效益，而且大量粉煤灰的利用还可以解决工业废料对环境的污染问题。

4.7.4　纤维混凝土

纤维混凝土是一种以普通混凝土为基材，外掺各种短切纤维材料而制成的纤维增强混凝土。常用的短切纤维材料有尼龙纤维、聚乙烯纤维、聚丙烯纤维、钢纤维、玻璃纤维、碳纤维等。

普通混凝土虽然抗压强度较高，但其抗拉、抗裂、抗弯、抗冲击等性能较差。在普通混凝土加入纤维制成纤维混凝土，可有效地降低混凝土的脆性，提高混凝土的抗拉、抗裂、抗弯、抗冲击等性能。

目前，纤维混凝土已用于屋面板、墙板、路面、桥梁、飞机跑道等方面，并取得了很好的效果，预计在今后的建筑工程中将得到更广泛的应用。

4.7.5　耐热混凝土

耐热混凝土是指能在长期高温作用下保持其所需的物理力学性能的混凝土，由适当的胶凝材料，耐热粗、细集料和水按一定比例配制而成。普通混凝土在长期高温作用下，水泥石中的 $Ca(OH)_2$ 会分解，混凝土中的某些集料在高温下体积膨胀，有些还会分解。这些都会造成混凝土强度显著下降，故普通混凝土不能在高温环境下使用。

根据耐热混凝土所使用的胶凝材料不同，耐热混凝土有以下几种：

1. 硅酸盐水泥耐热混凝土

硅酸盐水泥耐热混凝土是由普通水泥或矿渣水泥，磨细掺合料，耐热粗、细集料和水配制而成。磨细掺合料可采用磨细石英砂、砖瓦粉末等，其中的 SiO_2、Al_2O_3 在高温下能与 CaO 作用，生成无水硅酸盐和铝酸盐，提高耐热性。耐热粗、细集料可采用重矿渣、红砖、黏土质耐火砖碎块、烧结镁砂及铬铁矿等。普通水泥配制的耐热混凝土的极限使用温度在 1 200 ℃以下，矿渣水泥配制的耐热混凝土的极限使用温度在 900 ℃以下。

2. 铝酸盐水泥耐热混凝土

铝酸盐水泥耐热混凝土是由高铝水泥或低钙铝酸盐水泥，耐火度较高的掺合料，耐热粗、细集料和水配制而成，其极限使用温度在 1 300 ℃以下。高铝水泥的熔化温度为 1 200 ℃～1 400 ℃，因此在此极限使用温度下不会被熔化而降低强度。

3. 水玻璃耐热混凝土

水玻璃耐热混凝土是以水玻璃为胶凝材料，氟硅酸钠为硬化剂，与耐热粗、细集料配制而成。水玻璃耐热混凝土的极限使用温度在 1 200 ℃以下。

本章小结

本章介绍了混凝土材料的定义、分类、优缺点，组成材料及其具体要求，混凝土主要技术性质及其测试方法和影响因素，混凝土配合比设计，常用外加剂等内容。因为混凝土是当今主要结构材料，其强度高低和耐久性好坏直接影响土木工程质量，混凝土技术又涉及多方面技术和工艺，也应重点学习。

第 5 章　砂　　浆

　　砂浆是由胶凝材料、细集料和水（有时也加入掺合料）配制而成，砂浆和混凝土在组成上的差别仅在于不含粗集料。

　　砂浆在建筑工程中用量大、用途广，主要作为砖、砌块、石材等砌体及装修层的粘结材料，也是建筑物内、外表面的抹面材料。

　　砂浆按用途，可分为砌筑砂浆、抹面砂浆、特种砂浆等；按所用胶凝材料的不同，可分为水泥砂浆、石灰砂浆、石膏砂浆及水泥石灰混合砂浆等。

5.1　砂浆的技术性质

　　砂浆的技术性质包括新拌砂浆的和易性、硬化砂浆的强度和粘结力，而且变形不宜过大。砂浆的和易性是指新拌砂浆在施工中易于操作又能保证工程质量的性质。和易性好的砂浆，能在粗糙的砌筑表面上铺成均匀的薄层，能和底层紧密粘结，不会出现分层、泌水现象。

5.1.1　砂浆的流动性

　　砂浆的流动性又称为稠度，是指新拌砂浆在自重或外力作用下产生流动的性能，用沉入度表示。沉入度越大，表示砂浆的流动性越大。砂浆的沉入度用砂浆稠度仪测定，是标准试锥在砂浆内自由沉入 10 s 时的深度。

　　影响砂浆流动性的因素，主要有胶凝材料的种类和用量，用水量以及细集料的种类、颗粒形状、粗细程度与级配。另外，也与掺入的混合材料及外加剂的品种、用量有关。

　　选用流动性适宜的砂浆能提高施工效率，有利于保证施工质量。砂浆流动性的选择应根据基体的吸水性能、砌体的受力特点、施工条件和气候条件来决定。

砌筑砂浆的稠度选择见表 5-1。

表 5-1 砌筑砂浆的稠度选择表

砌体种类	砂浆稠度/mm	砌体种类	砂浆稠度/mm
烧结普通砖砌体	70～90	烧结普通砖平拱式过梁；空斗墙、筒拱；普通混凝土小型空心砌块砌体；加气混凝土砌块砌体	50～70
轻集料混凝土小型砌体	60～90		
烧结多孔砖、空心砖砌体	60～80		
石砌体	30～50		

5.1.2 砂浆的保水性

砂浆的保水性是指砂浆保持水分不易析出的性质，即搅拌好的砂浆在运输、停放、施工过程中，砂浆中的水分与胶凝材料及砂子分离快慢的性质。砂浆的保水性用保水率、分层度表示，砂浆的分层度越大，保水性越差，可操作性也越差，在砂浆使用过程中会出现泌水、流浆，使砂浆与基层粘结不牢，并且由于失水而影响砂浆正常凝结和硬化，使砂浆强度降低。分层度为零的砂浆，虽然上下无分层现象，保水性好，但这种情况往往是胶凝材料用量过多或者砂过细，致使砂浆硬化后干缩较大，尤其不宜作为抹灰砂浆。

分层度用砂浆分层度测定仪测定。砌筑砂浆的分层度不宜大于 30 mm，一般以 10～20 mm为宜。为使砂浆具有良好的保水性，常在砂浆中掺入石灰膏、粉煤灰等粉状混合材料，可明显提高砂浆的保水性或引入一定量的气泡，也可以提高砂浆的保水性，但这样相应地降低了砂浆强度。

5.1.3 砂浆的强度

砂浆在砌体中主要是粘结和传递压力，所以应具有一定的抗压强度。砂浆强度是以边长为 70.7 mm 的立方体试件，标准养护至 28 d，用标准试验方法测得的抗压强度平均值。砌筑砂浆的强度等级可划分为 M30、M25、M20、M15、M10、M7.5、M5.0 七个等级。例如，M15 表示 28 d 抗压强度值不低于 15 MPa。

影响砂浆抗压强度的因素很多，其中最主要的是水泥。用于粘结吸水性较大的底面材料(如砖、砌块)的砂浆，其强度取决于水泥强度和水泥用量；用于粘结吸水性较小、密实的底面材料(如石材)的砂浆，其强度取决于水泥强度和水胶比，与混凝土类似。此外，砂的质量、混合材料的品种及用量、养护条件(温度和湿度)都会影响砂浆的强度和强度增长。

5.1.4 砂浆的粘结力

砌筑砂浆只有具有足够粘结力才能将砌筑材料粘结成一个整体。粘结力的大小会影响砌体的强度、耐久性、稳定性和抗震性能。砂浆的粘结力由其本身的抗压强度决定，一般来说,砂浆的抗压强度越大,粘结力就越大;另外,粘结力的大小与基础面的清洁程度、含水状态、表面状态、养护条件等有关。所以,砌筑前先将基底表面清洁,浇水润湿,以提高砂浆的粘结力,保证砌筑质量。

5.1.5 砂浆的变形

砂浆在承受荷载、温度变化或湿度变化时,均会产生变形。变形过大或变形不均匀,都会引起沉陷或裂缝,降低砌体的质量。如果使用轻集料或混合材料掺量过多,也会造成砂浆的收缩变形过大。

5.2 砌筑砂浆

能将砖、石、砌块粘结成砌体的砂浆称为砌筑砂浆。砌筑砂浆在建筑工程中用量最大,起粘结、垫层及传递应力的作用,是砖石砌体的重要组成部分。

5.2.1 砌筑砂浆的组成材料及技术要求

1. 水泥

水泥是砌筑砂浆的主要胶凝材料,常用水泥品种有普通水泥、硅酸盐水泥、矿渣水泥、火山灰质水泥、粉煤灰水泥。水泥品种应根据砌筑部位、环境条件、强度要求和特殊功能等来选择。水泥的强度等级要求:通常水泥强度等级应为砂浆强度的4～5倍,水泥砂浆采用的水泥强度等级不宜超过32.5级;水泥混合砂浆采用的水泥强度等级不宜超过42.5级。

2. 掺合料

掺合料是为改善砂浆的和易性而加入的材料。常用材料有石灰膏、磨细生石灰粉、黏土膏、粉煤灰、沸石粉等无机塑化剂,或松香皂、微沫剂等有机塑化剂。生石灰粉、石灰膏和黏土膏必须配制成稠度为(120±5)mm的膏状体,并用3 mm×3 mm的网过滤;生石灰粉的熟化时间不得小于2 d,严禁使用已经干燥脱水的石灰膏,消石灰粉不得直接用于砌筑砂浆中。

3. 砂

砌筑砂浆宜采用中砂并且应过筛,砂中不得含有杂质,砂中黏土含量应不大于5%,最大粒径不大于砂浆厚度的1/4(2.5 mm);毛石砌体宜用粗砂,最大粒径应小于砂浆厚度的1/5～1/4。作为勾缝用和抹面层用的砂浆,砂的最大粒径不宜超过1.25 mm。砂的粗、细程度对水泥用量、和易性、强度及收缩性能影响都很大。

4. 水

拌制砂浆的水应为洁净的淡水或饮用水,并符合现行《混凝土用水标准》(JGJ 63—

2006)的规定，未经试验鉴定的污水不得使用。

5.2.2 砌筑砂浆的配合比设计

砂浆中各组成材料的比例，称为砂浆的配合比。砂浆配合比用每立方米砂浆各种材料的质量比或各种材料的用量来表示。

砂浆配合比设计应满足以下基本要求：

(1)砂浆拌合物的和易性应满足施工要求。

(2)砌筑砂浆的强度、耐久性应满足设计的要求。

(3)经济上合理，且水泥及掺合料的用量应较少。

砌筑砂浆的强度等级，是根据工程类别及砌体部位的设计要求来确定的，选择强度等级后，由所需的砂浆强度等级来确定其配合比。

确定砂浆的配合比，可查有关资料或手册，然后通过试验进行调整，也可经过计算，取得配合比数据，计算步骤如下。

1. 初步配合比的确定

水泥砂浆和水泥混合砂浆的初步配合比，按不同方法确定。

(1)水泥混合砂浆的初步配合比设计。

1)计算砂浆的试配强度 $f_{m,0}$。

$$f_{m,0} = kf_2 \tag{5-1}$$

式中 $f_{m,0}$——砂浆的试配强度，精确至 0.1 MPa；

f_2——砂浆的设计抗压强度平均值，精确至 0.1 MPa；

k——系数，按表 5-2 选用。

表 5-2 系数 k 选用表

施工水平	优良	一般	较差
系数 k	1.15	1.20	1.25

2)计算水泥用量 Q_c。

$$Q_c = \frac{1\,000(f_{m,0} - \beta)}{\alpha \cdot f_{ce}} \tag{5-2}$$

式中 Q_c——每立方米砂浆的水泥用量，精确至 1 kg；

$f_{m,0}$——砂浆的试配强度，精确至 0.1 MPa；

f_{ce}——水泥的实测强度值(若无水泥的实测强度值，$f_{ce} = \gamma_c \cdot f_{ce,k}$)，精确至 0.01 MPa；

α、β——砂浆的特征系数，其中 $\alpha = 3.03$，$\beta = -15.09$，也可由当地的统计资料计算 $(n \geqslant 30)$ 获得。

3)计算掺合料的用量 Q_d。

$$Q_d = Q_a - Q_c \tag{5-3}$$

式中　Q_d——每立方米砂浆中掺合料的用量，精确至 1 kg；

　　　Q_c——每立方米砂浆中水泥的用量，精确至 1 kg；

　　　Q_a——经验数据，指每立方米砂浆中掺合料与水泥的总量，精确至 1 kg(宜为 300～350 kg)。

　4)确定用砂量 Q_s。

$$Q_s = \rho_{0,s} \cdot V \tag{5-4}$$

式中　Q_s——每立方米砂浆的用砂量，精确至 1 kg；

　　　$\rho_{0,s}$——砂子干燥状态的堆积密度(含水量小于 0.5%)值，kg/m³；

　　　V——每立方米砂浆所用砂的堆积体积，取 1 m³。

　5)选定用水量 Q_w。根据砂浆的稠度，用水量在 210～310 kg 之间选用。此用水量不包括石灰膏中的含水量。

（2）水泥砂浆初步配合比的设计。水泥强度等级为 32.5 级时，每立方米水泥砂浆各种材料的用量可按表 5-3 参考使用。

表 5-3　每立方米水泥砂浆材料用量　　　　　　　　　　　　　　　　　　　kg

强度等级	水泥用量 Q_c	用砂量 Q_s	用水量 Q_w
M5	200～230	砂子的堆积密度数值	270～330
M7.5	230～260		
M10	280～290		
M15	290～330		
M20	340～400		
M25	360～410		
M30	430～480		

2. 配合比试配、调整和确定

按上述步骤计算所得配合比，还需进行试配。若配合比不满足工程要求的和易性及强度，则需要调整。

试配时应采用工程中实际使用的材料，搅拌方法与生产时使用的方法相同。试拌后，测定其拌合物的稠度和保水率。若不能满足要求，则应调整用水量与掺合料用量。经调整后符合要求的配合比，确定为砂浆的基准配合比。

试配时采用三个不同的配合比，其中一个为试配得出的基准配合比，另外两个配合比的水泥用量按基准配合比分别增大或减小 10%，在保证稠度、分层度、保水率合格的条件下，调整其用水量与掺合料用量。

以上述三个不同的配合比配制成砂浆，成型试件，测定砂浆强度等级，并选定符合强度要求的且水泥用量较少的配合比。

【例 5-1】　要求设计强度等级为 M10 的水泥石灰混合砂浆，流动性为 70～100 mm。采用强度等级 32.5 级的矿渣水泥，实测强度为 33 MPa；中砂，含水率为 3%，堆积密度为 1 400 kg/m³；$\alpha=3.03$，$\beta=-15.09$；施工水平一般。

【解】

(1)计算砂浆的试配强度 $f_{m,0}$。

查表 5-2 得 $k=1.20$，则

$$f_{m,0}=kf_2=1.20\times10=12.0(\text{MPa})$$

(2)计算水泥用量 Q_c。

$$f_{ce}=33\text{ MPa}$$

$$Q_c=\frac{1\,000(f_{m,0}-\beta)}{\alpha\cdot f_{ce}}=\frac{1\,000\times(12.0+15.09)}{3.03\times33}=271(\text{kg})$$

(3)计算石灰膏的用量 Q_d。

Q_a 取 350 kg，则　　　$Q_d=Q_a-Q_c=350-271=79(\text{kg})$

(4)计算用砂量 $Q_{s,0}$。

$$Q_{s,0}=\rho_{0,s}\cdot V=1\,400\times1=1\,400(\text{kg})$$

考虑砂的含水率，实际用砂量 $Q_s=1\,400\times(1+3\%)=1\,442(\text{kg})$。

(5)得到初步配合比。

$$\text{水泥：石灰膏：砂}=271:79:1\,442=1:0.29:5.32$$

(6)通过试验，此配合比符合设计要求，不需调整。

根据稠度选取合适的用水量。

5.3　抹面砂浆

　　抹面砂浆是涂抹在建筑物表面保护墙体，又具有一定装饰性的砂浆。抹面砂浆不承受外力，以薄层或多层抹于建筑物表面，对建筑物表面起保护、平整、耐久和装饰作用。抹面砂浆要求与基底有足够的粘结力，以便长期使用不开裂或脱落。

　　抹面砂浆的组成材料与砌筑砂浆基本相同，但为了保证抹灰质量，保证抹灰表面平整、避免裂缝和脱落，有时要加入一些纤维材料，如纸筋、麻刀等，以提高粘结力。

5.3.1　普通抹面砂浆

　　抹面砂浆的胶凝材料用量一般比砌筑砂浆多，抹面砂浆的和易性要比砌筑砂浆好，粘结力高。为了使表面平整，不易脱落，普通抹面砂浆一般分两层或三层施工。各层砂浆所用砂的最大粒径以及砂浆稠度见表 5-4。

表 5-4　砂浆的材料及稠度选择

抹面砂浆品种	沉入度/mm	砂的最大粒径/mm
底层	100～120	2.5
中层	70～90	2.5
面层	70～80	1.2

底层砂浆用于砖墙底层抹灰,可以增加抹灰层与基层的粘结力,多用混合砂浆,有防水、防潮要求时,采用水泥砂浆;对于板条墙或板条顶板的底层抹灰,多采用石灰砂浆或混合砂浆;对于混凝土墙体、柱、梁、板、顶板,多采用混合砂浆。中层砂浆主要起找平作用,又称找平层,一般采用混合砂浆或石灰砂浆。面层起装饰作用,多采用细砂配制的混合砂浆、麻刀石灰砂浆或纸筋石灰砂浆。在容易受碰撞的部位(如窗台、窗口、踢脚板等)采用水泥砂浆。

5.3.2 常用抹面砂浆的配合比

常用抹面砂浆的配合比参考表见表5-5。

表5-5 常用抹面砂浆的配合比参考表

材　　料	配合比(体积比)	应用范围
石灰：砂	(1：2)～(1：4)	用于砖石墙表面(檐口、勒脚、女儿墙,潮湿房间的墙除外)
石灰：黏土：砂	(1：1：4)～(1：1：8)	用于干燥环境墙表面
石灰：石膏：砂	(1：0.4：2)～(1：1：3)	用于不潮湿房间的墙及顶棚
石灰：石膏：砂	(1：2：2)～(1：2：4)	用于不潮湿房间的线脚及其他装饰工程
石灰：水泥：砂	(1：0.5：4.5)～(1：1：5)	用于檐口、勒脚、女儿墙,以及比较潮湿的部位
水泥：砂	(1：2)～(1：2.5)	用于浴室、潮湿车间等墙裙、勒脚或地面基层
水泥：砂	(1：2)～(1：1.5)	用于地面、顶棚或墙面面层
水泥：砂	(1：0.5)～(1：1)	用于混凝土地面随时压光
石灰：石膏：砂：锯末	1：1：3：5	用于吸声粉刷
水泥：白石子	(1：2)～(1：1)	用于水磨石(打底用1：2.5水泥砂浆)
水泥：白石子	1：1.5	用于斩假石[打底用(1：2)～(1：2.5)水泥砂浆]
白灰：麻刀	100：2.5(质量比)	用于板条顶棚底层
石灰膏：麻刀	100：1.3(质量比)	用于板条顶棚面层(或100 kg石灰膏加3.8 kg纸筋)
纸筋：白灰浆	灰膏 0.1 m³,纸筋 0.36 kg	较高级墙板、天棚

5.4 特种砂浆

5.4.1 防水砂浆

防水砂浆是一种用于防水层的抗渗性高的砂浆。砂浆防水层常用于不受振动和具有一定刚度的混凝土和砖石砌体的表面,砂浆防水层又称刚性防水层。

根据防水材料组成的不同,防水砂浆一般有以下三种:

(1)水泥砂浆。由水泥、细集料、掺合料加水制成的砂浆。水泥砂浆需进行多层抹面。

（2）掺加防水剂的水泥砂浆。可在水泥砂浆中掺入一定量的防水剂，常用的防水剂有硅酸钠类、金属皂类、氯化物金属盐及有机硅类。

（3）膨胀水泥和无收缩水泥配制防水砂浆，所配制的防水砂浆具有微膨胀和高抗渗性。防水砂浆的配合比中，水泥与砂的质量一般不宜大于 1∶2.5，水胶比应为 0.50～0.60，稠度不应大于 80 mm。水泥宜选用 42.5 级以上的普通硅酸盐水泥或矿渣水泥，砂宜选用中砂。

5.4.2 保温砂浆

保温砂浆是以水泥、石灰膏、石膏等胶凝材料与膨胀珍珠岩、膨胀蛭石、火山灰渣、浮石岩或陶砂等轻质多孔集料，按一定比例配制的砂浆。一般保温隔热砂浆的导热系数为 0.07～0.10 W/(m·K)。保温砂浆具有轻质和保温、隔热性能，可用于屋面隔热层、隔热墙壁或供热管道的隔热层等处。

5.4.3 聚合物砂浆

聚合物是高分子胶结材料。聚合物砂浆是在建筑砂浆中添加聚合物，从而使砂浆性能得到很大改善的一种新型建筑材料。

其中聚合物胶粘剂作为有机胶结材料，与砂浆中的水泥或石膏等无机胶结材料完美地组合在一起，大大提高了砂浆与基层的粘结强度、砂浆的柔性等性能。

聚合物水泥砂浆与水泥砂浆相比，其粘结力大为增加，故一般用于喷涂、滚涂、弹涂施工。

本章小结

本章介绍了砂浆的种类、用途，介绍了砂浆常用原材料及其质量要求，同时简要介绍了普通抹面砂浆及特种砂浆的常用品种及特点。

本章重点是砂浆和易性的概念及评定方法，砌筑砂浆的强度测试及配合比确定。

第6章 墙体材料

6.1 砌墙砖

　　砖的种类很多，按生产工艺不同可分为烧结砖和非烧结砖，其中非烧结砖又可分为压制砖、蒸养砖和蒸压砖等；按有无孔洞可分为空心砖和实心砖；按所用原材料分为黏土砖、页岩砖、煤矸石砖、粉煤灰砖等。

6.1.1 烧结普通砖

　　烧结普通砖是以黏土、页岩、粉煤灰、煤矸石为主要原料，经焙烧制成的孔洞率小于15％的砖，按主要原料分为黏土砖（N）、页岩砖（Y）、粉煤灰砖（F）和煤矸石砖（M）。烧结普通砖在成品中往往会出现不合格品——过火砖和欠火砖。过火砖颜色深，敲击时声音清脆、强度高、吸水率小、耐久性好、常有弯曲变形；欠火砖颜色浅、敲击时声音暗哑、强度低、吸水率大、耐久性差。

　　烧结普通砖为长方体，其标准尺寸为 240 mm×115 mm×53 mm，加上砌筑灰缝的厚度，则 4 块砖长、8 块砖宽、16 块砖厚分别为 1 m，每 1 m³ 砖砌体需用砖 512 块。

　　烧结普通砖的强度等级根据 10 块砖的抗压强度平均值、标准值或最小值划分，共分为 MU30、MU25、MU20、MU15、MU10 五个等级，见表 6-1。

　　严重风化区内的东三省、内蒙古、新疆地区的烧结普通砖必须做冻融试验，其他地区的砖抗风化性能如果符合表 6-2 的规定，可不做冻融试验。但若有一项指标不符合，仍需做冻融试验；强度和抗风化性能合格的砖，按尺寸偏差、外观质量、泛霜和石灰爆裂，划分为优等品（A）、一等品（B）、合格品（C）三个质量等级。我国风化区的划分见表 6-3。

表 6-1　烧结普通砖强度等级　　　　　　　　　　　　　　　　　　MPa

强度等级	抗压强度平均值 f，$\geqslant$	变异系数 $\delta \leqslant 0.21$	变异系数 $\delta > 0.21$
		强度标准值 f_k，$\geqslant$	单块最小抗压强度值 f_{min}，$\geqslant$
MU30	30.0	22.0	25.0
MU25	25.0	18.0	22.0
MU20	20.0	14.0	16.0
MU15	15.0	10.0	12.0
MU10	10.0	6.5	7.5

表 6-2　抗风化性能

砖种类	严重风化区				非严重风化区			
	5h 沸煮吸水率/%，$\leqslant$		饱和系数，$\leqslant$		5h 沸煮吸水率/%，$\leqslant$		饱和系数，$\leqslant$	
	平均值	单块最大值	平均值	单块最大值	平均值	单块最大值	平均值	单块最大值
黏土砖	18	20	0.85	0.87	19	20	0.88	0.90
粉煤灰砖[①]	21	23			23	25		
页岩砖	16	18	0.74	0.77	18	20	0.78	0.80
煤矸石砖								

① 粉煤灰掺入量（体积比）小于 30% 时，按黏土砖规定判定。

表 6-3　我国风化区的划分

严重风化区	非严重风化区
1. 黑龙江；2. 吉林；3. 辽宁；4. 内蒙古；5. 新疆；6. 宁夏；7. 甘肃；8. 青海；9. 陕西；10. 山西；11. 河北；12. 北京；13. 天津	1. 山东；2. 河南；3. 安徽；4. 江苏；5. 湖北；6. 江西；7. 浙江；8. 四川；9. 贵州；10. 湖南；11. 福建；12. 台湾；13. 广东；14. 广西；15. 海南；16. 云南；17. 西藏；18. 上海；19. 重庆

　　泛霜是可溶性盐类在砖或砌块表面析出的现象，一般为白色粉末状或絮团状。泛霜不仅有损建筑外观，而且结晶膨胀也会引起砖表层的疏松和剥落。优等品不允许有泛霜现象，一等品不允许有中等泛霜，合格品中不允许出现严重泛霜。

　　石灰爆裂是原料中夹带石灰石，在焙烧过程中生成过火石灰，过火石灰在砖内吸水膨胀，导致砖爆裂破坏。优等品不允许出现最大破坏尺寸大于 2 mm 的爆裂区域；一等品不允许出现最大破坏尺寸大于 10 mm 的爆裂区域，且每组砖样 2～10 mm 的爆裂区域不得大于 15 处；合格品不允许出现大于 15 mm 的爆裂区域，且每组砖样 2～15 mm 的爆裂区域不得大于 15 处，其中 10 mm 以上的区域不得多于 7 处。

6.1.2 烧结多孔砖和烧结空心砖

1. 烧结多孔砖

烧结多孔砖是以黏土、页岩、煤矸石等为主要原料，经焙烧制成的孔洞率不小于 15％，孔洞数量多、尺寸小，且为竖向孔，主要用于承重墙体的砖。烧结多孔砖按主要原料分为黏土砖（N）、页岩砖（Y）、粉煤灰砖（F）和煤矸石砖（M）。烧结多孔砖如图 6-1 所示。

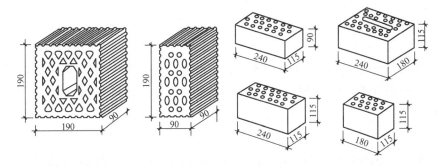

图 6-1　烧结多孔砖

烧结多孔砖的强度分为 MU30、MU25、MU20、MU15、MU10 五个强度等级，强度指标和烧结普通砖相同。烧结多孔砖使用时孔洞方向平行于受力方向，M 形砖符合建筑模数，使设计规范化、系列化，提高施工速度，节约砂浆；P 形砖便于与普通砖配套使用。

2. 烧结空心砖

烧结空心砖是以黏土、页岩、煤矸石等为主要原料，经焙烧制成的孔洞率不小于 35％，孔洞数量少、尺寸大、且为水平孔，主要用于非承重墙和填充墙的烧结砖，如图 6-2 所示。

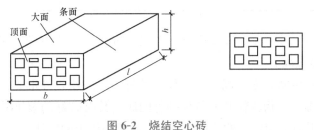

图 6-2　烧结空心砖

l—长度；*b*—宽度；*h*—高度

烧结空心砖的抗压强度分为 MU10.0、MU7.5、MU5.0、MU3.5、MU2.5 五个强度等级（表 6-4），同时按表观密度分为 800 kg/m³、900 kg/m³、1 000 kg/m³、1 100 kg/m³ 四个密度等级。每个密度等级根据孔洞及其结构、尺寸偏差、外观质量、泛霜、石灰爆裂、吸水率，分为优等品（A）、一等品（B）、合格品（C）三个质量等级。

表 6-4 烧结空心砖的强度等级

强度等级	抗压强度 平均值 f/MPa，$\geqslant$	变异系数 $\delta \leqslant 0.21$ 强度标准值 f_k/MPa，$\geqslant$	变异系数 $\delta > 0.21$ 单块最小值 f_{min}/MPa，$\geqslant$	密度等级范围 /(kg·m^{-3})
MU10.0	10.0	7.0	8.0	
MU7.5	7.5	5.0	5.8	
MU5.0	5.0	3.5	4.0	$\leqslant$1 100
MU3.5	3.5	2.5	2.8	
MU2.5	2.5	1.6	1.8	$\leqslant$800

6.1.3 非烧结砖

非烧结砖又称免烧砖，如蒸养砖、蒸压砖、碳化砖等，其中蒸压砖应用较广泛。非烧结砖主要品种有灰砂砖、粉煤灰砖、混凝土多孔砖等。这些砖的强度较高，可以替代烧结普通砖使用。

1. 蒸压灰砂砖

蒸压灰砂砖是以石灰和砂为主要原料，经坯料制备、压制成型和蒸压养护而成。

蒸压灰砂砖根据抗压强度分为 MU25、MU20、MU15、MU10 四个等级（表 6-5）。

表 6-5　蒸压灰砂砖的强度等级　　　　　　　　　　　　　MPa

强度等级	抗压强度，$\geqslant$		抗折强度，$\geqslant$		抗冻性
	平均值	单块最小值	平均值	单块最小值	抗压强度平均值，$\geqslant$
MU25	25.0	20.0	5.0	4.0	20.0
MU20	20.0	16.0	4.0	3.2	16.0
MU15	15.0	12.0	3.3	2.6	12.0
MU10	10.0	8.0	2.5	2.0	8.0

注（抗冻性栏跨行）：质量损失率，单块值$\leqslant$2.0%

蒸压灰砂砖根据尺寸偏差、外观质量、强度、抗冻性，分为优等品（A）、一等品（B）、合格品（C）三个质量等级。

蒸压灰砂砖组织致密，强度高、大气稳定性好、干缩小、外形光滑、平整，尺寸偏差小，色泽淡灰，可加入矿物颜料制成各种颜色的砖，具有较好的装饰效果。强度等级大于MU15 的砖可用于基础，MU10 的砖可用于砌筑防潮层以上的墙体。

长期使用温度高于 200 ℃以及承受急冷、急热或有酸性介质侵蚀的建筑部位应避免使用灰砂砖。灰砂砖耐水性好，但抗流水冲刷能力较弱，可长期在潮湿、不受冲刷的环境中使用。

2. 粉煤灰砖

粉煤灰砖是以粉煤灰和石灰为主要原料，掺加适量石膏和炉渣，压制成型，通过常压或高压蒸汽养护而制成的一种墙体材料。

根据尺寸偏差、外观质量、强度、抗冻性和干燥收缩值，粉煤灰砖分为优等品（A）、一等品（B）、合格品（C）三个质量等级。

粉煤灰砖的强度等级分为 MU30、MU25、MU20、MU15 和 MU10 五级（表 6-6）。

表 6-6 蒸压粉煤灰砖的强度等级　　　　　　　　　　　　　　　　MPa

强度等级	抗压强度，≥		抗折强度，≥		抗冻性	
	平均值	单块最小值	平均值	单块最小值	抗压强度平均值，≥	
MU30	30.0	24.0	6.2	5.0	24.0	质量损失率，单块值≤2.0%
MU25	25.0	20.0	5.0	4.0	20.0	
MU20	20.0	16.0	4.0	3.2	16.0	
MU15	15.0	12.0	3.3	2.6	12.0	
MU10	10.0	8.0	2.5	2.0	8.0	

粉煤灰砖用于基础或用于易受冻融和干湿交替作用的建筑部位时，必须采用一等品与优等品，用粉煤灰砖砌筑的建筑物，应适当增设圈梁及伸缩缝，以避免或减少收缩裂缝，粉煤灰砖不得用于长期受热 200 ℃以上、受急冷急热和有酸性介质侵蚀的部位。

3. 混凝土多孔砖

混凝土多孔砖是以水泥为胶结材料，与砂、石等集料加水搅拌、成型和养护而制成的一种具有多排小孔的混凝土制品，孔洞率不小于 30％。混凝土多孔砖的外形示意图如图 6-3 所示。

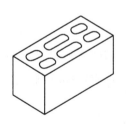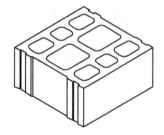

图 6-3　混凝土多孔砖外形示意图

混凝土多孔砖的强度分为 MU10、MU15、MU20、MU25、MU30 五级（表 6-7）。

表 6-7　混凝土多孔砖强度等级　　　　　　　　　　　　　　　　MPa

强度等级	抗压强度	
	平均值，≥	单块最小值，≥
MU10	10.0	8.0
MU15	15.0	12.0
MU20	20.0	16.0
MU25	25.0	20.0
MU30	30.0	24.0

混凝土多孔砖兼具黏土砖和混凝土小砌块的特点，外形特征属于烧结多孔砖，材料与混凝土小型空心砌块类同，符合砖砌体施工习惯，各项物理、力学性能均具备代替烧结黏土砖的条件，可直接替代烧结黏土砖用于各类承重、保温承重和框架填充等不同墙体结构中，具有广泛的推广应用前景。

6.2 砌 块

砌块是砌筑用的人造块材，多为直角六面体。尺寸比砌墙砖大，砌块主规格尺寸中的长度、宽度和高度至少有一项应大于 365 mm、240 mm、115 mm，但高度应不大于长度或宽度的 6 倍，长度应不超过高度的 3 倍。

砌块按用途可分为承重砌块和非承重砌块；按有无空洞可分为实心砌块和空心砌块；按产品规格可分为大型（高度大于 980 mm）、中型（高度为 380～980 mm）和小型（高度为 115～380 mm）砌块；按生产工艺可分为烧结砌块和蒸养蒸压砌块；按材质可分为轻集料混凝土砌块、硅酸盐砌块、粉煤灰砌块、加气混凝土砌块等。

砌块是发展迅速的新型墙体材料，生产工艺简单，材料来源广泛，可充分利用地方资源和工业废料，节约耕地资源，造价低廉，制作使用方便，同时由于其尺寸大，可机械化施工，能够提高施工效率，改善建筑物功能，减轻建筑物自重。

6.2.1 蒸压加气混凝土砌块

蒸压加气混凝土砌块是以钙质材料（水泥、石灰）和硅质材料（砂、矿渣和粉煤灰）加入铝粉作加气剂，经成型、切割、蒸压养护而成的多孔轻质块体材料。蒸压加气混凝土砌块的规格尺寸见表 6-8。

表 6-8 蒸压加气混凝土砌块的规格尺寸　　　　　　　　　　　　　　　　mm

长度 L	宽度 B			高度 H			
600	100 120 125 150 180 200 240 250 300			200	240	250	300

注：其他规格，可由供需双方协商解决。

蒸压加气混凝土砌块按抗压强度分为 A1.0、A2.0、A2.5、A3.5、A5.0、A7.5、A10.0 七个等级（表 6-9）；按干表观密度分为 B03、B04、B05、B06、B07、B08 六个等级；按尺寸偏差、外观质量、表观密度、抗压强度、抗冻性分为优等品（A）、合格品（B）两个质量等级。

表 6-9　蒸压加气混凝土砌块强度等级

强度等级		A1.0	A2.0	A2.5	A3.5	A5.0	A7.5	A10.0
立方体抗压强度 /MPa	平均值≥	1.0	2.0	2.5	3.5	5.0	7.5	10.0
	最小值≥	0.8	1.6	2.0	2.8	4.0	6.0	8.0

　　由于蒸压加气混凝土砌块多孔，表观密度小，只相当于黏土砖和灰砂砖的 1/4～1/3，普通混凝土的 1/5，可以使整个建筑的自重比普通砖混结构降低 40％以上。由于建筑自重减轻，所以大大提高建筑物的抗震能力。同时，砌块具有保温、隔热、隔声性能，加工性能好、施工方便、耐火等特点；其缺点是干燥收缩较大，易出现与砂浆层粘结不牢现象。蒸压加气混凝土砌块干燥收缩、抗冻性、导热系数见表 6-10，蒸压加气混凝土砌块尺寸偏差和外观质量见表 6-11。

表 6-10　蒸压加气混凝土砌块干燥收缩、抗冻性、导热系数

干密度级别			B03	B04	B05	B06	B07	B08
干燥收缩值*	标准法/(mm·m^{-1})，　≤		0.50					
	快速法/(mm·m^{-1})，　≤		0.80					
抗冻性	质量损失/%，　≤		5.0					
	冻后强度 /MPa，≥	优等品(A)	0.8	1.6	2.8	4.0	6.0	8.0
		合格品(B)			2.0	2.8	4.0	6.0
导热系数(干态)/[W/(m·K)$^{-1}$]　　≤			0.10	0.12	0.14	0.16	0.18	0.20

　＊规定采用标准法、快速法测定砌块干燥收缩值，若测定结果发生矛盾不能判定时，则以标准法测定的结果为准。

表 6-11　蒸压加气混凝土砌块尺寸偏差和外观质量

项目		优等品(A)	合格品(B)
尺寸允许偏差/mm	长度	±3	±4
	宽度	±1	±2
	高度	±1	±2
缺棱掉角	最小尺寸/mm，≤	0	30
	最大尺寸/mm，≤	0	70
	大于以上尺寸的缺棱掉角个数，≤	0	2
裂纹长度	贯穿一棱两面的裂纹长度不得大于裂纹所在面的裂纹方向尺寸总和的	0	1/3
	任一面上的裂纹长度不得大于裂纹方向尺寸的	0	1/2
	大于以上尺寸的裂纹条数，≤	0	2
爆裂、粘模和损坏深度/mm，≤		10	30
平面弯曲		不允许	
表面疏松、层裂		不允许	
表面油污		不允许	

蒸压加气混凝土砌块适合作为低层建筑的承重墙，多层和高层建筑的隔墙、填充墙及工业建筑的绝热材料。在无安全防护措施的情况下，蒸压加气混凝土砌块不得用于建筑物基础和有侵蚀作用的环境中，也不得用于水中或高湿度环境中。

6.2.2　普通混凝土小型空心砌块

混凝土小型空心砌块是以水泥为胶结材料，砂、碎石或卵石、煤矸石、炉渣为集料，经加水搅拌、振动加压或冲压成型、养护而成的墙体材料。其空心率应不小于25%。普通混凝土小型空心砌块如图6-4所示。

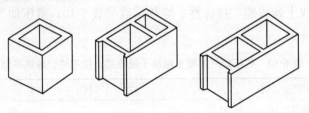

图 6-4　普通混凝土小型空心砌块

混凝土小型空心砌块按尺寸偏差、外观质量划分为优等品（A）、一等品（B）、合格品（C）三个质量等级。混凝土小型空心砌块主规格尺寸为 390 mm×190 mm×190 mm，最小外壁厚不小于 30 mm，最小肋厚不小于 25 mm。其按抗压强度分为 MU3.5、MU5.0、MU7.5、MU10.0、MU15.0、MU20.0 六个等级（表6-12）。

表 6-12　普通混凝土小型空心砌块的强度指标　　　　　　　　　MPa

抗压强度	MU3.5	MU5.0	MU7.5	MU10.0	MU15.0	MU20.0
平均值，≥	3.5	5.0	7.5	10	15	20
单块最小值，≥	2.8	4.0	6.0	8.0	12.0	16.0

对于承重墙和外墙砌块，要求其干缩率小于 0.5 mm/m，非承重墙和内墙砌块要求其干缩率小于 0.6 mm/m。

砌块在砌筑时一般不宜浇水，但在气候特别干燥炎热时，可在砌筑前稍喷水湿润。装饰混凝土小型空心砌块，外饰面有劈裂、磨光和条纹等时，做清水墙时不需另做外装饰。

6.2.3　石膏砌块

石膏砌块是以建筑石膏为主要原料，经加水搅拌、浇筑成型和干燥而制成的块状轻质建筑石膏制品。在生产中，还可以在其中加入各种轻集料、填充料、纤维增强材料、发泡剂等辅助材料，有时也可用高强石膏（α型石膏）代替建筑石膏。

石膏砌块有实心（S）和空心（K）两种，主要品种有磷石膏空心砌块、粉煤灰石膏内墙多孔砌块、植物纤维石膏渣空心砌块等。

石膏砌块的标准外形是一平面长方体，在纵横四边分别设有凸榫和凹槽（企口）。石膏砌块推荐尺寸：长度为 666 mm，高度为 500 mm，厚度有 60 mm、80 mm、90 mm、100 mm、110 mm、120 mm、150 mm，即三块砌块组成 1 m² 墙面。

实心砌块的表观密度不大于 1 000 kg/m³，空心砌块的表观密度不大于 700 kg/m³，单块砌块质量不大于 30 kg；表面应平整，平整度不大于 1.0 mm；砌块的断裂荷载值不小于 1.5 kN；软化系数不低于 0.6。

石膏砌块的外观质量应满足表 6-13 的规定。

表 6-13　石膏砌块的外观质量

项　目	指　标
缺角	同一砌块不应多于 1 处，缺角尺寸应小于 30 mm×30 mm
板面裂缝、裂纹	不应有贯穿裂纹；长度小于 30 mm，宽度小于 1 mm 的非贯穿裂纹不应多于 1 条
气孔	直径 5～10 mm，不宜多于 2 处；不应大于 10 mm
油污	不应有

石膏砌块与混凝土相比，其耐火性能要高 5 倍，具有良好的保温、隔声特性，墙体轻，相当于黏土实心砖墙重量的 1/4～1/3，抗震性好。石膏砌块可钉、可锯、可刨、可修补，加工处理十分方便，干法施工，施工速度快，石膏砌块配合精密，墙体光洁、平整，墙面不需抹灰；另外，石膏砌块具有"呼吸"水蒸气功能，提高了居住舒适度。

首先，在生产石膏砌块的原料中，可掺加一部分粉煤灰、炉渣，除使用天然石膏外，还可使用化学石膏，如烟气脱硫石膏、氟石膏、磷石膏等，使废渣变废为宝；其次，在生产石膏砌块的过程中，基本无"三废"排放；最后，在使用过程中，不会产生对人体有害的物质。因此，石膏砌块是较好的保护和改善生态环境的绿色建材。

石膏砌块强度较低，耐水性较差，主要用于框架结构的非承重墙体，一般作为内隔墙使用。若采用合适的固定及支撑结构，墙体还可以承受较重的荷载（如挂吊柜、热水器、厕所用具等）。掺入特殊添加剂的防潮砌块，可用于浴室、厕所等空气湿度较大的场合。

6.2.4　粉煤灰硅酸盐砌块

粉煤灰硅酸盐砌块简称粉煤灰砌块，是以粉煤灰、石灰、石膏和集料为原料，经加水搅拌、振动成型、蒸汽养护而制成的一种实心砌块。

砌块的主规格尺寸有两种：880 mm×380 mm×240 mm 和 880 mm×430 mm×240 mm。端面应设灌浆槽，坐浆面应设抗剪槽。砌块按立方体抗压强度，分为 MU10、MU13 两个等级；按外观质量、尺寸偏差、干缩性能，分为一等品（B）、合格品（C）。

粉煤灰砌块属硅酸盐类制品，弹性模量比同强度的水泥混凝土制品低，干缩值较大，表观密度为 1 300～1 550 kg/m³。

粉煤灰砌块主要用于工业与民用建筑的墙体和基础，但不适用于有酸性侵蚀介质、密封性要求高、易受较大振动的建筑物以及受高温和受潮湿的承重墙。

6.2.5 粉煤灰混凝土小型空心砌块

粉煤灰混凝土小型空心砌块是一种新型材料，是以粉煤灰、水泥、各种轻重集料、水为主要组分拌合制成的小型空心砌块，其中粉煤灰用量不应低于原材料重量的20%，水泥用量不低于原材料重量的10%。粉煤灰混凝土小型空心砌块适用于非承重墙和填充墙。

粉煤灰混凝土小型空心砌块按孔的排数分为单排孔、双排孔和多排孔三类。其主规格尺寸为 390 mm×190 mm×190 mm，按抗压强度分为 MU3.5、MU5.0、MU7.5、MU10.0、MU15.0 和 MU20.0 六个等级（表6-14）。

表 6-14　粉煤灰混凝土小型空心砌块的强度等级　　　　　　　　MPa

抗压强度	MU3.5	MU5.0	MU7.5	MU10.0	MU15.0	MU20.0
平均值，≥	3.5	5.0	7.5	10.0	15.0	20.0
单块最小值，≥	2.8	4.0	6.0	8.0	12.0	16.0

粉煤灰混凝土小型空心砌块的特点：有较好的韧性，不易脆裂；抗震性能好，而且电锯切割开槽、冲击钻钻孔、人工钻凿洞时，均不易引起砌块破损，有利于装修及暗埋管线，同时运输装卸过程中也不易损坏；有良好的保温性能和抗渗性，190系列的单排孔粉煤灰小型空心砌块的保温性能超过240黏土砖墙。粉煤灰小型砌块所用原料中，粉煤灰和炉渣等工业废料占80%，水泥用量比同强度的混凝土小型空心砌块少30%，因而成本低，具有良好的经济效益和社会效益。

6.2.6 轻集料混凝土小型空心砌块

轻集料混凝土小型空心砌块是由轻集料混凝土拌合物，经砌块成型机成型、养护制成的一种空心率大于25%，表观密度小于1 400 kg/m³的轻质墙体材料。

轻集料混凝土小型空心砌块按所用原料可分为天然轻集料（如浮石、火山渣）混凝土小砌块；工业废渣类轻集料（如炉渣、自然煤矸石）混凝土小砌块；人造轻集料（如黏土陶粒、页岩陶粒、粉煤灰陶粒）混凝土小砌块；按孔的排数分为单排孔、双排孔、三排孔和四排孔四类。其主规格尺寸为 390 mm×190 mm×190 mm。

轻集料混凝土小型空心砌块按干表观密度可分为 700 kg/m³、800 kg/m³、900 kg/m³、1 000 kg/m³、1 100 kg/m³、1 200 kg/m³、1 300 kg/m³、1 400 kg/m³ 八个等级，按抗压强度可分为 MU2.5、MU3.5、MU5.0、MU7.5、MU10.0 五个等级（表6-15）。

表 6-15　轻集料小型空心砌块的强度等级

强度等级	抗压强度/MPa		密度等级范围 /(kg·m⁻³)
	平均值	最小值	
MU2.5	≥2.5	≥2.0	≤800
MU3.5	≥3.5	≥2.8	≤1 000

强度等级	抗压强度/MPa		密度等级范围 /(kg·m⁻³)
	平均值	最小值	
MU5.0	≥5.0	≥4.0	≤1 200
MU7.5	≥7.5	≥6.0	≤1 200① ≤1 300②
MU10.0	≥10.0	≥8.0	≤1 200① ≤1 400②

注：当砌块的抗压强度同时满足 2 个强度等级或 2 个以上强度等级要求时，应以满足要求的最高强度等级为准。
①除自然煤矸石掺量不小于砌块质量 35% 以外的其他砌块；
②自然煤矸石掺量不小于砌块质量 35% 的砌块。

轻集料混凝土小型空心砌块具有轻质、保温隔热性能好、抗震性能好等特点，在保温隔热要求较高的围护结构中应用广泛，是取代普通黏土砖的最有发展前途的墙体材料之一。

6.3 板 材

随着建筑结构体系的改革、墙体材料的发展，各种墙用板材、轻质墙板也迅速兴起，以板材为围护墙体的建筑体系具有轻质、节能、施工便捷、开间布置灵活、节约空间等特点，具有很好的发展前景。

墙体板材主要有条板、平板、复合墙板等品种；按制作材料主要有水泥混凝土类、石膏类、纤维类和发泡塑料类等。

6.3.1 建筑用轻质隔墙条板

轻质隔墙条板是采用轻质材料或轻质构件制作，面密度符合标准要求，长宽比不小于2.5 的预制板。常见类型有石膏空心条板、蒸压加气混凝土条板、GRC 水泥多孔隔墙板。建筑用轻质隔墙条板分类见表 6-16。图 6-5 所示为空心条板示意图。

表 6-16 建筑用轻质隔墙条板分类

分类方法	名称	代号
按断面构造分类	实心条板	S
	空心条板	K
	复合条板	F
按构件类型分类	普通板	PB
	门窗框板	MCB
	异形板	YB

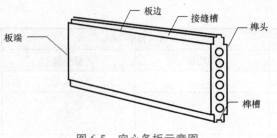

图 6-5　空心条板示意图

（1）石膏空心条板。石膏空心条板以天然石膏为主要材料，添加适当的辅料，搅拌成料浆，经浇筑成型、抽芯、干燥等工艺制成的轻质板材。石膏空心条板具有质量小、强度高、隔热、隔声、防水等性能，可锯、可刨、可钻、施工简便。与纸面石膏板相比，石膏用量多、不用纸和胶粘剂、不用龙骨，工艺设备简单，所以比纸面石膏板造价低。石膏空心条板主要用于工业与民用建筑的内隔墙，其墙面可做喷浆、涂料、贴瓷砖、贴壁纸等各种饰面。

（2）玻璃纤维增强水泥轻质多孔隔墙条板（GRC 水泥多孔隔墙板）。GRC 水泥多孔隔墙板是以高强水泥为胶结料，珍珠岩为集料，高强耐碱玻璃纤维为增强材料，加入适量粉煤灰及发泡剂和防水剂等，经搅拌、振动成型、养护而成，具有防老化、防水、防裂、耐火不燃及可锯切等优点，安装速度快，可提高工效，缩短工期，扩大室内使用空间，同时降低工程基础造价。

（3）蒸压加气混凝土板。蒸压加气混凝土板是以水泥、石灰、硅砂等为主要原料，根据结构要求配置经防腐处理的钢筋网片的一种轻质多孔板材。

轻质隔墙条板主规格尺寸为：宽度 600 mm，厚度 90 mm、120 mm，长度不大于 3 300 mm。

建筑用轻质隔墙条板物理性能要求见表 6-17。

表 6-17　建筑用轻质隔墙条板物理性能要求

序　号	项　目	指　标	
		板厚 90 mm	板厚 120 mm
1	抗冲击性能	经 5 次抗冲击试验后，板面无裂纹	
2	抗弯承载（板自重倍数）	≥1.5	
3	抗压强度/MPa	≥3.5	
4	软化系数①	≥0.80	
5	面密度/(kg·m^{-2})	≤90	≤110
6	含水率/%	≤12	
7	干燥收缩值/(mm·m^{-1})	≤0.6	
8	吊挂力	荷载 1 000 N 静置 24 h，板面无宽度超过 0.5 mm 的裂缝	
9	抗冻性②	不应出现可见的裂纹且表面无变化	
10	空气隔声量/dB	≥35	≥40
11	耐火极限/h	≥1	
12	燃烧性能	A$_1$ 或 A$_2$ 级	
①防水石膏条板的软化系数≥0.80，普通石膏条板的软化系数≥0.40。			
②夏热冬暖地区和石膏条板不检此项。			

轻质隔墙条板共同特点：强度高、质量小、保温效果好；可锯、刨、钉、钻孔，施工方便；墙板之间可横向、纵向穿管线，板和板之间的拼接处设计有公、母榫结构，结合牢固，抗震、抗冲击；拼接起来墙面平整，不开裂；可直接处理墙面，结构占地面积小，节约空间。

这类板材广泛应用于各类高、低层建筑的内外非承重墙、活动用房、旧房改造、装饰装修、商场、宾馆、写字楼等墙体隔断。

6.3.2　建筑平板

此类板材为厚度 20 mm 以下的实心板，强度较低，不能单独作为墙体隔断，一般结合龙骨使用，或与其他材料一起做成复合墙体，主要品种有水泥类、石膏类和植物纤维类。

(1)纤维增强水泥平板(TK 板)。该板是以低碱水泥、耐碱玻璃纤维为主要原料，加水混合成浆，经制坯、压制、蒸养而成的薄型平板，其尺寸规格为：长度 1 200～3 000 mm，宽度 800～900 mm，厚度 4 mm、5 mm、6 mm、8 mm。

该板质量小、强度高，防火、防潮，不易变形，可加工性好，适用于各类建筑物的复合外墙和内墙及防潮、防火要求的隔墙。

(2)水泥刨花板。该板以水泥和木材加工的下脚料——刨花为主要原料，加入适量水和化学助剂，经搅拌、成型、加压、养护而成。它具有自重轻、强度高、防水、防火、防蛀、保温、隔声等性能，可加工性强，主要用于建筑的内外墙板、顶棚、壁橱板等。

(3)纸面石膏板。纸面石膏板以掺入纤维增强材料的建筑石膏板作芯材，两面用纸做护面而成，有普通型、耐水型、耐火型和耐水耐火型四种。板的长度为 1 800～3 600 mm，宽度为 900 mm、1 200 mm，厚度为 9 mm、12 mm、15 mm、18 mm。纸面石膏板具有表面平整、尺寸稳定、轻质、隔热、吸声、防火、抗震，施工方便，能调节室内湿度等特点。其广泛应用于室内隔墙板、复合墙板内墙、顶棚等。

(4)石膏纤维板。石膏纤维板以建筑石膏、纸筋和短切玻璃纤维为原料，表面无护面纸，规格尺寸同纸面石膏板，抗弯强度高，性能同纸面石膏板，价格较便宜，可用于框架结构的内墙隔断。

(5)植物纤维复合板。植物纤维复合板主要是利用农作物的废弃物(如稻草、麦秸、玉米秆、甘蔗渣等)，经适当处理后，与合成树脂或石膏石灰等胶结材料混合、热压成型。主要品种有稻草板、稻壳板、蔗渣板等，这类板材具有质量小、保温、隔声效果好、节能、废物利用等特点，适用于非承重的内隔墙、顶棚以及复合墙体的内壁板。

6.3.3　复合墙板

复合墙板是以两种以上的材料结合在一起的墙板，一般由结构层、保温层和装饰层组成。该墙体强度高，绝热性好，施工方便，使承重材料和轻质保温材料都得到应用。复合墙板示意图如图 6-6 所示。

(1)泰柏板。泰柏板又称舒乐板、3D板、三维板、节能型钢丝网架夹芯轻质墙板，选用强化钢丝焊接而成的三维笼为骨架，阻燃EPS泡沫塑料或岩棉板芯材组成，两侧配以直径为2 mm冷拔钢丝网片，钢丝网目50 mm×50 mm，腹丝斜插过芯板焊接而成，施工时直接拼装，不需龙骨，表面涂抹砂浆层后形成无缝隙的整体墙面(图6-7)。

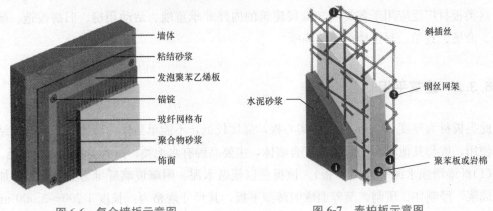

图6-6　复合墙板示意图　　　　图6-7　泰柏板示意图

　　泰柏板具有节能、质量小、强度高、防火、抗震、隔热、隔声、抗风化、耐腐蚀的优良性能，并且组合性强、易于搬运，安装方便、速度快。使用该产品制作的墙体，整体性能好，整面墙为一整体。其适用于高层、多层建筑围护墙，保温复合外墙和双轻体系(轻板、轻框架)的承重墙，屋面、吊顶和新旧楼房加层。

　　(2)轻型夹芯板。该类板材是外层用轻质高强的薄板，中间以轻质的保温隔热材料为芯材组成的复合板。用于外层的薄板主要有铝合金板、不锈钢板、彩色镀锌钢板、石膏纤维板等，芯材有玻璃棉毡、岩棉、阻燃型发泡聚苯乙烯、硬质发泡聚氨酯等，规格尺寸：宽度为1 000 mm，厚度为30 mm、40 mm、50 mm、60 mm、80 mm、100 mm，具有强度高、质量小、保温、隔热、隔声、阻燃等特点，并且易于连接，安装方便快速、稳固耐用，主要用于框架结构的隔断、厂房、活动板房、屋面板等。

本章小结

　　本章介绍了墙体材料的种类、性能指标、特点和应用。主要介绍了国家推广使用的新型墙体材料种类及标准，烧结普通砖与烧结多孔砖、空心砖的性能特点与应用，灰砂砖、粉煤灰砖、混凝土空心砖等免烧砖的性能特点与应用，粉煤灰砌块、加气混凝土砌块、普通混凝土小型空心砌块、石膏砌块的性能特点与应用，建筑用轻质隔墙条板、复合墙板、墙用平板的种类、性能特点与应用。

第7章 建筑钢材

>> **学习重点**

　　通过本章的学习，了解钢材的分类，钢材的冷加工与热处理；熟悉化学成分对钢材性能的影响，常用钢种和牌号；掌握钢材的机械性能、工艺性能，热轧钢筋的种类及其主要技术指标。

* **学习目标**

　　具备钢材验收、仓储、冷加工的技能；
　　具备钢材拉伸性能、冷弯性能的检测技能。

7.1 概　述

　　钢材是以铁为主要元素，含碳量一般在 2.06％以下，并含有其他元素的铁碳合金。

　　建筑钢材是指建筑工程中使用的各种钢材，包括钢结构用各种型材(如圆钢、角钢、工字钢、钢管、板材)和钢筋混凝土结构用钢筋、钢丝、钢绞线等。

　　钢材是在严格技术条件下生产的材料，它有以下优点：材质均匀，性能可靠，强度高，具有一定的塑性和韧性，具有承受冲击和振动荷载的能力，可焊接、铆接或螺栓连接，便于装配；其缺点是：易锈蚀，维修费用大。

　　钢材的这些特性决定了它是工程建设所需要的重要材料之一。由各种型钢组成的钢结构安全性大，自重较轻，适用于大跨度和高层结构。用钢筋制作的钢筋混凝土结构尽管存在着自重大等缺点，但用钢量大为减少，同时克服了钢材因锈蚀而维修费用高的缺点。在建筑工程中广泛采用钢筋混凝土结构，使钢筋成为最重要的建筑材料之一。

7.1.1 钢材的冶炼

　　炼钢就是将生铁进行精炼。生铁是由铁矿石、燃料(焦炭)、熔剂(石灰石)在高炉中进行还原反应和造渣反应而得到的一种铁碳合金，其中含有较多的碳、硫、磷、硅、锰等杂质，其性硬而脆，没有塑性，不能进行焊接、锻压、轧制等加工，使用受到很大限制。生铁分为炼钢生铁(白口铁)、铸造生铁(灰口铁)。

炼钢过程中，在提供足够氧气的条件下，通过高炉内的高温氧化作用，部分碳被氧化成一氧化碳气体而逸出，其他杂质则形成氧化物进入炉渣中被除去，从而使碳的含量降低到一定的限度，同时把其他杂质的含量也降低到允许的范围内，改善其技术性能，提高了质量。

根据炼钢设备的不同，常用的炼钢方法有转炉法、平炉法、电炉法等。

7.1.2　钢材的分类

1. 按化学成分分类

钢材按化学成分分为碳素钢和合金钢。

(1)碳素钢根据其含碳量多少又分为：低碳钢(含碳量≤0.25%)、中碳钢(0.25%<含碳量<0.6%)、高碳钢(含碳量≥0.6%)。

(2)合金钢。根据合金元素含量的多少可分为低合金钢(合金元素总质量分数不大于5%)、中合金钢(合金元素总质量分数为5%～10%)、高合金钢(合金元素总质量分数大于10%)。

2. 按质量分类

钢材按质量分为普通质量钢、优质钢和高级优质钢。

3. 按脱氧方法分类

钢在冶炼过程中，不可避免地产生部分氧化铁，并残留在钢水中，降低了钢的质量，因此，在铸锭过程中要进行脱氧处理。脱氧的方法不同，钢材的性能就有所差异，因此，钢材又分为沸腾钢和镇静钢。

(1)沸腾钢：仅用弱脱氧剂锰铁进行脱氧，脱氧不完全，钢的质量差，但成本低。

(2)镇静钢：用一定数量的硅、锰和铝等脱氧剂进行彻底脱氧，钢的质量好，但成本高。

4. 按冶炼方法分类

(1)转炉钢：以熔融的铁水为原料，由转炉底部或侧面吹入高压空气，铁水中的杂质与空气中的氧起氧化作用而被除去，这种冶炼方式生产的钢称为空气转炉钢。空气转炉钢的缺点是：吹炼时容易混入空气中的氮、氢等杂质，且熔炼时间短，化学成分难以精确控制，铁水中的硫、磷、氧等杂质仍去除不彻底，质量较差。采用纯氧气代替空气冶炼而得到的钢称为氧气转炉钢，它能有效除去硫、磷等杂质，使钢的质量显著提高，但成本也相应提高。

(2)平炉钢：平炉钢是指以固体或液体生铁、铁矿石或废钢为原料，用煤气或重油为燃料，杂质靠铁矿石或废钢中的氧(或吹入的氧)起氧化作用而被除去的钢。冶炼时，杂质轻并浮在表面，对钢水与空气起隔离作用，所以钢中杂质含量少，成品质量高。由于冶炼时间长(4～12 h)，清除杂质较彻底，钢材质量好，但成本比转炉钢高。

(3)电炉钢：电炉钢是指用电热进行高温冶炼的钢。其热源是高压电弧，熔炼温度高，温度可自由调节，清除杂质容易，因此电炉钢的质量最好。

5. 按用途分类

钢材按用途可分为结构钢、工具钢、特殊钢。

钢厂在给钢的产品命名时，往往将用途、成分、质量这三种分类方法结合起来，如普通碳素结构钢、优质碳素结构钢、合金结构钢、合金工具钢等。

7.2 建筑钢材的主要技术性质

7.2.1 力学性质

1. 拉伸性能

拉伸性能是钢材最主要的技术性能，包括屈服强度、抗拉强度、伸长率等重要技术指标。

拉伸强度由拉伸试验测出，低碳钢（软钢）是广泛使用的一种材料，它在拉伸试验中表现出的力和变形关系比较典型，下面着重介绍。

在试件（图 7-1）两端施加一个缓慢增加的拉伸荷载，观察加荷过程中产生的弹性变形和塑性变形，直至试件被拉断为止。拉伸时 σ-ε 曲线如图 7-2 所示。

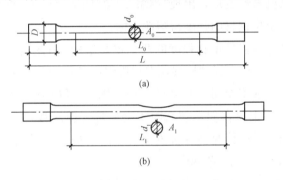

图 7-1 拉伸试件

（a）拉伸前；（b）拉伸后

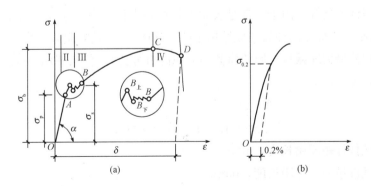

图 7-2 拉伸时 σ-ε 曲线

（a）低碳钢；（b）高碳钢

低碳钢受拉直至断裂，经历了四个阶段：弹性阶段、屈服阶段、强化阶段和颈缩阶段。

(1)弹性阶段。钢材受拉开始的阶段，荷载较小，应力与应变成正比，OA 是一条直线，此阶段产生的变形是弹性变形，A 点对应的应力叫作弹性极限(σ_p)。在弹性极限范围内应力 σ 与应变 ε 的比值，称为弹性模量，用符号 E 表示，单位为 MPa，即

$$E = \sigma/\varepsilon = \tan\alpha \tag{7-1}$$

弹性模量是衡量材料产生弹性变形难易程度的指标，也是计算结构变形的重要指标。E 愈大，其产生弹性变形的应力值也愈大。

(2)屈服阶段。应力超过 A 点所对应的应力值以后，应力与应变不再成正比关系。当应力达到 $B_\text{上}$ 点时，即使应力不增加，塑性变形仍明显增大，钢材出现了"屈服"现象。图中，$B_\text{下}$ 点对应的应力值 $R_{eL}(\sigma_s)$ 规定为屈服点(或称屈服强度)。钢材受力达到屈服点以后，变形即迅速发展，尽管尚未破坏，但已不能满足使用要求。故结构设计时，一般以屈服点 $R_{eL}(\sigma_s)$ 作为钢材强度取值的依据。

(3)强化阶段。当应力超过屈服强度后，钢材的内部组织又重新组合，性能得到了强化，抵抗塑性变形的能力进一步提高。在 BC 阶段，钢材又恢复了抵抗变形的能力，故称强化阶段。其中，C 点对应的应力值称为极限强度，又叫抗拉强度，用 $R_m(\sigma_b)$ 表示。

(4)颈缩阶段。应力超过 C 点所对应的应力值后，钢材抵抗变形的能力明显降低，在试件的某处迅速发生较大的塑性变形，出现"颈缩"现象[图 7-1(b)]，直至 D 点断裂。

根据拉伸试验可以求出钢材的强度与塑性指标。

屈服强度和抗拉强度是衡量钢材强度的两个重要指标，工程中要求钢材不仅具有高的屈服点 $R_{eL}(\sigma_s)$，并且应具有一定的"屈强比"(屈服强度与抗拉强度的比值，用 σ_s/σ_b 表示)。屈强比是反映钢材利用率和安全可靠程度的一个指标。在同样抗拉强度下，屈强比小，说明钢材利用的应力值小，钢材在偶然超载时不会破坏，但屈强比过小，钢材的利用率低，是不经济的。适宜的屈强比应该是在保证安全可靠的前提下，尽量提高钢材的利用率。合理的屈强比一般应在 0.60～0.75 范围内。

中碳钢与高碳钢(硬钢)的拉伸曲线形状与低碳钢的不同，屈服现象不明显，因此这类钢材的屈服强度规定为：残余伸长为原始标距长度的 0.2% 时所对应的应力($\sigma_{0.2}$)表示。

表征钢材塑性的指标有两个，都是表示钢材在外力作用下产生塑性变形的能力。一是伸长率(试件拉断后，标距的伸长与原始标距的百分比)；二是断面收缩率(试件拉断后，颈缩处横截面面积的最大缩减量与原始横截面面积的百分比)。伸长率用 $A_L(\delta)$ 表示，断面收缩率用 φ 表示，即

$$A_L(\delta) = (L_1 - L_0)/L_0 \times 100\% \tag{7-2}$$

$$\varphi = (A_1 - A_0)/A_0 \times 100\% \tag{7-3}$$

式中　L_0——试件标距原始长度，mm；

　　　L_1——试件拉断后标距长度，mm；

　　　A_0——试件原始截面面积，mm^2；

　　　A_1——试件拉断时断口截面面积，mm^2。

塑性指标中，伸长率 δ 的大小与试件尺寸有关，常用的试件计算长度规定为其直径的 5 倍或 10 倍，伸长率分别用 δ_5 或 δ_{10} 表示。对于同一种钢材，其 δ_5 大于 δ_{10}。通常以伸长率 δ 的大小来区别塑性的好坏，δ 越大，表示塑性越好。

2. 冲击韧性

冲击韧性是钢材抵抗冲击荷载而不破坏的能力。已刻槽的标准试件，在冲击试验机摆锤的冲击下，以破坏后断口处单位面积上所消耗的功来表示，符号为 α_K，单位为 J/cm^2。α_K 越大，冲断试件消耗的能量或者钢材断裂前吸收的能量越多，说明钢材的韧性越好。冲击韧性试验图如图 7-3 所示。

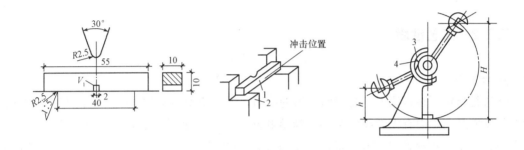

图 7-3　冲击韧性试验图

1—试件；2—试验台；3—刻度盘；4—指针

影响钢材冲击韧性的因素很多，如钢材的化学成分、冶炼与加工等。一般来说，钢材中的 P、S 含量越高，夹杂物以及焊接过程中形成的微裂纹等都会降低冲击韧性。此外，钢材的冲击韧性还受温度和时间的影响。常温下，随温度的降低，冲击韧性降低得很少，此时破坏的试件断口呈韧性断裂状；当温度降至某一温度范围时，α_K 突然发生明显下降，钢材发生脆性断裂，这种性质称为冷脆性，发生冷脆性时的温度（范围）称为脆性临界温度（范围）。低于这一温度时，α_K 降低的趋势又缓和，但此时 α_K 值很小。在北方严寒地区选用钢材时，必须对钢材的冷脆性进行评定，此时选用钢材的脆性临界温度应比环境最低温度低些。钢材随时间的延长，强度会逐渐提高，冲击韧性下降，这种现象叫时效。通常，完成时效的过程可达数十年，但钢材如经冷加工或使用中受振动和反复荷载的影响，时效可迅速发展。因时效导致钢材性能改变的程度，称时效敏感性。时效敏感性越大的钢材，经过时效后，冲击韧性的降低就越显著。

3. 硬度

钢材的硬度是钢材表面抵抗局部塑性变形的能力。

测定钢材硬度采用压入法，即以一定的静荷载（压力）把一定的压头压在钢材表面，然后测定压痕的面积或深度来确定其硬度。按压头或压力的不同，压入法分布氏法、洛氏法等，相应的硬度指标称布氏硬度（HB）和洛氏硬度（HR）。布氏硬度试验如图 7-4 所示。

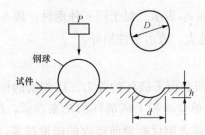

图 7-4 布氏硬度试验

7.2.2 工艺性质

1. 冷弯性

冷弯是指钢材在常温下承受弯曲变形的能力，通过使检验试件达到规定的弯曲程度后，弯曲处拱面及两侧面有无裂纹、起层、鳞落和断裂等情况进行评定，一般用弯曲角度 α 以及弯心直径 d 与钢材的厚度或直径 a 的比值来表示（图 7-5）。弯曲角度越大，d 与 a 的比值越小，表明冷弯性越好。

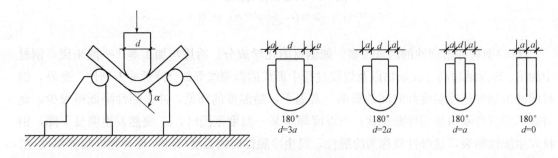

图 7-5　钢材冷弯

冷弯也是检验钢材塑性的一种方法，但冷弯检验对钢材塑性的评定比拉伸试验更严格、更敏感。冷弯有助于暴露钢材的某些缺陷，如气孔、杂质和裂纹等。在焊接时，钢材局部脆性及接头缺陷都可通过冷弯而发现，所以也可以用冷弯的方法来检验钢材的焊接质量。

2. 可焊性

可焊性是指在一定的焊接工艺条件下，在焊缝及附近过热区是否产生裂缝及硬脆倾向，焊接后的力学性能，特别是强度是否与原钢材相近的性能。

钢的可焊性主要受化学成分及其含量的影响，当含碳量超过 0.3%、硫和杂质含量高以及合金元素含量较高时，钢材的可焊性能降低。对于高碳钢及合金钢，为了降低焊接后的硬脆性，焊接时一般采取焊前预热及焊后热处理等措施。

7.2.3 化学成分对钢材性能的影响

1. 碳

碳元素对钢材的强度、硬度、塑性、韧性影响都很大，是决定钢材性质的主要元素。一般随着含碳量的增加，钢材的强度和硬度相应提高，而塑性和韧性相应降低。此外，含碳量过高，还会增加钢材的冷脆性和时效敏感性，降低抗腐蚀性和可焊性。

2. 硅

硅的主要作用是提高钢材的强度，而对钢材的塑性及韧性影响不大。特别是当含量较低(小于1％)时，对塑性和韧性基本上无影响。但当硅的含量超过1％时，其冷脆性增加，可焊性变差。

3. 锰

锰可提高钢材的强度和硬度，几乎不降低塑性和韧性。还可以起到去硫脱氧作用，从而改善钢材的热加工性质。但锰含量较高(大于1％)时，在提高钢材强度的同时，其塑性和韧性有所下降，可焊性变差。锰含量达11％～14％的钢称为高锰钢，具有较高的耐磨性。

4. 磷

磷与碳相似，能使钢材的屈服点和抗拉强度提高，塑性和韧性下降，显著增加钢材的冷脆性。磷还是降低钢材可焊性的元素之一，但磷可使钢材的耐磨性和耐腐蚀性提高。

5. 硫

硫在钢材中以FeS形式存在，FeS是一种低熔点化合物，当钢材在红热状态下进行加工或焊接时，FeS已熔化，钢材内部因而产生裂纹，这种在高温下产生裂纹的特性称为热脆性。热脆性大大降低了钢材的热加工性和可焊性。此外，硫元素的存在会降低钢材的冲击韧性、疲劳强度和抗腐蚀性，因此钢材中要严格限制硫的含量。

7.3 建筑钢材的技术标准和选用

建筑钢材可分为钢结构用型钢和钢筋混凝土结构用钢筋两大类。各种型钢和钢筋的性能，主要取决于所用钢种及加工方式。

7.3.1 碳素结构钢

碳素结构钢的牌号由代表屈服点的字母、屈服点数值、质量等级符号、脱氧方法四部分按顺序组成。其中，以"Q"代表屈服点；屈服点数值共分195 MPa、215 MPa、235 MPa和275 MPa四种；质量等级以硫、磷等杂质含量由多到少，分别用A、B、C、D表示；

脱氧方法以 F 表示沸腾钢、Z 和 TZ 表示镇静钢和特种镇静钢(Z 和 TZ 在钢的牌号中予以省略)。

一般来讲，牌号数值越大，含碳量越高，其强度、硬度也就越高，但塑性、韧性降低，建筑中主要应用的是碳素钢 Q235，即用 Q235 轧成的各种型材、钢板、管材和钢筋。

(1)Q195 和 Q215。这两个牌号的钢材虽然强度不高，但具有较大的伸长率和韧性，冷弯性能较好，易于冷弯加工，常用作铆钉、螺栓、铁丝、轧制薄板和盘条等。

(2)Q235。其具有较高的强度和良好的塑性及加工性能，能满足一般钢结构和钢筋混凝土结构要求，应用范围广泛，其中 C、D 质量等级可作为重要焊接结构用。

(3)Q275。其强度、硬度都高，耐磨性好，但塑性和韧性、加工性能及可焊性差，不宜在结构中使用，一般用于制造农具、零件等。

碳素结构钢的相关指标见表 7-1～表 7-3。

表 7-1　碳素钢结构的牌号、等级和化学成分(GB/T 700—2006)

牌号	统一数字代号[①]	等级	厚度(或直径)/mm	脱氧方法	化学成分(质量分数)/%，≤				
					C	Si	Mn	P	S
Q195	U11952	—	—	F、Z	0.12	0.30	0.50	0.035	0.040
Q215	U12152	A	—	F、Z	0.15	0.35	1.20	0.045	0.050
	U12155	B							0.045
Q235	U12352	A	—	F、Z	0.22	0.35	1.40	0.045	0.050
	U12355	B			0.20[②]				0.045
	U12358	C		Z				0.040	0.040
	U12359	D		TZ	0.17			0.035	0.035
Q275	U12752	A	—	F、Z	0.24	0.35	1.50	0.045	0.050
	U12755	B	≤40		0.21			0.045	0.045
			>40		0.22				
	U12758	C	—	Z	0.20			0.040	0.040
	U12759	D		TZ				0.035	0.035

①表中为镇静钢、特殊镇静钢牌号的统一数字，沸腾钢牌号的统一数字代号如下：

Q195F—U11950；

Q215AF—U12150，Q215BF—U12153；

Q235AF—U12350，Q235BF—U12353；

Q275AF—U12750。

②经需方同意，Q235B 的碳含量(质量)可不大于 0.22%。

表 7-2　碳素结构钢的拉伸和冲击力学性能(GB/T 700—2006)

牌号	等级	屈服强度①R_{eL}/(N·mm⁻²)，≥						抗拉强度②R_m/(N·mm⁻²)	断后伸长率A/%，≥					冲击试验(V形缺口)	
		厚度(或直径)/mm							厚度(或直径)/mm					温度/℃	冲击吸收功(纵向)/J，≥
		≤16	>16~40	>40~60	>60~100	>100~150	>150~200		≤40	>40~60	>60~100	>100~150	>150~200		
Q195	—	195	185	—	—	—	—	315~430	33	—	—	—	—	—	—
Q215	A	215	205	195	185	175	165	335~450	31	30	29	27	26	—	—
	B													+20	27
Q235	A	235	225	215	215	195	185	370~500	26	25	24	22	21	—	—
	B													+20	27③
	C													0	
	D													−20	
Q275	A	275	265	255	245	225	215	410~540	22	21	20	18	17	—	—
	B													+20	27
	C													0	
	D													−20	

①Q195 的屈服强度值仅供参考，不做交货条件。

②厚度大于 100 mm 的钢材，抗拉强度下限允许降低 20 N/mm。宽带钢(包括剪切钢板)抗拉强度上限不做交货条件。

③厚度小于 25 mm 的 Q235B 级钢材，如供方能保证冲击吸收功值合格，经需方同意，可不做检验。

表 7-3　碳素结构钢的冷弯性能指标(GB/T 700—2006)

牌　号	试件方向	冷弯试验 180° $B=2a$①	
		钢材厚度或直径②/mm	
		≤60	>60~100
		弯心直径 d	
Q195	纵	0	—
	横	0.5a	
Q215	纵	0.5a	1.5a
	横	a	2a
Q235	纵	a	2a
	横	1.5a	2.5a
Q275	纵	1.5a	2.5a
	横	2a	3a

①B 为试件宽度，a 为试件厚度或直径。

②钢材厚度或直径大于 100 mm 时，弯曲试验由双方协商确定。

7.3.2 优质碳素结构钢

优质碳素结构钢根据其含锰量不同可分为：普通含锰量钢（含锰量小于0.8%，共20个钢号）和较高含锰量钢（共11个钢号）两组，优质碳素结构钢冶炼大部分为镇静钢状态，对硫、磷有害杂质控制较严，质量较稳定。优质碳素钢的性能主要取决于含碳量，含碳量高则强度高，但塑性和韧性降低。

优质碳素结构钢共有31个钢号，分别为：08F、10F、15F、08、10、15、20、25、30、35、40、45、50、55、60、65、70、75、80、85、15Mn、20Mn、25Mn、30Mn、35Mn、40Mn、45Mn、50Mn、60Mn、65Mn、70Mn。钢号的表示方法由平均含碳量（以0.01%为单位）、锰含量、脱氧程度代号组合而成。如45号钢表示平均含碳量为0.45%，数字后若有"锰"或"Mn"，则表示属较高锰含量的钢，否则为普通锰含量钢；如35Mn表示平均含碳量为0.35%、较高锰含量的镇静钢。如是沸腾钢，还应在钢号后面加"沸"（或F），如10F表示平均含碳量为0.10%、低含锰量的沸腾钢。

在建筑工程中，30～45号钢主要用于重要结构的钢铸件和高强度螺栓等；45号钢用作预应力混凝土锚具；65～80号钢用于生产预应力混凝土用的钢丝和钢绞线。

7.3.3 低合金高强度结构钢

低合金高强度结构钢是在碳素钢的基础上添加总量小于5%合金元素的钢材，常用的合金元素有锰、硅、钒、钛、铌、铬、镍等。

低合金高强度结构钢的牌号表示方法为"屈服强度—质量等级"。它以屈服强度划分成八个等级，即Q345、Q390、Q420、Q460、Q500、Q550、Q620、Q690；质量分为五个等级，即A、B、C、D、E，质量按顺序逐级提高。

低合金高强度结构钢的八个牌号，与碳素结构钢的最高牌号Q275正好衔接，牌号的数值是以钢材厚度（或直径、边长）不大于16 mm时屈服强度的低限值标出。随着钢材尺寸的增大，屈服强度的限值下调。各牌号的钢，A级不保证冲击韧性，B、C、D级则分别保证20 ℃、0 ℃、−20 ℃下冲击吸收能量不小于34 J，而E级则保证−40 ℃冲击吸收能量不小于27 J。

低合金钢与碳素钢相比，不但具有较高的强度，而且具有良好的塑性、冲击韧性、可焊性及耐低温、耐腐蚀等优良性能，因此它是综合性能较为理想的建筑钢材，尤其是对于大跨度、大柱网、承受动荷载和冲击荷载的结构更为适用。

低合金高强度结构钢的化学成分、力学性能见表7-4、表7-5。

表 7-4 低合金高强度结构钢的化学成分

牌号	质量等级	化学成分[①,②]（质量分数）/%														
		C	Si	Mn	P	S	Nb	V	Ti	Cr	Ni	Cu	N	Mo	B	Als
					不大于											不小于
Q345	A	≤0.20	≤0.50	≤1.70	0.035	0.035	0.07	0.15	0.20	0.30	0.50	0.30	0.012	0.10	—	—
	B				0.035	0.035										
	C				0.030	0.030										
	D	≤0.18			0.030	0.025										0.015
	E				0.025	0.020										
Q390	A	≤0.20	≤0.50	≤1.70	0.035	0.035	0.07	0.20	0.20	0.30	0.50	0.30	0.015	0.10	—	—
	B				0.035	0.035										
	C				0.030	0.030										
	D				0.030	0.025										0.015
	E				0.025	0.020										
Q420	A	≤0.20	≤0.50	≤1.70	0.035	0.035	0.07	0.20	0.20	0.30	0.80	0.30	0.015	0.20	—	—
	B				0.035	0.035										
	C				0.030	0.030										
	D				0.030	0.025										0.015
	E				0.025	0.020										
Q460	C	≤0.20	≤0.60	≤1.80	0.030	0.030	0.11	0.20	0.20	0.30	0.80	0.55	0.015	0.20	0.004	0.015
	D				0.030	0.025										
	E				0.025	0.020										
Q500	C	≤0.18	≤0.60	≤1.80	0.030	0.030	0.11	0.12	0.20	0.60	0.80	0.55	0.015	0.20	0.004	0.015
	D				0.030	0.025										
	E				0.025	0.020										
Q550	C	≤0.18	≤0.60	≤2.00	0.030	0.030	0.11	0.12	0.20	0.80	0.80	0.80	0.015	0.30	0.004	0.015
	D				0.030	0.025										
	E				0.025	0.020										
Q620	C	≤0.18	≤0.60	≤2.00	0.030	0.030	0.11	0.12	0.20	1.00	0.80	0.80	0.015	0.30	0.004	0.015
	D				0.030	0.025										
	E				0.025	0.020										
Q690	C	≤0.18	≤0.60	≤2.00	0.030	0.030	0.11	0.12	0.20	1.00	0.80	0.80	0.015	0.30	0.004	0.015
	D				0.030	0.025										
	E				0.025	0.020										

①型材及棒材 P、S 含量可提高 0.005%，其中 A 级钢上限可为 0.045%。

②当细化晶粒元素组合加入时，$20w(Nb+V+Ti)≤0.22\%$，$20w(Mo+Cr)≤0.30\%$。

表7-5 低合金高强度结构钢的力学性能[1][2][3]

拉伸试验[1][2][3]

牌号	质量等级	以下公称厚度(直径、边长)下屈服强度 R_{eL}/MPa									以下公称厚度(直径、边长)抗拉强度 R_m/MPa							断后伸长率 A/% 公称厚度(直径、边长)					
		≤16 mm	>16~40 mm	>40~63 mm	>63~80 mm	>80~100 mm	>100~150 mm	>150~200 mm	>200~250 mm	>250~400 mm	≤40 mm	>40~63 mm	>63~80 mm	>80~100 mm	>100~150 mm	>150~250 mm	>250~400 mm	≤40 mm	>40~63 mm	>63~100 mm	>100~150 mm	>150~250 mm	>250~400 mm
Q345	A, B, C, D, E	≥345	≥335	≥325	≥315	≥305	≥285	≥275	≥265	≥265	470~630	470~630	470~630	470~630	450~600	450~600	450~600	≥20	≥19	≥19	≥18	≥17	≥17
Q390	A, B, C, D, E	≥390	≥370	≥350	≥330	≥310	—	—	—	—	490~650	490~650	490~650	490~650	470~620	—	—	≥21	≥20	≥20	≥19	≥18	—
Q420	A, B, C, D, E	≥420	≥400	≥380	≥360	≥340	—	—	—	—	520~680	520~680	520~680	520~680	500~650	—	—	≥19	≥18	≥18	≥18	—	—
Q460	C, D, E	≥460	≥440	≥420	≥400	≥380	—	—	—	—	550~720	550~720	550~720	550~720	530~700	—	—	≥17	≥16	≥16	≥16	—	—
Q500	C, D, E	≥480	≥470	≥460	≥450	≥440	—	—	—	—	610~770	600~760	590~750	540~730	530~700	—	—	≥17	≥17	≥17	—	—	—

牌号	质量等级	以下公称厚度（直径、边长）下屈服强度 R_{eL}/MPa									以下公称厚度（直径、边长）抗拉强度 R_m/MPa							断后伸长率 A/% 公称厚度（直径、边长）					
		≤16 mm	>16~40 mm	>40~63 mm	>63~80 mm	>80~100 mm	>100~150 mm	>150~200 mm	>200~250 mm	>250~400 mm	≤40 mm	>40~63 mm	>63~80 mm	>80~100 mm	>100~150 mm	>150~250 mm	>250~400 mm	≤40 mm	>40~63 mm	>63~100 mm	>100~150 mm	>150~250 mm	>250~400 mm
Q550	C	≥550	≥530	≥520	≥500	≥490	—	—	—	—	670~830	620~810	600~790	590~780	—	—	—						
	D																	≥16	≥16	≥16	—	—	—
	E																	≥16	≥16	≥16	—	—	—
Q620	C	≥620	≥600	≥590	≥570	—	—	—	—	—	710~880	690~880	670~860	—	—	—	—						
	D																	≥15	≥15	≥15	—	—	—
	E																	≥15	≥15	≥15	—	—	—
Q690	C	≥690	≥670	≥660	≥640	—	—	—	—	—	770~940	750~920	730~900	—	—	—	—						
	D																	≥14	≥14	≥14	—	—	—
	E																	≥14	≥14	≥14	—	—	—

注：①当屈服不明显时，可测量 $R_{p0.2}$ 代替下屈服强度。

②宽度不小于 600 mm 的扁平材，型材及棒材，取纵向试件；宽度小于 600 mm 的扁平材，取纵横向试件，断后伸长率最小值相应提高 1%（绝对值）。

③厚度 >250~400 mm 的数值适用于扁平材。

7.3.4 钢筋和钢丝

混凝土都有较高的抗压强度，但抗拉强度较低。用钢筋增强混凝土的抗拉强度可以扩大混凝土的使用范围，同时混凝土又对钢筋起保护作用。钢筋混凝土结构中的钢筋，主要由碳素结构钢和低合金高强度结构钢加工而成。一般把直径为 3～5 mm 的称为钢丝；直径为 6～12 mm 的称为细钢筋；直径大于 12 mm 的称为粗钢筋。钢筋的主要品种有热轧钢筋、热处理钢筋、冷拉钢筋、冷轧带肋钢筋、冷轧扭钢筋、冷拔低碳钢丝及钢绞线等。

1. 热轧钢筋

热轧钢筋按轧制外形，分为热轧光圆钢筋和热轧带肋钢筋。

(1)热轧光圆钢筋。热轧光圆钢筋是经热轧成型、横截面通常为圆形、表面光滑的成品钢筋。《钢筋混凝土用钢　第 1 部分：热轧光圆钢筋》(GB 1499.1—2008)规定，推荐钢筋直径有 mm、8 mm、10 mm、12 mm、16 mm、20 mm 六种。热轧光圆钢筋按屈服强度特征值分为 235、300 级，钢筋牌号的构成和含义见表 7-6。

表 7-6　热轧光圆钢筋牌号的构成和含义

产品名称	牌号	牌号组成	英文字母含义	光圆钢筋的截面形状(d 为钢筋直径)
热轧光圆钢筋	HPB235	由 HPB＋屈服强度特征值构成	HPB—热轧光圆钢筋 (Hot rolled Plain Bars)	
	HPB300			

热轧光圆钢筋化学成分、力学性能及工艺性能见表 7-7。

表 7-7　热轧光圆钢筋的化学成分、力学性能及工艺性能(GB 1499.1—2008)

牌号	化学成分(质量分数)/%，$\leqslant$					R_{eL}/MPa	R_m/MPa	A/%	A_{gt}/%	冷弯试验 180° d＝弯芯直径 a＝钢筋公称直径
	C	Si	Mn	P	S	$\geqslant$				
HPB235	0.22	0.30	0.65	0.045	0.050	235	370	25.0	10.0	$d＝a$
HPB300	0.25	0.55	1.50			300	420			

(2)热轧带肋钢筋。根据《钢筋混凝土用钢　第 2 部分：热轧带肋钢筋》(GB 1499.2—2007)规定，热轧带肋钢筋分为普通热轧钢筋和细晶粒热轧带肋钢筋。其按屈服强度特征值分为 335、400、500 级。钢筋的牌号构成及含义见表 7-8。

表 7-8 热轧带肋钢筋牌号的构成及含义(GB 1499.2—2007)

类　别	牌号	牌号构成	英文字母含义
普通热轧钢筋	HRB335	由 HRB＋规定的屈服强度特征值构成	HRB—热轧带肋钢筋的英文(Hot rolled Ribbed Bars)
	HRB400		
	HRB500		
细晶粒热轧带肋钢筋	HRBF335	由 HRBF＋规定的屈服强度特征值构成	HRBF—在热轧带肋钢筋的英文后加"细"的英文 Fine 首位字母(Hot rolled Ribbed Bars Fine)
	HRBF400		
	HRBF500		

普通热轧带肋钢筋的相关力学指标要求见表 7-9。

表 7-9　钢筋混凝土用热轧带肋钢筋的力学性能特征值与冷弯性能(GB 1499.2—2007)

牌　号	公称直径 /mm	R_{eL}/MPa	R_m/MPa	A/%	A_{gt}/%	冷弯试验 180° $d=$弯芯直径 $a=$钢筋公称直径
		不小于				
HRB335 HRBF335	6～25	335	455	17		$d=3a$
	28～40					$d=4a$
	>40～50					$d=5a$
HRB400 HRBF400	6～25	400	540	16	7.5	$d=4a$
	28～40					$d=5a$
	>40～50					$d=6a$
HRB500 HRBF500	6～25	500	630	15		$d=6a$
	28～40					$d=7a$
	>40～50					$d=8a$

注：R_{eL}是钢筋的屈服强度特征值；R_m是钢筋的抗拉强度特征值；A是钢筋的伸长率；A_{gt}是钢筋的最大力下总伸长率。

HRB335 和 HRB400 钢筋的强度较高，塑性和焊接性能较好，广泛用于大、中型钢筋混凝土结构的受力钢筋。HRB500 钢筋强度高，但塑性和焊接性能较差，可用于预应力钢筋。

热轧带肋钢筋在进行交货检验时的检验项目包括：①尺寸、外形、重量及允许偏差检验；②表面质量检验；③拉伸性能检验；④冷弯性能检验；⑤反复弯曲性能检验；⑥化学成分检验；⑦供需双方经协商，也可进行疲劳试验。

热轧带肋钢筋在进行进场检验时的常规检验项目主要包括以上前四项的检验内容。

热轧带肋抗震钢筋(标记符号为在热轧带肋牌号后加 E，如 HRB400E)力学指标除满足表 7-9 的规定外，还应满足：实测抗拉强度与实测屈服强度之比应不小于 1.25；实测屈服强度与表 7-9 规定的屈服强度特征值之比不大于 1.3；钢筋最大力下总伸长率不小于 9%。

2. 冷轧带肋钢筋

冷轧带肋钢筋是用低碳钢热轧圆盘条经冷轧后，在其表面带有沿长度方向均匀分布的三面或两面横肋的钢筋。冷轧带肋钢筋分为 CRB550、CRB650、CRB800、CRB970 四个牌号，其代号由 CRB 和钢筋抗拉强度的最小值构成。冷轧带肋钢筋的公称直径为 4～12 mm。冷轧带肋钢筋牌号、力学性能和工艺性能见表 7-10。

表 7-10　冷轧带肋钢筋牌号、力学性能和工艺性能(GB 13788—2008)

牌　　号	$R_{p0.2}$ /MPa, ≥	R_m /MPa, ≥	伸长率/%, ≥		弯曲试验 180°	反复弯曲次数	应力松弛初始应力应相当于公称抗拉强度的 70%
			$A_{11.3}$	A_{100}			1 000 h 松弛率/% 不大于
CRB550	500	550	8.0	—	$D=3d$	—	—
CRB650	585	650	—	4.0	—	3	8
CRB800	720	800	—	4.0	—	3	8
CRB970	875	970	—	4.0	—	3	8

注：表中 D 为弯心直径，d 为钢筋公称直径。

与冷拔低碳钢丝相比，冷轧带肋钢筋具有强度高、塑性好、质量稳定、与混凝土粘结牢固等优点。冷轧带肋钢筋克服了冷拉、冷拔钢筋握裹力低的缺点，而且具有和冷拉、冷拔相近的强度，在中、小型预应力混凝土结构构件和普通混凝土结构构件中得到广泛的应用。CRB550 宜用作钢筋混凝土结构，其他牌号用于预应力混凝土中。

3. 冷拔低碳钢丝

冷拔低碳钢丝是将直径 6.5～8 mm 的碳素结构钢盘条，在常温下经冷拔而制成的直径为 3 mm、4 mm、5 mm 的圆截面钢丝。用于小型预应力构件焊接或绑扎骨架、网片或箍筋。冷拔低碳钢丝的力学性能应符合表 7-11 的规定。

表 7-11　冷拔低碳钢丝的力学性能

钢丝级别	直径/mm	抗拉强度/MPa		伸长率 (标距 100 mm)/%, ≥	180°反复弯曲/次数, ≥
		Ⅰ组	Ⅱ组		
		≥			
甲级	5	650	600	3.0	4
	4	700	650	2.5	4
乙级	3～5	550		2.0	4

注：1. 甲级钢丝应采用符合 HPB300 级热轧钢筋标准的圆盘条拔制。
　　2. 预应力冷拔低碳钢丝经机械调直后，抗拉强度标准值应降低 50 MPa。

4. 预应力钢丝及钢绞线

预应力钢丝和钢绞线是用优质高碳钢盘条经等温淬火拔制而成。其直径为 2.5～5 mm，抗拉强度为 1 470～1 770 MPa，分为消除应力光圆钢丝(代号 P)、消除应力刻痕钢丝(代号

Ⅰ)、消除应力螺旋肋钢丝(代号 H)三种。刻痕钢丝和螺旋肋钢丝与混凝土的粘结力好，消除应力钢丝的塑性比冷拉钢丝好。

预应力钢丝和钢绞线强度高，柔韧性好，质量稳定，施工简便，使用时可根据要求的长度切断，主要适用于大荷载、大跨度、曲线配筋的预应力钢筋混凝土结构。

7.3.5 常用型钢

1. 热轧型钢

常用的热轧型钢有角钢(等边和不等边)、工字钢、槽钢、T 型钢、H 型钢等(图 7-6)。

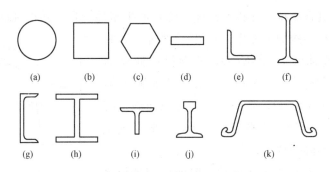

图 7-6 热轧型钢断面形式

(a)圆钢；(b)方钢；(c)六角钢；(d)扁钢；(e)角钢；

(f)工字钢；(g)槽钢；(h)H 型钢；(i)T 型钢；(j)钢轨；(k)钢板桩

热轧型钢主要采用碳素结构钢 Q235—A 轧制，强度适中，塑性和可焊性较好，而且冶炼容易、成本低，适合建筑工程使用。在钢结构设计相关规范中推荐使用的低合金钢，主要有两种——Q345 及 Q390。热轧型钢可用于大跨度、承受动荷载的钢结构中。

2. 冷弯薄壁型钢

冷弯薄壁型钢通常是用 2～6 mm 薄钢板冷弯或模压而成，有角钢、槽钢等开口薄壁型钢及方形、矩形等空心薄壁型钢。空心薄壁型钢可用于轻型钢结构中。

3. 钢板和压型钢板

用光面轧辊轧制而成的扁平钢材，以平板状态供货的称为钢板；以卷状供货的称为钢带。轧制方法按轧制温度分为热轧和冷轧两种。建筑用钢板及钢带的钢种主要是碳素结构钢，一些重型结构、大跨度桥梁、高压容器等也采用低合金钢钢板。

热轧钢板按厚度分为厚板(厚度大于 4 mm)和薄板(厚度为 0.35～4.00 mm)两种，冷轧钢板只有薄板(厚度为 0.2～4.0 mm)一种。厚板可用于焊接结构，薄板可用作屋面或墙面等围护结构，或作为涂层钢板的原料，如制作压型钢板等。薄钢板经冷压或冷轧成波形、双曲形、V 形等形状，称为压型钢板。制作压型钢板的板材采用有机涂层薄钢板(或称彩色钢板)、镀锌薄钢板、防腐薄钢板等。

压型钢板具有单位质量轻、强度高、抗震性能好、施工快、外形美观等特点，主要用于围护结构、楼板、屋面等。

7.4 钢材的冷加工与热处理

7.4.1 钢材的冷加工

钢材在常温下进行的加工称为冷加工。建筑钢材常用的冷加工方式有冷拉、冷拔、冷轧、冷扭、刻痕等。

钢材在常温下进行冷拉、冷拔、冷轧，使其产生塑性变形，强度和硬度提高，塑性和韧性下降的现象，称为冷加工强化。如图 7-7 所示，钢材冷拉时的应力-应变曲线为 $OBKCD$，若钢材拉伸至 K 点，放松拉力，则钢材将恢复至 O' 点，如立即重新拉伸，其应力-应变曲线为 $O'KCD$，新的屈服点比原屈服点提高，但伸长率降低。冷加工变形程度越大，屈服强度提高越多，塑性和韧性降低越多。

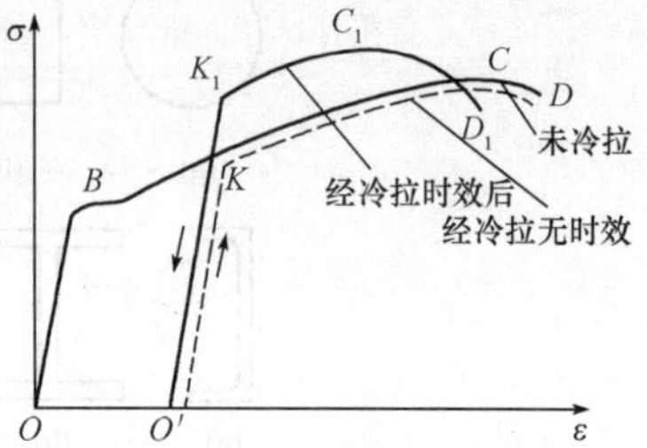

建筑用钢筋，常利用冷加工强化、时效作用来提高

图 7-7　钢筋冷拉曲线

强度，增加钢材的品种规格，节约钢材；还可以简化施工工艺，如盘圆钢筋可使开盘、调直、冷拉三道工序合成一道工序，并使钢筋锈皮自行脱落。

7.4.2 时效

钢材经冷加工后随时间的延长，强度、硬度提高，塑性、韧性下降的现象，称为时效。钢材在自然条件下的时效是非常缓慢的，但经过冷加工或使用中经常受到振动、冲击荷载作用时，时效将迅速发展。钢材经冷加工后在常温下搁置 15～20 d 或加热至 100 ℃～200 ℃保持 2 h 左右，钢材的屈服强度、抗拉强度及硬度都进一步提高，而塑性、韧性继续降低，直至完成时效过程，前者称为自然时效，后者称为人工时效。一般强度较低的钢材采用自然时效，而强度较高的钢材采用人工时效。

因时效导致钢材性能改变的程度，称为时效敏感性。时效敏感性大的钢材，经时效后，其韧性、塑性改变较大。因此，承受振动、冲击荷载作用的重要结构(如吊车梁、桥梁等)，应选用时效敏感性小的钢材。

7.4.3 热处理

热处理是将钢材在固态范围内按一定规则加热、保温和冷却，以改变其晶体组织和显微结构组织，从而获得所需性能的一种工艺过程。建筑钢材一般在生产厂家进行热处理并以热处理状态供货。在施工现场，有时需对焊接件进行热处理。

钢材热处理的方法有以下几种。

1. 退火

退火是将钢材加热至基本组织转变温度以上 30 ℃～50 ℃，保温后缓慢冷却的处理过程，有低温退火和完全退火之分。退火可降低钢材原有的硬度，改善其塑性及韧性。

2. 正火

正火是退火的一种特例，是将钢材加热至基本组织转变温度以上 30 ℃～50 ℃，保温后在空气中冷却的处理过程，两者仅冷却速度不同。与退火相比，正火后钢材的硬度、强度较高，而塑性减小。

3. 淬火

淬火是将钢材加热到基本组织转变温度以上（一般为 900 ℃以上），保温使组织完全转变，即放入水或油等冷却介质中快速冷却，使之转变为不稳定组织的一种热处理操作。其目的是得到高强度、高硬度的组织。淬火会使钢材的塑性和韧性显著降低。

4. 回火

回火是将钢材加热到基本组织转变温度以下（150 ℃～650 ℃范围内选定），保温后在空气中冷却的一种热处理工艺。通常，回火和淬火是两个相连的热处理过程。其目的是促进不稳定组织转变为需要的组织，消除淬火产生的内应力及改善机械性能等。

本章小结

本章介绍建筑钢材的基本知识、主要技术性质、钢材的加工、建筑钢材的标准与选用等内容，主要内容是钢材的拉伸性能、冷弯性能、热轧钢筋的种类、热轧钢筋的主要技术指标。

第 8 章　防水材料

　　防水材料是指在建筑中能够防止雨水、地下水及其他水分渗透的材料，是建筑工程中必不可缺的建筑材料之一。防水材料的好坏，直接影响着建筑物的使用功能和使用寿命；防水工程的质量又涉及防水材料、设计、施工及管理等多方面的问题，一直倍受人们关注，所以根据工程特点及防水要求，合理选择与正确使用防水材料非常重要。

　　如图 8-1 所示，建筑防水材料按照材料的外形，分为卷材、涂料、油膏、刚性材料、防渗剂等；按照材料的组成，分为天然高分子材料、高聚物改性沥青材料、合成高分子防水材料、无机材料。

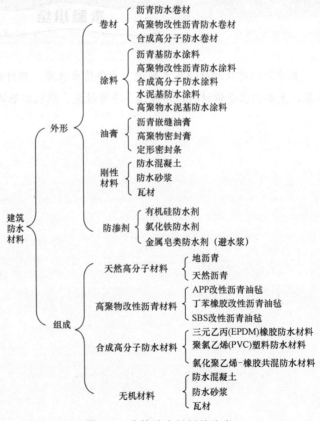

图 8-1　建筑防水材料的分类

8.1 沥　青

沥青是多种碳氢化合物及其非金属衍生物组成的复杂混合物，是一种憎水性的有机胶凝材料，在常温下一般为黑褐色或黑色固体、半固体或黏性液体状态。沥青具有良好的粘结性、塑性、不透水性及耐化学侵蚀性，还具有良好的电绝缘性，但易老化，是建筑工程中一种重要的防水、防潮和防腐材料。

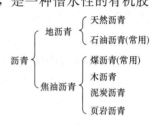

图 8-2　沥青的分类

常用的沥青主要有石油沥青和煤沥青。在工程中应用最为广泛的是石油沥青。沥青的分类如图 8-2 所示。

8.1.1　石油沥青

1. 石油沥青的组分与结构

石油沥青是石油原油经蒸馏提炼出各种轻质油(如汽油、柴油等)及润滑油以后的残留物，经再加工而得到的产品，由多种化合物组成。其化学组成非常复杂，为了便于研究和使用，常将其中化学组成和物理性质比较接近的成分归类为若干组，称为"组分"。石油沥青的主要组分一般分为油分、树脂和地沥青质。

(1)组分。

1)油分。油分是沥青中最轻的组分，密度为 $0.7 \sim 1.0$ g/cm³，是常温下呈淡黄至红褐色的黏性透明液体，能溶于大部分有机溶剂，如丙酮、苯、三氯甲烷等，但不溶于酒精。油分在石油沥青中的含量为 $40\% \sim 60\%$，它赋予沥青一定的流动性。

2)树脂。树脂是红褐色至黑褐色的黏稠半固体，密度为 $1.0 \sim 1.1$ g/cm³，在石油沥青中的含量为 $15\% \sim 30\%$。树脂分为酸性和中性，酸性树脂是沥青中的表面活性物质，能增强沥青与矿物材料的粘结；中性树脂使沥青具有良好的塑性和粘结性。但沥青中绝大部分是中性树脂，酸性树脂只占到 1% 左右。

3)地沥青质。地沥青质是石油沥青中最重的组分，密度为 $1.1 \sim 1.5$ g/cm³，是深褐色至黑褐色粉末状固体颗粒，在石油沥青中含量为 $10\% \sim 30\%$。它能提高沥青的黏滞性和耐热性，但含量增多，则石油沥青的软化点增高，脆性加大。

(2)结构。沥青中的油分和树脂可以互溶，树脂可浸润地沥青质，而在其表面形成薄膜，以地沥青质为核心，周围吸附部分树脂和油分，形成胶团。而很多的胶团各自分散在油分中，形成各种胶体结构(溶胶结构、凝胶结构、溶胶-凝胶结构)。由于石油沥青的各组分含量不同，故形成的胶团结构也各不相同。

1)溶胶结构。当石油沥青中地沥青质含量较少，油分和树脂含量较多，地沥青质胶团在胶体结构中运动自由，则形成溶胶结构。这种石油沥青的特点是：黏滞性小、流动性大、塑性好，但温度稳定性差。

2)凝胶结构。地沥青质含量高、油分树脂含量少，地沥青质胶团间的吸引力增大，移动较困难，则形成凝胶结构。这种石油沥青的特点是：弹性和黏性较高、温度敏感性较小、流动性和塑性较低。

3)溶胶-凝胶结构。地沥青质含量适当，而胶团之间的距离和引力介于溶胶型和凝胶型之间的结构状态，即为溶胶-凝胶结构。这种石油沥青的特点也介于上述两者之间，大多数优质石油沥青属于这种结构状态。

石油沥青的性质与各组分的含量比例密切相关。液体沥青中油分、树脂较多，流动性较好；而固体沥青中树脂及地沥青质含量高，特别是地沥青质含量高，热稳定性和黏性好。

石油沥青中各组分在热、阳光、空气及水等外界因素的作用下，各组分占的比例可以相互变化，即由油分向树脂、树脂向地沥青质转变，油分、树脂逐渐减少，而地沥青质逐渐增加，表现为沥青的流动性和塑性逐渐变小，脆性逐渐增加直至脆裂，这就是沥青的老化现象。

此外，石油沥青中还含有一定的石蜡，它会降低沥青的黏性和塑性，同时增加沥青的温度敏感性，所以石蜡是石油沥青的有害成分。

2. 石油沥青的技术性质

(1)黏滞性。黏滞性又称黏性，是指石油沥青在外力作用下抵抗变形的能力，是划分沥青牌号的主要性能指标。沥青在常温下的状态不同，黏滞性的指标也不同。对于在常温下呈固体或半固体的石油沥青，以针入度表示黏滞性的大小；对于在常温下呈液态的石油沥青，以黏滞度表示其黏滞性的大小。

黏滞度是指液态沥青在一定温度(20 ℃、25 ℃、30 ℃或60 ℃)条件下，流经规定直径(3 mm、5 mm或10 mm)的孔，流出50 mL所需的时间(s)。黏滞度越大，表示沥青的稠度越大。石油沥青黏滞性测定图8-3所示。

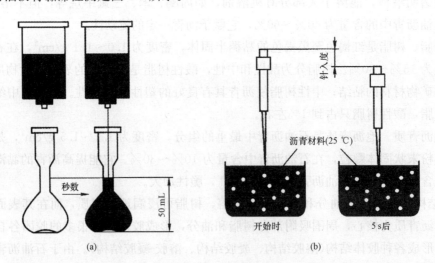

图8-3　石油沥青黏滞性测定

(a)黏滞度测定；(b)针入度测定

针入度是指在温度25 ℃时，以质量100 g的标准针，经5 s贯入沥青试件的深度，每深入 0.1 mm 为 1 度。针入度的数值越小，表明黏滞性越大；反之，针入度的数值越大，沥青流动性越大，黏滞性越小。

石油沥青的黏滞性与其组分及环境温度有关。当地沥青质含量较高，又有适量的树脂且油分含量较少时，黏滞性较大。在一定的温度范围内，黏滞性随温度的升高而降低，反之则增大。

(2)塑性。塑性是指石油沥青在外力作用下产生变形而不破坏，除去外力后仍能保持变形后形状的性质。塑性用延度(或延伸度)表示。

延度是将沥青制成"∞"字形标准试件，在 25 ℃ 以 5 cm/min 的速度拉伸至试件断裂时的伸长值，以"cm"为单位。延度越大，塑性越好，柔性和抗裂性越好。延度测定如图 8-4 所示。

沥青塑性的大小与它的组分和所处温度紧密相关。沥青的塑性随温度升高而增大，反之则减小；地沥青质含量相同时，树脂和油分的比例将决定沥青的塑性大小，油分、树脂含量愈多，沥青塑性愈大。

(3)温度敏感性。温度敏感性是指石油沥青的黏滞性和塑性随温度升降而变化的快慢程度。变化程度越小，表示沥青的温度敏感性越小；反之，温度敏感性越大。

石油沥青的温度敏感性用软化点来表示，软化点通过"环球法"试验测定。将沥青试件装入规定尺寸的钢环中(内径为 18.9 mm)，上置规定尺寸和质量的钢球(3.5 g)，再将置球的钢环放在有水或甘油的烧杯中，以 5 ℃/min 的速度加热至沥青软化下垂达 25.4 mm 时的温度，即为沥青的软化点。软化点越高，沥青的耐热性越好，即温度敏感性越小，温度稳定性越好。软化点测定如图 8-5 所示。

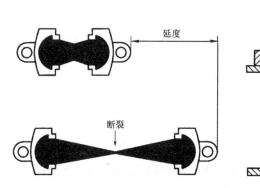

图 8-4　延度测定

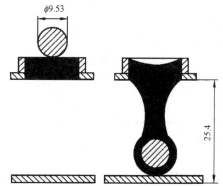

图 8-5　软化点测定

沥青的温度敏感性与其组分及含蜡量有关。沥青中地沥青质含量较多，其温度敏感性较小；沥青中含蜡量较多，其温度敏感性较大。

(4)大气稳定性。大气稳定性是指石油沥青在温度、光、氧气和潮湿等因素长期综合作用下性能的稳定程度，反映的是沥青的耐久性。在各种因素的综合作用下，沥青的三组分相互转变，树脂转变为地沥青质比油分转变为树脂的速度快得多，油分、树脂的含量逐渐减少，出现石油沥青的"老化"。

石油沥青的大气稳定性可以用沥青试件的"蒸发损失率"和"针入度比"来表示。蒸发损失率是将试件在 160 ℃下恒温 5 h，测得蒸发前后的质量损失百分率。待冷却后，再测定其质量和针入度。蒸发损失的质量占原质量的百分率，称为蒸发损失百分率；针入度比是指蒸发后针入度占原针入度的百分率。蒸发损失百分率越小、针入度比越大，则沥青的大气稳定性越好，"老化"越慢。

除了以上技术指标外，还有闪点、燃点、溶解度等，都对沥青的使用有很大影响。其中，闪点和燃点直接影响沥青熬制温度的确定。

3. 石油沥青的技术标准

根据我国现行标准，石油沥青主要有道路石油沥青、建筑石油沥青和防水防潮石油沥青三类。牌号按照针入度、延度和软化点等技术指标划分，并以针入度值来表示。针入度、延度和软化点称为沥青的三大指标。

在同一品种石油沥青材料中，牌号越大，沥青越软，黏性越小，针入度越大，塑性越大，延度越大，而软化点越低，温度敏感性越大，温度稳定性越差。道路石油沥青、建筑石油沥青和防水防潮石油沥青的技术标准见表 8-1。

表 8-1　道路石油沥青、建筑石油沥青和防水防潮石油沥青的技术标准

项　　目	道路石油沥青					建筑石油沥青			防水防潮石油沥青			
	200	180	140	100	60	40	30	10	3	4	5	6
针入度(25 ℃)/(0.1 mm)	200～300	150～200	110～150	80～110	50～80	36～50	26～35	10～25	25～45	20～40	20～40	30～50
延度(25 ℃)/cm，≥	20	100	100	90	70	3.5	2.5	1.5	—	—	—	—
软化点(环球法)/℃	30～48	35～48	38～51	42～52	45～58	60	70	95	85	90	100	95

4. 石油沥青的选用

应根据工程性质、当地气候条件、所处的工作环境(屋面或者地下)来选择不同的沥青(不同品种或不同牌号，或者两种或两种以上牌号混合使用)。在满足使用要求的前提下，尽量选用牌号较大的石油沥青，以保证较长的使用年限。

道路石油沥青具有黏滞性小、塑性好等特点，用来拌制沥青砂浆和沥青混合料，主要用于道路路面或车间地面等工程，也可用作密封材料、胶粘剂及沥青涂料等工程。

建筑石油沥青具有良好的防水性、粘结性、耐热性及温度稳定性，但黏滞性大、塑性较差，主要用于建筑工程的防水和防腐，制造防水卷材、防水涂料和沥青胶等，用于屋面和各种防水工程。

防水防潮石油沥青温度稳定性好，特别适合作油毡的涂覆材料及建筑屋面与地下防水的粘结材料。

对于屋面工程用于防水的沥青材料，不但要求黏性大，还应主要考虑耐热性要求，选用沥青的软化点应比当地屋面最高温度高15 ℃~20 ℃。若软化点低，夏季容易流淌。对于夏季气温较高的地区，可选10号或30号石油沥青。对于不易受温度影响的部位或气温较低的地区，如地下防水防潮层可选用牌号较大的沥青，如60号或100号沥青。在此前提下，尽量选用牌号大的沥青，以延长使用年限。

8.1.2 煤沥青

煤沥青(俗称柏油)是炼焦或生产煤气的副产品。烟煤干馏时所挥发的物质冷凝为煤焦油，煤焦油经分馏加工，提取出各种油质后的产品，即为煤沥青。煤沥青的组成见表8-2。

表8-2 煤沥青的组成

化学组分		组分特性	对煤沥青性能的影响
游离碳		不溶于苯，加热不熔，高温分解	提高黏度和温度稳定性，增加低温脆性
树脂	硬树脂	类似石油沥青中的沥青质	提高沥青的温度稳定性
	软树脂	相当于沥青中的树脂	增加沥青的延性，提高沥青的品质
油分		液态的碳氢化合物	使沥青具有流动性
萘		溶于油分中，低温结晶析出，常温下易挥发，有毒性	影响低温变形能力，加速沥青的老化
蒽			
酚		溶于油分及水，易氧化，有毒性	加速沥青的老化

煤沥青可分为硬煤沥青与软煤沥青两种。硬煤沥青是从煤焦油中蒸馏出轻油、中油、重油及蒽油之后的残留物，蒸馏温度高于270 ℃，常温下一般呈硬的固体；软煤沥青是从煤焦油中蒸馏出水分、轻油及部分中油后得到的产品，蒸馏温度低于270 ℃，常温下一般呈黏稠的液体或半固体。硬煤沥青不能直接用于筑路，需用蒽油回配为软煤沥青使用。

与石油沥青相比较，煤沥青有以下特性：

(1)煤沥青含有蒽、酚、萘等物质，具有特殊的臭味和毒性，防腐性能强。

(2)煤沥青含表面活性物质多，与矿物表面粘附能力强，不易脱落。

(3)煤沥青含有较多的挥发性和化学稳定性差的物质，在热、光、氧气长期作用下，煤沥青的组成变化较大，易硬脆，大气稳定性较差。

(4)煤沥青中含有较多的游离碳，塑性较差，容易因变形而开裂。

由以上可见，煤沥青的主要技术性能比石油沥青差，主要用于木材防腐、制造涂料、铺设路面等。石油沥青与煤沥青的鉴别见表8-3。

表 8-3　石油沥青与煤沥青的鉴别

鉴别方法	石油沥青	煤沥青
密度/(g·cm⁻³)	近于 1.0	1.25~1.28
燃烧	烟少、无色、有松香味、无毒	烟多、黄色、臭味大、有毒
锤击	声哑、有弹性、韧性好	声脆、韧性差
颜色	辉亮褐色	浓黑色
溶解	易溶于煤油或汽油中，棕黑色	难溶于煤油或汽油，呈黄绿色

8.1.3　改性沥青

改性沥青是在传统沥青中掺入橡胶、树脂、高分子聚合物、矿物料等物质，以改善沥青的多种性能。对沥青进行改性的目的是提高沥青的强度、黏性，改善沥青的高温稳定性、低温抗裂性，提高沥青的抗老化性能。

1. 橡胶改性沥青

橡胶是重要的沥青改性材料，常用的橡胶改性材料有再生橡胶、热塑性丁苯橡胶（SBS）等。橡胶和沥青之间有很好的共混性，使改性后的沥青兼具橡胶的很多优点，如高温变形小、低温柔韧性能好等。

2. 树脂改性沥青

在沥青中掺入一定的树脂改性材料后，可以改善沥青的耐寒性、耐热性、粘结性和不透水性，常用的树脂有聚乙烯（PE）、聚丙烯（PP）、无规聚丙烯（APP）。

3. 橡胶和树脂共混改性沥青

同时加入橡胶和树脂对沥青进行改性，可使改性后的沥青兼具橡胶和树脂的特性。树脂比橡胶便宜，橡胶和树脂又有较好的混溶性，改性的效果比较好。

4. 矿物填料改性沥青

在沥青中加入一定数量的矿物添加料，可以提高沥青的耐热性、黏滞性和大气稳定性，减小沥青的温度敏感性。常用的矿物填料有粉状和纤维状两大类，粉状填料有石灰石粉、滑石粉、云母粉，纤维状填料有石棉绒及石棉粉等。

8.2　防水卷材

防水卷材是建筑防水材料的重要产品之一，是一种可以卷曲的片状制品，按组成材料分为高聚物改性沥青防水卷材和合成高分子防水卷材两类。

防水卷材应该具有良好的耐水性、抗老化性能和温度稳定性，同时应该具有较强的机械强度、柔韧性、延伸性和抗断裂能力。

8.2.1 高聚物改性沥青防水卷材

高聚物改性沥青防水卷材是以改性后的沥青为涂盖层,以纤维织物或纤维毡等为胎基制成的柔性卷材。它克服了传统沥青卷材温度稳定性差、延伸率低的不足,具有高温不流淌、低温不脆裂、拉伸强度高、延伸率较大等性能。高聚物改性沥青防水卷材有 SBS、APP、PVC 等,国家重点发展 SBS 卷材,适当发展 APP 卷材。

1. 弹性体改性沥青防水卷材

弹性体改性沥青防水卷材以 SBS 热塑性弹性体作改性剂,以聚酯毡或玻纤毡为胎基,两面覆盖聚乙烯膜(PE)、细砂(S)、矿物粒(片)料制成的卷材,简称 SBS 卷材,属于弹性体卷材。

(1)分类。弹性体改性沥青卷材按胎基材料分为聚酯毡(PY)、玻纤毡(G)、玻纤增强聚酯毡(PYG)三类;按上表面隔离材料分为聚乙烯膜(PE)、细砂(S)与矿物粒(片)料(M)三种,按下表面隔离材料分为细砂(S)、聚乙烯膜(PE)两种;按材料性能分为Ⅰ型和Ⅱ型(表8-4)。

表 8-4 弹性体改性沥青防水卷材的材料性能(GB 18242—2008)

序号	型号 胎基		Ⅰ		Ⅱ		
			PY	G	PY	G	PYG
1	可溶物含量 /(g·m⁻²),≥	3 mm	2 100				—
		4 mm	2 900				—
		5 mm			3 500		
		试验现象	—	胎基不燃	—	胎基不燃	—
2	不透水性	压力/MPa	0.3	0.2	0.3		
		保持时间/min			30		
3	耐热性	℃	90		105		
		≤mm			2		
		试验现象		无流淌、滴落			
4	拉力 [N·(50 mm)⁻¹],≥	最大峰拉力	500	350	800	500	900
		次高峰拉力	—	—	—	—	800
		试验现象	拉伸过程中,试件中部无沥青涂盖层开裂或与胎基分离现象				
5	延伸率 /%,≥	最大峰时延伸率	30		40		—
		第二峰时延伸率	—	—	—		15
6	低温柔性/℃		—20		—25		
			无裂缝				
7	接缝剥离强度/(N·mm⁻¹),≥			1.5			
8	人工气候加速老化	外观	无滑动、流淌、滴落				
		拉力保持率/%,≥	80				
		低温柔性/℃	—15		—20		
			无裂纹				

（2）规格。弹性体改性沥青卷材幅面宽 1 000 mm；聚酯毡卷材厚度有 3 mm、4 mm、5 mm，玻纤毡卷材厚度有 3 mm 和 4 mm，玻纤增强聚酯毡卷材厚度为 5 mm；卷材面积分为15 m²、10 m² 和 7.5 m²。

（3）技术性质。弹性体改性沥青防水卷材，具有良好的不透水性和低温柔性，同时还具有抗拉强度高、延伸率大、耐腐蚀性及耐热性好等优点。

（4）用途。弹性体改性沥青防水卷材主要适用于工业与民用建筑的屋面及地下防水工程。玻纤增强聚酯毡卷材可用于机械固定单层防水，但需通过抗风荷载试验；玻纤毡卷材适用于多层防水中的底层防水；外露使用采用上表面隔离材料为不透明的矿物粒料的防水卷材；地下工程防水采用表面隔离材料为细砂的防水卷材。

2. 塑性体改性沥青防水卷材

塑性体改性沥青防水卷材，是用热塑性沥青浸渍胎基，两面涂以 APP 改性沥青涂盖层，上表面撒布细砂、矿物粒（片）料或覆盖聚乙烯膜，下表面撒布细砂或覆盖聚乙烯膜所制成的一种改性沥青防水卷材。

APP 改性沥青防水卷材是塑性体改性沥青防水卷材的一种，其胎基有玻纤胎、聚酯胎和玻纤增强聚酯胎三种。

塑性体沥青防水卷材的技术性质与弹性体沥青防水卷材的基本相同，而塑性体沥青防水卷材具有耐热性更好的优点，但低温柔性较差。塑性体沥青防水卷材的适用范围与弹性体沥青防水卷材基本相同，尤其适用于高温或有强烈太阳辐射地区的建筑物防水。塑性体沥青防水卷材可采用热熔法、自粘法施工，也可采用胶粘剂进行冷粘法施工。塑性体改性沥青防水卷材的材料性能见表 8-5。

表 8-5　塑性体改性沥青防水卷材的材料性能（GB 18243—2008）

序号	项 目		指　标				
			I		II		
			PY	G	PY	G	PYG
1	可溶物含量/(g·m⁻²)，$\geqslant$	3 mm	2 100				—
		4 mm	2 900				—
		5mm	3 500				
		试验现象	—	胎基不燃	—	胎基不燃	—
2	耐热性	℃	110		130		
		≤mm	2				
		试验现象	无流淌、滴落				
3	低温柔性/℃		−7		−15		
4	不透水性 30min		0.3 MPa	0.2 MPa	0.3 MPa		
5	拉力/[N·(50 mm)⁻¹]，$\geqslant$	最大峰拉力	500	350	800	500	900
		次高峰拉力					800
		试验现象	拉伸过程中，试件中部无沥青涂盖层开裂或与胎基分离现象				
6	延伸率/%，$\geqslant$	最大峰时延伸率	25		40		
		第二峰时延伸率	—		—		15

序号	项 目		指 标				
			I		II		
			PY	G	PY	G	PYG
7	浸水后质量增加/%，≤	PE、S	1.0				
		M	2.0				
8	热老化	拉力保持率/%，≥	90				
		延伸率保持率/%，≥	80				
		低温柔性/℃			−2	−10	
			无裂缝				
		尺寸变化率/%，≤	0.7	—	0.7	—	0.3
		质量损失率/%，≤	1.0				
9	接缝剥离强度/(N·mm⁻¹)，≥		1.0				
10	钉杆撕裂强度①/N，≥		—				300
11	矿物粒料粘附性②/g，≤		2.0				
12	卷材下表面沥青涂盖层厚度③/mm，≥		1.0				
13	人工气候加速老化	外 观			无滑动、流淌、滴落		
		拉力保持率/%，≥	80				
		低温柔性/℃			−2	−10	
			无裂缝				

① 仅适用于单层机械固定施工方式卷材。
② 仅适用于矿物粒料表面的卷材。
③ 仅适用于热熔施工的卷材。

8.2.2 合成高分子防水卷材

合成高分子防水卷材是以合成树脂、合成橡胶或两者的共混体为基料，加入适量的化学助剂和添加剂，经特定工序制成的防水卷材（片材），属高档防水材料。高分子防水卷材种类很多，最具代表性的有以下几种。

1. 三元乙丙橡胶防水卷材(EPDM)

这种卷材是以三元乙丙橡胶为主要原料，掺入适量的丁基橡胶和各种添加剂（硫化剂、软化剂、填充剂）等而制成的高弹性防水卷材。

三元乙丙橡胶防水卷材具有优良的耐高低温性、耐臭氧性，同时抗老化性能好，使用寿命长达 30 年以上，弹性、拉伸性能也极佳，属于高档防水材料。

三元乙丙橡胶防水卷材适用范围广，适用于建筑工程的外露屋面防水和大跨度、受振动建筑工程的防水，还有地下室、桥梁、隧道等的防水。

三元乙丙橡胶防水卷材的主要技术性能要求见表 8-6。

表 8-6　三元乙丙橡胶防水卷材的主要技术性能要求

指标名称	一等品	合格品
拉伸强度(常温)/MPa，≥	8.0	7.0
断裂伸长率/%，≥	450	450
脆性温度/℃，≤	−45	−40
不透水性，保持 30 min/MPa，≥	0.3	0.1

2. 聚氯乙烯防水(PVC)卷材

PVC 卷材是以聚氯乙烯树脂为主要原料，掺加适量助剂和填充材料加工而成的防水材料，属于柔性防水卷材。

PVC 卷材按组成分为均质卷材(代号为 H)、带纤维背衬卷材(代号为 L)、织物内增强卷材(代号为 P)、玻璃纤维内增强卷材(代号为 G)、玻璃纤维内增强带纤维背衬卷材(代号为 GL)等五类。

均质卷材是不用内增强材料或背衬材料的聚氯乙烯防水卷材。带纤维背衬卷材是用织物如聚酯无纺布等复合在卷材下表面的聚氯乙烯防水卷材。织物内增强卷材是用聚酯或玻纤网格布在卷材中间增强的聚氯乙烯防水卷材。玻璃纤维内增强卷材是在卷材中加入短切玻璃纤维或玻璃纤维无纺布，对拉伸性能等力学性能无明显影响，仅提高产品尺寸稳定性的聚氯乙烯防水卷材。玻璃纤维内增强带纤维背衬卷材是在卷材中加入短切玻璃纤维或玻璃纤维无纺布，并用织物如聚酯无纺布等复合在卷材下表面的聚氯乙烯防水卷材。

PVC 卷材抗拉强度高、伸长率大、低温柔韧性好、使用寿命长，同时还具有尺寸稳定、耐热性、耐腐蚀性和耐细菌性等均较好的特性。

PVC 卷材主要用于建筑工程的屋面防水，也可用于水池、地下室、堤坝、水渠等防水抗渗工程。PVC 防水卷材的施工方法有粘结法、空铺法和机械固定法三种。

聚氯乙烯防水卷材的主要技术性能要求见表 8-7。

表 8-7　聚氯乙烯防水卷材的主要技术性能要求(GB 12952—2011)

指标名称	H	L	P	G	GL
拉伸强度/MPa，≥	10.0	—	—	10.0	—
断裂伸长率/%，≥	200	150	—	200	100
低温弯折性	−25 ℃无裂纹				
不透水性	0.3 MPa，2 h 不透水				
抗冲击性能	0.5 kg·m，不渗水				

3. 氯化聚乙烯-橡胶共混防水卷材

氯化聚乙烯-橡胶共混防水卷材是用氯化聚乙烯与合成橡胶共混物为主体，加入各种添加剂(硫化剂、稳定剂、软化剂、填充剂)加工而成的高弹性防水卷材。

此类防水卷材兼有塑料和橡胶的特点，具有强度高、耐臭氧性、耐水性、耐腐蚀性、抗老化性能好、断裂伸长率高以及低温柔韧性好等特性，因此特别适用于寒冷地区或变形较大的建筑防水工程，也可用于有保护层的屋面、地下室、储水池等防水工程。这种卷材采用胶粘剂冷粘施工。

8.3	防水涂料与密封材料

防水涂料(胶粘剂)是以沥青、合成高分子等材料为主体，常温下呈液态，经涂布后通过溶剂的挥发、水分的蒸发或化学反应固化，在结构表面形成坚韧防水膜的材料。

防水涂料按成膜物质的主要成分可分为沥青类、高聚物改性沥青类、合成高分子类；根据组分不同，可分为单组分和双组分防水涂料；按涂料的液态类型，可分为溶剂型、水乳型、反应型三种。

8.3.1 沥青防水涂料

1. 冷底子油

冷底子油是用建筑石油沥青加入汽油、煤油、苯等有机溶剂而得到的溶剂型沥青涂料。由于施工后形成的涂膜很薄，一般不单独使用，往往用作沥青类卷材施工时打底的基层处理剂，故称冷底子油。

冷底子油黏度小，具有良好的流动性，涂刷在混凝土、砂浆等表面后能很快渗入基底，溶剂挥发后沥青颗粒则留在基底的微孔中，使基底表面具有憎水性，并具有粘结性，为粘结同类防水材料创造有利条件。

冷底子油常用 30%～40% 的 30 号或 10 号石油沥青与 60%～70% 的有机溶剂(多用汽油)配制而成，施工时随用随配。

2. 沥青胶

沥青胶是用沥青材料加入粉状或纤维状的矿质填充料均匀拌和而成的混合物。沥青胶按所用材料及施工方法不同可分为热用沥青胶和冷用沥青胶。热用沥青胶是将 70%～90% 的沥青加热至 180 ℃～200 ℃，使其脱水后，与 10%～30% 的干燥填料加热混合均匀后，热用施工；冷用沥青胶是将 40%～50% 的沥青熔化脱水后，缓慢加入 25%～30% 的溶剂，再掺入 10%～30% 的填料，混合均匀制成，在常温下施工。

沥青胶的技术性能要符合耐热度、柔韧性和粘结力三项要求(表 8-8)。

表 8-8　沥青胶的技术指标

项　　目	标　　号					
	S—60	S—65	S—70	S—75	S—80	S—85
耐热度	用 2 mm 厚的沥青胶粘合两张沥青油纸；在不低于下列温度(℃)，于 45°的坡度上，停放 5 h，沥青胶不应流出，油纸不应滑动					
	60	65	70	75	80	85
柔韧性	涂在沥青油纸上的 2 mm 厚的沥青胶层，在(18±2)℃时，围绕下列直径(mm)的圆棒以 5 s 时间且均衡速度弯曲半周，沥青胶不应有裂纹					
	10	15	15	20	25	30
粘结力	将两张用沥青胶粘贴在一起的油纸慢慢一次撕开，其油纸和沥青胶的粘贴面的任何一面撕开部分，应不大于粘贴面的 1/2					

3. 水乳型沥青基防水涂料

水乳型沥青基防水涂料按乳化剂、成品外观和施工工艺的差别分为 AE—1、AE—2 型两大类。AE—1 型是以石油沥青为基料，用石棉纤维或其他矿物填充料改性的水乳型沥青厚质防水涂料，如水乳型沥青石棉防水涂料、膨润土沥青乳液、石灰乳化沥青等；AE—2 型是用化学乳化剂配成乳化沥青，掺入用氯丁胶乳或再生橡胶等改性的水乳型沥青基薄质防水涂料，如氯丁胶乳沥青涂料、水乳型再生胶沥青涂料等。

8.3.2　高聚物改性沥青防水涂料

高聚物改性沥青防水涂料是以改性沥青为基料，用合成高分子聚合物进行改性，制成的水乳型或溶剂型防水涂料。这类涂料由于用橡胶进行了改性，所以在柔韧性、抗裂性、拉伸强度、耐高、低温性能、使用寿命等方面都比沥青基涂料有很大改善。品种包括再生橡胶改性沥青防水涂料、水乳型氯丁橡胶沥青防水涂料和 SBS 橡胶改性沥青防水涂料等。

8.3.3　合成高分子防水涂料

合成高分子防水涂料是以合成橡胶或合成树脂为主要成膜物质，加入其他辅料而配制成的单组分或双组分防水涂料，主要有聚氨酯、丙烯酸酯防水涂料等。这类涂料具有弹性高、耐久性好及优良的耐高低温性能。

8.3.4　防水油膏

防水油膏是一种非定型的建筑密封材料，也叫密封膏、密封胶、密封剂，是使建筑上各种接缝或裂缝、变形缝(沉降缝、伸缩缝、抗震缝)保持水密、气密性能，并具有一定强度，能连接构件的填充材料。

密封材料应具有优良的粘结性、施工性、抗下垂性，以便能在粘结物之间形成连续防水体；应具有良好的弹塑性，这样才能经受建筑构件因各种原因引起的裂缝变形；应具有较好的耐候性、耐水性，这样才能保持长期的粘结性与拉伸-压缩循环性能。

选用防水油膏，应根据被粘结基层的材质、表面状态和性质来选择粘结性良好的密封材料；建筑物中不同部位的接缝，对防水油膏的要求不同，如室外的接缝要求具有较高的耐候性；伸缩缝要求具有较好的弹塑性和拉伸-压缩循环性能。

1. 丙烯酸酯密封膏

丙烯酸酯密封膏是丙烯酸树脂掺入增塑剂、分散剂、碳酸钙等配制而成，有溶剂型和水乳型两种。这种密封膏弹性好，能适应一般基层的伸缩变形，具有优异的抗紫外线性能，尤其是对于透过玻璃的紫外线。同时，它具有良好的耐候性、耐热性、低温柔性、耐水性等性能，并且具有良好的着色性、无污染。丙烯酸酯密封膏的技术性质见表8-9。

表8-9　丙烯酸酯密封膏的技术性质

项　　目		优等品	一等品	合格品
低温柔性/℃		-40	-30	-20
拉伸粘结性	最大拉伸强度/MPa，≥	0.02～0.15		
	最大伸长率/%，≥	400	250	150
拉伸-压缩循环性能	级别	7 020	7 010	7 005
	粘结破坏面积/%，≤	25		

2. 聚氨酯密封胶(膏)

聚氨酯密封膏一般用双组分配制，甲组分是含有异氰酸酯基的预聚体，乙组分含有多羟基的固化剂与增塑剂、填充料以及稀释剂等。使用时，将甲乙两组分按比例混合，经固化反应成弹性体。这种密封胶能够在常温下固化，并有着优异的弹性、耐热耐寒性和耐久性，与混凝土、木材、金属、塑料等多种材料有着很好的粘结力，广泛用于各种装配式建筑的屋面板、楼地板、阳台、窗框、卫生间等部位的接缝密封及各种施工缝的密封、混凝土裂缝的修补等。

聚氨酯密封胶的技术性能见表8-10。

表8-10　聚氨酯密封胶的技术性能

项　　目		指　　标		
		优等品	一等品	合格品
密度/(g·cm⁻³)		规定值±0.1		
适用期/h，≥		3		
表干时间/h，≤		24	48	
渗出性指数，≤		2		
流变性	下垂度(N型)/mm，≤	3		
	流平性(L型)	5 ℃自流平		
低温柔性/℃		-40	-30	
拉伸粘结性	最大拉伸强度/MPa，≥	0.2		
	最大伸长率/%，≥	400	200	

项　　目		指　　标		
		优等品	一等品	合格品
定伸粘结性/%，≥		200	160	
弹性恢复率/%，≥		95	90	85
剥离粘结性	强度/(N·mm⁻¹)，≥	0.9	0.7	0.5
	粘结破坏面积/%，≤	25	25	40
拉伸-压缩循环性能	级别	9 030	8 020	7 020
	粘结和内聚破坏面积/%，≤	25		

3. 聚硫密封胶(膏)

聚硫密封胶是以液态聚硫橡胶为主剂，并与金属过氧化物等反应，在常温下形成的弹性密封材料。聚硫密封胶分为高模量低伸长率(A 类)和低模量高伸长率(B 类)两类。聚硫密封胶按流变性能又分为 N 型和 L 型。N 型为用于立缝或斜缝而不坠落的非下垂型；L 型为用于水平缝，能自流平形成光滑平整表面的自流平型。

聚硫建筑密封胶的技术性能见表 8-11。

表 8-11　聚硫建筑密封胶的技术性能

项　　目		A 类		B 类		
		一等品	合格品	优等品	一等品	合格品
密度/(g·cm⁻³)		规定值±0.1				
适用期/h，≥		2～6				
表干时间/h，≤		24				
渗出性指数，≤		4				
流变性	下垂度(N 型)/mm，≤	3				
	流平性(L 型)	光滑平整				
低温柔性/℃		−30		−40	−30	
拉伸粘结性	最大拉伸强度/MPa，≥	1.2	0.8	0.2		
	最大伸长率/%，≥	100		400	300	200
弹性恢复率/%，≥		90		80		
拉伸-压缩循环性能	级别	8 020	7 010	9 030	8 020	7 010
	粘结和内聚破坏面积/%，≤	25				
加热失重/%，≤		10		6	10	

这种密封材料能形成类似于橡胶的高弹性密封口，能承受持续和明显的循环位移，使用温度范围宽，在−40 ℃～90 ℃的温度范围内能保持它的各项性能指标不变，与金属、非

金属材质均具有良好的粘结力。它适用于混凝土墙板、屋面板、楼板等部位的接缝密封，以及游泳池、储水槽、上下水管道等工程的伸缩缝、沉降缝的防水密封，特别适用于金属幕墙、金属门窗四周的防水、防尘密封，因固化剂中常含铅成分，所以在使用时应避免直接接触皮肤。

4. 硅酮密封胶

硅酮密封胶是以有机硅为基料配制成的建筑用高弹性密封胶。硅酮密封胶按用途分为建筑接缝用（F 类）和镶装玻璃用（G 类）两类；按位移能力分为 25、20 两个级别；按拉伸模量分为高弹模（HM）和低弹模（LM）两个次级别（表 8-12）。

表 8-12　硅酮建筑密封胶的主要技术性能

序　号	项　　目		指　　标			
			25HM	20HM	25LM	20LM
1	密度/(g·cm^{-3})		规定值±0.1			
2	下垂度/mm，≤	垂直	3			
		水平	无变形			
3	挤出性/(mL·min^{-1})，≥		80			
4	弹性恢复率/%，≥		80			
5	定伸粘结性		无破坏			
6	冷拉-热压后粘结性		无破坏			
7	浸水后，定伸粘结性		无破坏			
8	质量损失率/%，≤		10			

硅酮密封胶具有优异的耐热性、耐寒性和耐候性，与各种材料有着较好的粘结性，耐伸缩疲劳性强，耐水性好。F 类硅酮建筑密封胶适用于预制混凝土墙板、水泥板、大理石板的外墙接缝，混凝土和金属框架的粘结，卫生间和公路接缝的防水密封；G 类硅酮建筑密封胶适用于镶嵌玻璃和建筑门、窗的密封。

密封材料在储运和保管过程中，应避开火源、热源，避免日晒、雨淋，防止碰撞，保持包装完好无损；外包装应贴有明显的标记，标明产品的名称、生产厂家、生产日期和使用有效期；应分类储放在通风、阴凉的室内，环境温度不应超 50 ℃。

本章小结

本章介绍了石油沥青的主要技术性质及应用，石油沥青组分对沥青性能的影响，防水卷材、防水涂料和防水油膏的品种、性能要求及应用，主要内容是石油沥青和防水卷材的性能、应用范围。

第9章 建筑功能材料

学习重点

通过本章的学习，要求学生熟悉建筑功能材料的品种和应用，了解建筑功能材料的作用原理和影响因素。

学习目标

具备识别建筑功能材料的技能；

具备对建筑功能材料验收、仓储的技能。

9.1 绝热材料和吸声、隔声材料

9.1.1 绝热材料

1. 绝热材料的定义及用途

绝热材料一般是指在建筑物中起保温、隔热作用，且导热系数 λ 值小于 0.23 W/(m·K) 的材料。控制室内热量向室外传递的材料叫作保温材料；控制室外热量进入室内的材料叫作隔热材料，保温、隔热材料统称为绝热材料。

为提高建筑物的使用效能，要合理采用绝热材料，以便在保证正常生产、生活的同时，减少热量损失，节约能源。

2. 绝热材料的基本要求

导热系数 λ 值小于 0.23 W/(m·K)，表观密度不宜大于 600 kg/m³，抗压强度应大于 0.3 MPa，线膨胀系数一般小于 $2‰$。除满足上述要求外，其透气性、热稳定性、化学性能、高温性能等也必须满足要求。

3. 影响绝热材料导热性能的因素

导热系数 λ 是衡量材料导热性能优劣的指标。材料的导热系数越小，材料保温隔热性能越好，材料的绝热性能也就越好。

影响材料导热性的主要因素有：

(1)材料组成及微观结构。一般情况下，材料导热系数从大到小排列顺序是：金属、非金属、液体、气体。同一种材料，微观结构不同，材料的导热系数存在很大的差异，一般情况下，结晶体结构的最大，微晶体结构的次之，玻璃体结构的最小。对于绝热材料来说，由于孔隙率大，气体(空气)对导热性的影响起主要作用，而固体部分的结构不论是晶态还是玻璃态，对导热性的影响均不大。

(2)表观密度与孔隙特征。材料中固体物质的导热系数比空气的导热系数大得多，故表观密度越小的材料，孔隙率越大，导热系数越小。细小而封闭的孔隙，导热系数较小；粗大、开口且连通的孔隙，容易形成对流传热，导热系数较大。所以，工程中常见绝热材料多为轻质多孔材料。孔结构特征概括为：绝热材料应是具有很高孔隙率(50%～95%)的，且以封闭、细小孔隙为主的、吸湿性和吸水性较小的有机或无机非金属材料。

(3)湿度。材料吸湿受潮后，其导热系数增大，这是由于水的导热系数为 $0.58 \ W/(m \cdot K)$，而密闭空气的导热系数为 $0.023 \ W/(m \cdot K)$，冰的导热系数为 $2.33 \ W/(m \cdot K)$，所以材料在含水或结冰状态下，导热系数会急剧增加。因此，绝热材料在使用过程中应特别注意防水防潮。

(4)温度。材料的导热系数随温度的升高而增大，原因是温度升高时，材料固体分子的热运动加快，同时，孔隙中空气的对流和孔壁间的辐射作用也有所增加。所以在绝热材料使用过程中要考虑使用温度对绝热材料保温隔热性能的影响。

(5)热流方向。对于各向异性的材料(如木材)，热流平行于纤维方向时材料的导热系数要大于热流垂直于纤维方向时的导热系数。

以上影响因素中以表观密度和湿度的影响最大。因而在测定材料的导热系数时，必须测定材料的表观密度。至于湿度，通常对多数绝热材料可取空气相对湿度为 $80\%～85\%$ 时材料的平衡湿度作为参考值，应尽可能在这种湿度条件下测定材料的导热系数。

4. 常用绝热材料

绝热材料按其成分分为无机和有机两大类，无机绝热材料的表观密度较大，但不易腐朽，一般不会燃烧，大部分耐高温。有机绝热材料则质量较轻，但一般耐热性较差。

(1)纤维状保温隔热材料。

1)石棉及其制品。石棉是一种天然矿物纤维，具有耐火、耐热、耐酸碱、绝热、防腐、隔声及绝缘等特性，常制成石棉粉、石棉纸板和石棉毡等制品。由于石棉中的粉尘对人体有害，因此民用建筑中已很少使用。石棉及其制品目前主要用于工业建筑的隔热、保温及防火覆盖等。

2)植物纤维复合板。植物纤维复合板是以植物纤维为主要材料加入胶结料和填加料而制成，其表观密度为 $200～1\ 200 \ kg/m^3$，导热系数为 $0.058 \ W/(m \cdot K)$，可用于墙体、地板、顶棚等保温，也可用于冷藏库、包装箱等。

木质纤维板是以木材下脚料制成木丝，加入硅酸钠溶液及普通硅酸盐水泥，经搅拌、成型、冷压、养护和干燥而制成。

甘蔗板是以甘蔗渣为原料，经过蒸制、加压、干燥等工序制成的一种轻质、吸声、绝热的材料。

3)陶瓷纤维绝热制品。陶瓷纤维是以氧化硅、氧化铝为主要原料，经高温熔融、蒸汽(或压缩空气)喷吹或离心喷吹制成，表观密度为 $140～150 \ kg/m^3$，导热系数为 $0.116～$

0.186 W/(m·K)，最高使用温度为 $1\,100\,℃\sim1\,350\,℃$，耐火温度不低于 $1\,770\,℃$，可加工成纸、绳、带、毯、毡等制品，供高温绝热或吸声之用。

（2）散粒状保温隔热材料。

1）膨胀蛭石及其制品。蛭石是一种天然矿物，经烘干、破碎、焙烧，在短时间内体积急剧膨胀而成的一种金黄色的颗粒状材料。它的堆积密度较小（$80\sim900$ kg/m³），导热系数小 $[0.046\sim0.070$ W/(m·K)]，可在 $1\,000\,℃\sim1\,100\,℃$ 下使用，不蛀、不腐，但吸水性较大。

2）膨胀珍珠岩及其制品。珍珠岩是一种酸性火山玻璃质岩石，由天然珍珠岩煅烧而成，呈蜂窝泡沫状的白色或灰白色颗粒，是一种高效能的绝热材料。其堆积密度小（$40\sim500$ kg/m³），导热系数低 $[0.047\sim0.070$ W/(m·K)]，使用温度范围广（最高使用温度可达800 ℃，最低使用温度为 $-200\,℃$），具有吸湿小、无毒、不燃、抗菌、耐腐、施工方便等特点。

（3）多孔性板块绝热材料。

1）泡沫玻璃。由玻璃粉和发泡剂等经配料、烧制而成。气孔率高达 $80\%\sim95\%$，气孔直径为 $0.1\sim5.0$ mm，且大量是封闭而孤立的小气泡，其表观密度为 $150\sim600$ kg/m³，导热系数为 $0.058\sim0.128$ W/(m·K)，抗压强度为 $0.8\sim15.0$ MPa。其耐久性好，易加工，可用于多种需要绝热场所。

2）微孔硅酸钙制品。由粉状二氧化硅材料（硅藻土）、石灰、纤维增强材料经水热处理制成，用于围护结构及管道保温，其效果比水泥膨胀珍珠岩和水泥膨胀蛭石更好。

3）硅藻土。硅藻土是由水生硅藻类生物的残骸堆积而成。其孔隙率为 $50\%\sim80\%$，导热系数约为 0.060 W/(m·K)，具有很好的绝热性能。硅藻土最高使用温度可达 900 ℃，可用作填充料或制成硅藻土砖等制品。

4）泡沫混凝土。泡沫混凝土是由水泥、水、松香泡沫剂混合后经搅拌、成型、养护而制成的一种多孔、轻质、保温、绝热、吸声材料，也可用粉煤灰、石灰、石膏和泡沫剂制成粉煤灰泡沫混凝土。泡沫混凝土的表观密度为 $300\sim500$ kg/m³，导热系数为 $0.082\sim0.186$ W/(m·K)。

常用绝热材料技术性能及用途见表9-1。

表 9-1　常用绝热材料技术性能及用途

材料名称	表观密度 /(kg·m⁻³)	强度 /MPa	热导率 /(W·m⁻¹·K⁻¹)	最高使用温度/℃	用途
超细玻璃纤维	$30\sim60$	—	0.035	$300\sim400$	墙体、屋面、冷藏等
沥青玻璃纤维制品	$100\sim150$	—	0.041	$250\sim300$	
矿渣棉纤维	$110\sim130$	—	0.044	$\leqslant600$	填充材料
岩棉纤维	$80\sim150$	$f_t>0.12$	0.044	$250\sim600$	填充墙体、屋面，包裹热力管道等
膨胀珍珠岩	$300\sim400$	—	常温 $0.020\sim0.044$ 高温 $0.060\sim0.170$ 低温 $0.020\sim0.038$	$\leqslant800(-200)$	高效能保温保冷填充材料

材料名称	表观密度/(kg·m⁻³)	强度/MPa	热导率/(W·m⁻¹·K⁻¹)	最高使用温度/℃	用途
水泥膨胀珍珠岩制品	$300\sim400$	$f_c=0.5\sim1.0$	常温 $0.05\sim0.081$ 低温 $0.081\sim0.120$	$\leqslant600$	保温绝热用
水玻璃膨胀珍珠岩制品	$200\sim300$	$f_c=0.6\sim1.7$	$0.056\sim0.093$	$\leqslant650$	保温绝热用
沥青膨胀珍珠岩制品	$400\sim500$	$f_c=0.2\sim1.2$	$0.093\sim0.120$		用于常温及负温
水泥膨胀蛭石制品	$300\sim500$	$f_c=0.2\sim1.0$	$0.076\sim0.105$	$\leqslant600$	保温绝热用
微孔硅酸钙制品	250	$f_c>0.3$	$0.041\sim0.056$	$\leqslant650$	围护结构及保温管道用
泡沫混凝土	$300\sim500$	$f_c\geqslant0.4$	$0.081\sim0.190$		围护结构
加气混凝土	$400\sim700$	$f_c\geqslant0.4$	$0.093\sim0.160$		围护结构
木丝板	$300\sim600$	$f_c=0.4\sim0.5$	$0.11\sim0.260$		顶棚、隔墙板、护墙板
软质纤维板	$150\sim400$		$0.047\sim0.093$		同上，表面较光洁
软木板	$105\sim437$	$f_c=0.15\sim2.50$	$0.044\sim0.079$	$\leqslant130$	吸水率小、不霉腐、不燃烧，用于绝热结构
芦苇板	$250\sim400$		$0.093\sim0.13$		顶棚、隔墙板
聚苯乙烯泡沫塑料	$20\sim50$	$f_c=0.15$	$0.031\sim0.047$		屋面、墙体保温绝热等
轻质聚氨酯泡沫塑料	$30\sim40$	$f_c\geqslant0.2$	$0.037\sim0.055$	$\leqslant120(-60)$	屋面、墙体保温、冷藏库绝热
聚氯乙烯泡沫塑料	$12\sim72$		$0.045\sim0.081$	$\leqslant70$	屋面、墙体保温、冷藏库绝热

5. 绝热材料选用时应注意的事项

（1）由于绝热材料抗压强度一般都很低，常将其与承重材料复合使用。

（2）大多数绝热材料都具有一定的吸水、吸湿能力，在使用时需在保温隔热层加防水层或隔汽层（$\lambda_水\gg\lambda_气$，一定要注意防潮）。

9.1.2 吸声、隔声材料

吸声材料是能在较大程度上吸收由空气传递的声波能量的建筑材料，主要用于音乐厅、影剧院及播音室等室内的墙面、地面、顶棚等部位，选用适当的吸声材料，能很好地改善声波在室内传播的质量，获得良好的音响效果。

隔声材料是能减弱或隔断声波传递的材料。隔声性能以隔声量表示，隔声量用材料入射声能与透过声能相差的分贝数表示，数值越大，隔声性能越好。

1. 材料的吸声性能

声音起源于物体的振动，例如，人说话时喉间声带的振动和击鼓时鼓皮的振动，都能产生声音，声带和鼓皮就叫作声源。声源的振动迫使邻近的空气随着振动而形成声波，并在空气介质中向四周传播。声音在传播过程中出现两种现象，一部分声能随着距离的加大而扩散，另一部分声能由于空气分子的吸收而减弱。当声波遇到材料表面时，一部分声波被反射，另一部分则穿透材料，其余部分传递给材料被吸收。材料吸收的声能 E 与入射声能 E_0 之比，称为吸声系数 α，它是评定材料吸声性能好坏的主要指标，用公式表示如下：

$$\alpha = \frac{E}{E_0} \tag{9-1}$$

式中　α——材料的吸声系数；

　　　E——材料吸收的声能；

　　　E_0——传递给材料的全部入射声能。

假如入射声能的 55% 被吸收，45% 被反射，则该材料的吸声系数就等于 0.55。当入射声能全部被吸收而无反射时，吸声系数等于 1；当门窗开启时，吸声系数相当于 1。一般材料的吸声系数在 0~1 之间，吸声效果随吸声系数增大而加强。

2. 吸声系数的影响因素

(1)材料表观密度的影响。多孔材料表观密度增加，能使低频吸声效果有所提高，高频吸声性能却下降。

(2)材料厚度的影响。多孔材料的低频吸声系数，一般随着厚度的增加而提高，但厚度对高频影响不显著。

(3)空气层的影响。材料空气层的作用相当于增加了材料的厚度，吸声效果一般随着空气层厚度增加而提高。根据这个原理，调整空气层厚度，可以提高其吸声效果。

(4)材料孔隙特征的影响。吸声材料的气孔应是粗大的、开放的，且应相互连通。吸声材料的表面孔洞和开口连通孔隙愈多则吸声效果愈好。当材料孔隙充水或堵塞，会大大降低吸声效果。

吸声性能除了与材料本身性质、厚度及表面状况(有无空气层及空气层的厚度)有关外，还与声波的入射角及频率有关。为了全面反映材料的吸声性能，规定取 125 Hz、250 Hz、500 Hz、1 000 Hz、2 000 Hz、4 000 Hz 六个频率的平均吸声系数来表示。对上述六个频率的平均吸声系数大于 0.2 的材料，认为是吸声材料。

3. 常用的吸声材料与结构

(1)多孔吸声材料。多孔吸声材料具有良好的中、高频吸声性能。多孔吸声材料具有大量的内外连通微孔，声波入射到材料表面时，声波很快地顺着微孔进入材料内部，引起孔隙内空气的振动，由于摩擦、空气黏滞阻力和材料内部的热传导作用，相当一部分声能转化为热能而被吸收。

多孔吸声材料基本类型见表9-2。

表9-2 多孔吸声材料基本类型

主要种类		常用材料举例	使用情况
纤维材料	有机纤维材料	动物纤维：毛毡	价格高昂，使用较少
		植物纤维：海草、麻绒	防火、防潮性能差，但原料来源丰富
	无机纤维材料	玻璃纤维：中粗棉、超细棉、玻璃棉毡	吸声性能好，保温隔热，不自燃，防潮防腐，应用广泛
		矿渣棉：散棉、矿棉毡	吸声性能好，松散材料易下沉，施工时扎手
	纤维材料制品	软质木纤维板、矿棉吸声板、岩棉吸声板、玻璃棉吸声板	装配式施工，多用于室内吸声装饰工程
颗粒材料制品	砌块	矿渣吸声砖、膨胀珍珠岩吸声砖、陶土吸声砖	多用于砌筑截面较大的消声设施
	板材	膨胀珍珠岩吸声装饰板	质轻、不燃、保温、隔热，但强度偏低
泡沫材料	泡沫材料	聚氨酯及脲醛泡沫材料	吸声性能不稳定，吸声系数使用前要实测
	其他	泡沫玻璃	强度高、防水、不燃、耐腐蚀，但价格高昂，使用较少
		加气混凝土	微孔不贯通，使用较少
		吸声粉刷	多用于不易施工的墙面处

(2)薄板振动吸声结构胶合板、薄木板、硬质纤维板、石膏板、石棉水泥板和金属板等材料，具有低频吸声特性，还有助于声波的扩散。将其固定在墙或顶棚的龙骨上，并在背后留有一定厚度的空气层，即做成薄板振动吸声结构，这种结构是在声波作用下，板内部和龙骨之间出现摩擦损耗，使声能转变为机械振动，而起吸声作用，共振频率一般在80～300 Hz范围。

(3)穿孔板组合式共振吸声结构。这种吸声结构是由穿孔的胶合板、石膏板、硬质纤维板、石棉水泥板、铝合金板和薄钢板等固定在龙骨上，并在背后设置空气层而形成，具有中频的吸声特性，一般可看作是多个单独共振吸声器并联而成。穿孔板厚度、穿孔率、孔径、孔距、背后空气层厚度以及是否填充多孔吸声材料等，都直接影响吸声结构的吸声性能，这种吸声结构在建筑中使用得比较普遍。

(4)共振吸声结构。这种结构具有密闭的空腔，且具有较小的开口孔隙，当受到外力激荡时，密闭的空腔会按一定的频率振动，颈部空气分子在声波的作用下像活塞一样进行往复运动，因摩擦而使声能消耗，从而达到吸声的效果。

(5)悬挂空间吸声体结构。这种材料有平板形、球形、椭圆形和棱锥形等多种形式，悬挂在顶棚上，构成了悬挂空间吸声体，由于这种结构增加了有效的吸声面积，产生边缘效应，加上声波的衍射作用，大大提高了吸声效果。

4. 选用吸声材料的基本要求

选用吸声材料应注意以下几点：

(1)应将吸声材料安装在最容易接触声波和反射次数最多的表面上。

(2)吸声材料强度比较低，应设置在护壁高度以上，以免碰撞损坏。

(3)多孔吸声材料易吸湿，安装时应注意涨缩的影响。

(4)选用的吸声材料应不易虫蛀、腐朽，且不易燃烧。

(5)应尽量选用吸声系数较高的材料，以便节约材料用量。

(6)安装吸声材料时应注意勿使材料的细孔被油漆填塞而降低其吸声效果。

5. 隔声材料

能减弱或隔断声波传递的材料称为隔声材料。声音按传播途径分为空气声(通过空气传播的声音)和固体声(通过固体的撞击或振动传播的声音)。

对空气声的隔绝，主要服从声学中的"质量定律"，即材料的表观密度越大，质量越大，越不易受声波作用而产生振动，其隔声效果越好。所以，应选用表观密度大的材料(如钢筋混凝土、钢板及实心砖等)作为隔绝空气声的材料。

隔绝固体声的最有效措施是隔断声波的连续传播，采用不连续的结构处理，即在产生和传递固体声的结构(如梁、框架、楼板与隔墙等)之间加入具有一定弹性的衬垫材料，如软木、橡胶、毛毡、地毯或设置空气隔离层等，以阻止或减弱固体声的继续传播。

综上所述，材料的隔声与材料的吸声的原理是不同的，因此，吸声效果好的多孔材料，其隔声效果不一定好，吸声性能好的材料未必就是隔声的合适材料，不能简单地把吸声性能好的材料替代隔声材料来使用。

9.2　建筑塑料

建筑塑料是以合成树脂或天然树脂为基础原料，加入(或不加)助剂、增强材料和填料，经加工塑化成型后的产品的总称。

建筑塑料质量轻、韧性高、耐腐蚀性好、功能多、易加工成型，具有一定的装饰性，因此，成为现代建筑领域广泛采用的新材料。

9.2.1　塑料的组成

塑料是由合成树脂及添加剂两类物质组成。

1. 合成树脂

合成树脂是塑料的基本组成材料，它在塑料中起胶结作用，不仅能自身胶结，还能将其他材料牢固地胶结在一起。塑料的工艺性能和使用性能主要是由合成树脂的性能决定的，质量占塑料的40%以上，决定了塑料的类型、性能、用途和成本等。

根据受热时变化特性的不同，合成树脂分为热塑性树脂和热固性树脂。热塑性树脂可反复加热软化，冷却硬化；热固性树脂仅在第一次加热时软化，并且分子间产生化学交联而固化，以后再加热也不会软化。根据所采用合成树脂品种的不同，塑料分为热塑性塑料和热固性塑料两类。

2. 添加剂

塑料中除合成树脂外，往往还要添加如填充剂、增塑剂、稳定剂、润滑剂、着色剂等添加剂。加入这些添加剂的目的是为了改变塑料的性质以及塑料的加工和使用性能。常用的填充剂有滑石粉、石墨粉、石棉、云母及玻璃纤维等；常用的增塑剂有邻苯二甲酸酯类、磷酸酯类等；常用的稳定剂有多种铅盐、硬脂酸盐、炭黑和环氧化物等。

9.2.2 塑料的主要特性

塑料品种繁多，性能各异，与传统的建筑材料相比，塑料的主要特性表现为：

(1)表观密度小。塑料的表观密度一般为 $900\sim2\,200\;kg/m^3$，约为钢材的 1/5，混凝土的 1/3。

(2)比强度高。塑料的比强度远远超过水泥、混凝土，接近或超过钢材，是一种轻质高强的材料。

(3)保温隔热、吸声性好。密实塑料的导热率一般为 $0.12\sim0.80\;W/(m\cdot K)$。泡沫塑料的导热率接近于空气，是良好的隔热、保温材料。同时塑料的吸声性能也很好。

(4)耐腐蚀性好。一般塑料耐酸、碱、盐等腐蚀性物质的作用，具有较高的稳定性。

(5)绝缘性好。塑料的导电性低，是电的不良导体。

(6)装饰性好。塑料具有良好的装饰性能，能制成线条清晰、色彩鲜艳、光泽动人的塑料制品。

(7)加工性好。可采用多种方法将塑料加工成各种类型和形状的产品。

(8)耐老化性差。在外界环境作用下，塑料易老化脆裂。

(9)刚性小。塑料的刚性比钢材等其他材料要小很多。

(10)耐热性差。塑料受热易变形，甚至分解。

(11)易燃。一般塑料都易燃。

9.2.3 建筑中常用的塑料及制品

1. 塑料品种

(1)聚氯乙烯(PVC)。PVC 是建筑中应用最广的塑料之一，分为硬质 PVC 和软质 PVC。PVC 含氯量为 56.8%，聚氯乙烯由于含有氯，所以具有自熄性，这对于防火是十分有利的。

(2)聚乙烯(PE)。PE 按密度大小可分为两大类，即高密度聚乙烯(HDPE)和低密度聚乙烯(LDPE)，主要用作建筑防水材料、给排水管、卫生洁具等。

(3)聚丙烯(PP)。PP 是以聚丙烯树脂为主要成分的塑料，其机械性能和耐热性都优于聚乙烯，刚性、延性、耐蚀性好，无毒，但不耐磨，易燃，有一定的脆性，一般用于生产管材、卫生洁具、耐腐衬板等。

（4）聚苯乙烯（PS）。PS 为无色、透明类似玻璃的塑料，机械强度较高，但抗冲击性较差，即有脆性，敲击时会有金属的清脆声音，耐溶剂性较差，能溶于苯、甲苯、乙苯等芳香族溶剂。最主要的制品是聚苯乙烯泡沫塑料，可作复合板材，用于隔热。

（5）ABS 塑料。ABS 是由丙烯腈、丁二烯和苯乙烯三种单体共聚而成的，具有优良的综合性能，即 ABS 中的三个组分各显其能，丙烯腈使 ABS 有良好的耐化学性及表面硬度，丁二烯使 ABS 坚韧，苯乙烯使它具有良好的加工性能。其性能取决于这三种单体在 ABS 中的比例。

2. 塑料制品

（1）塑料门窗。生产塑料门窗的能耗只有钢窗的 26%。塑料门窗的外观平整，色泽鲜艳，经久不褪，装饰性好。其保温、隔热、隔声、耐潮湿、耐腐蚀等性能，均优于木门窗、金属门窗，外表面不需涂装。

塑料门窗分为全塑门窗和复合塑料门窗，塑料门分为镶嵌门、框板门和折叠门；塑料窗分为平开窗、上旋窗、下旋窗、垂直滑动窗、垂直旋转窗、垂直推拉窗、水平推拉窗和百叶窗等。

（2）塑料管材。塑料管材和传统金属管材相比，具有质量轻、水流阻力小、不结垢、安装使用方便、耐腐蚀性好、使用寿命长等优点。因此，塑料管的应用被列为国家重点推广项目之一。

塑料管分为硬管和软管，用于自来水供水系统配管、排水、排气和排污管，地下排水管、雨水管以及电线安装配套用的电线电缆管等。

（3）塑料楼梯扶手、塑料装饰扣（条）板。这些塑料制品都是以聚氯乙烯树脂为主要原料，加入适量助剂，挤压成型的。其产品色彩鲜艳、耐老化、手感好，适用于各种民用建筑。

（4）玻璃钢卫生洁具。玻璃钢是以玻璃纤维及其制品为增强材料，采用合成树脂（常用不饱和聚酯树脂）为胶粘剂，经一定的成型工艺制作而成的轻质高强型复合材料。

玻璃钢的性能取决于合成树脂和玻璃纤维的性能、相对含量以及它们之间的粘结力。其制品特点是壁薄、质轻、强度高、耐水、耐高温、化学稳定性好、经久耐用。

（5）泡沫塑料。泡沫塑料是以各种树脂为基料，加入一定的发泡剂、催化剂、稳定剂等，经发泡、固化或冷却等工序而制成的多孔塑料制品，泡沫塑料的孔隙率高达 95%～98%，且孔隙尺寸小于 1.0 mm，具有轻质、保温、隔热、吸声、隔声、防震等优点。

建筑上常用的泡沫塑料有聚苯乙烯泡沫塑料、聚氯乙烯泡沫塑料、聚氨酯泡沫塑料、脲醛泡沫塑料等。泡沫塑料目前逐步成为墙体保温的主要材料。

9.3　装饰材料

依附于建筑物表面起装饰和美化作用的材料，称为装饰材料。建筑装饰工程的总体效果及功能的实现，往往是通过装饰材料及配套设备的形体、质感、图案、色彩、功能等体现出来的。另外，装饰材料常兼有绝热、防火、防潮、吸声、隔声等功能，并能起到保护主体结构、延长建筑物使用寿命的作用。

9.3.1 材料的装饰性能

1. 颜色

材料的颜色取决于三方面因素：材料对光谱的反射、射于材料上的光谱组成、观看者的光谱敏感性。

一般人对不协调的颜色组合会产生强烈的反应，颜色选择合适、组合得当，能创造出更好的工作、居住环境，因此，颜色对于材料的装饰效果极为重要。

2. 光泽

光泽是材料表面的一种特性，评定装饰材料外观时其重要性仅次于颜色。光线射到物体上，一部分被反射，一部分被吸收，如果物体是透明的，也有一部分被透射。反射光线分散在各个方向，叫漫反射；若是集中的反射，则称为镜面反射，镜面反射是产生光泽的重要原因。

光泽度可以改变材料表面的明暗程度，并可以扩大视野，造成不同的虚实对比，对物体形象的清晰度起着决定性作用。

3. 透明性

透明性是光线能够透过材料的性质。物体分为透明体(可透光、透视)、不透明体(既不透光也不透视)和半透明体(介于透明体和不透明体之间)。利用不同的透明度可隔断或调整光线的明暗，造成特殊的光学效果，也可使物像清晰或模糊。

4. 材料的质感

材料的质感是材料的表面组织结构、花纹、图案、颜色、光泽、透明性等给人的一种综合感觉，主要通过线条的粗细、表面凹凸不平程度，对光线吸收、反射强弱等产生观感上的区别。

选择饰面材料的质感，不但要看材料本身的装饰效果如何，而且要结合建筑物的体型、体量、风格等因素，统筹考虑。

5. 形状和尺寸

建筑装饰材料的形状和尺寸对装饰效果有很大的影响。改变材料的形状和尺寸，并配合花纹、颜色、光泽等可以拼镶出各种线型和图案，从而获得不同的装饰效果，以满足不同的建筑形体和线型的需要，最大限度地发挥材料的装饰性。

6. 基本使用性能

装饰材料应具备一定的强度、耐久性、耐侵蚀性等，以保证材料有一定的使用寿命。

9.3.2 建筑装饰的效果

装饰效果取决于质感、线型、色彩三个方面。

1. 质感

任何饰面材料及其做法都会以不同的质地感觉表现出来。例如，结实或松软、细致或粗糙等。坚硬而表面光滑的材料如花岗石、大理石，表现出严肃、有力量、整洁的观感。富有弹性而松软的材料如地毯及纺织品，则给人以柔顺、温暖、舒适之感。同种材料不同做法也可以取得不同的质感效果，如粗犷的集料外露混凝土和光面混凝土墙面呈现出迥然不同的质感。

饰面的质感效果还与具体建筑物的体型、体量、立面风格等密切相关。粗犷质感的饰面材料及做法用于体量小、立面造型比较纤细的建筑物就不一定合适，而用于体量比较大的建筑物效果就好些。另外，外墙装饰主要看远效果，材料的质感相对粗些无妨；而室内装饰则多数是在近距离观察，甚至可能与人的身体直接接触，通常采用较为细腻的材料。较大的空间如公共设施的大厅、影剧院、会堂、会议厅等的内墙，适当采用较大线条及质感粗细变化的材料有好的装饰效果；而室内地面因使用上的需要，通常不考虑凹凸质感及线型变化，但陶瓷锦砖、水磨石、拼花木地板和其他软地面虽然表面光滑平整，却也可以利用颜色及花纹的变化表现出独特的质感。

2. 线型

一定的分格缝、凹凸线条也是构成立面装饰效果的因素。墙面抹灰、水刷石、天然石材、混凝土条板等设置分块、分格，除了防止开裂以及满足施工接槎的需要外，也是装饰立面在比例、尺度感上的需要。

3. 色彩

装饰材料的颜色丰富多彩，特别是涂料一类饰面材料，改变建筑物的颜色通常要比改变其质感和线型容易得多，所以，颜色是构成各种材料装饰效果的一个重要因素。

不同的颜色会给人以不同的感受，利用这个特点，可以使建筑物分别表现出质朴或华丽、温暖或凉爽，向后退缩或向前逼近等不同的效果，但是，这种感受要考虑使用环境。例如，青、灰色调在炎热气候的环境中显得凉爽安静，但如在寒冷地区，则会显得阴冷压抑。

9.3.3　装饰材料的选择

装饰的目的就是造就一个自然、和谐、舒适而整洁的环境，各种装饰材料的色彩、质感、触感、光泽等的正确选用，将极大地影响室内外环境。一般来说，装饰材料的选用应根据以下几方面综合考虑。

1. 建筑类别与装饰部位

建筑物有不同的种类和不同的功能，如会堂、医院、办公楼等，装饰材料的选择则各有不同要求。例如，大会堂庄严肃穆，装饰材料常选用质感坚硬而表面光滑的材料，如大理石、花岗石，用较深色调，而不用五颜六色的装饰。医院气氛沉重而宁静，宜用淡色调和花饰较小或素色的装饰材料。

装饰部位的不同，材料的选择也不同。卧室墙面宜淡雅明亮，但应避免强烈反光，宜采用塑料壁纸、墙布等装饰。厨房、厕所应有清洁、卫生气氛，宜采用白色瓷砖或大理石装饰。舞厅是一个兴奋的场所，可以色彩缤纷、五光十色，以能给人刺激的色调和质感的材料为宜。

2. 地域和气候

装饰材料的选用常与地域或气候有关，寒冷地区采暖的房间采用木地板、塑料地板、地毯，其热传导性低，使人感觉暖和舒适。在炎热的南方，则应采用有冷感的材料。

冷饮店采用绿、蓝、紫等冷色材料使人感到清凉的感觉；而地下室、冷藏库等则用红、橙、黄等暖色调的材料，会给人带来温暖的感觉。

3. 场地与空间

空间宽大的会堂、影剧院等，装饰材料的表面组织可粗犷而坚硬，并有突出的立体感，可采用大线条的图案；宽敞的房间，也可采用深色调和较大图案，不使人有空旷感。对于较小的房间，要选择质感细腻、线型较细和有扩大空间效应的材料。

4. 标准与功能

宾馆和饭店有三星、四星、五星等级别，要不同程度地显示其内部的豪华、富丽堂皇的气氛，采用的装饰材料也应分别对待。有空调的建筑，要求装饰材料有保温绝热功能，壁饰可采用泡沫型壁纸，采用绝热或调温玻璃等；影院、会议室、广播室等室内装饰，采用吸声装饰材料，如穿孔石膏板、软质纤维板、珍珠岩装饰吸声板等。

5. 民族性

装饰金箔和琉璃制品是我国特有的装饰材料，这些材料一般用于古建筑或纪念性建筑装饰，表现我国民族和文化的特色。

6. 经济性

从经济角度考虑装饰材料的选择，应有一个总体观念。即不但要考虑一次投资，也应考虑维修费用，在关键环节宁可加大投资，以延长使用年限，保证总体上的经济性。

9.3.4　常用装饰材料

1. 石材类装饰材料

(1)天然大理石板材。通常所说的大理石是指具有装饰功能，可锯切、研磨、抛光的各种沉积岩和变质岩。属沉积岩的大致有致密石灰岩、砂岩、白云岩等；属变质岩的大致有大理岩、石英岩、蛇纹岩等。

根据形状，大理石板材可分为普形板(PX)、圆弧板(HM)和异形板(YX)三类。普形板为正方形或长方形，圆弧板为装饰面轮廓线的曲率半径处处相同的板材，其他形状的板材为异形板。普形板和圆弧板按质量又分为优等品(A)、一等品(B)和合格品(C)三个等级。

大理石板材用于装饰等级较高的建筑物饰面，主要用于室内饰面，如墙面、地面、柱面、台面、栏杆、踏步等。因大理石抗风化能力差，易受空气中二氧化硫的腐蚀而使表层失去光泽、变色并逐渐破损，通常只有白色大理石(汉白玉)等少数致密、质纯的品种可用于室外。

（2）天然花岗石板材。通常所说的花岗石是广义的，是指具有装饰功能，可锯切、研磨、抛光的各种岩浆岩及少数其他类岩石，主要是岩浆岩中的深成岩和部分喷出岩及变质岩。属深成岩的有花岗岩、闪长岩、正长岩、辉长岩；属喷出岩的有辉绿岩、玄武岩、安山岩；属变质岩的有片麻岩。这类岩石的构造非常致密，矿物全部结晶且晶粒粗大，块状构造或粗晶嵌入玻璃质结构中呈斑状构造。

花岗石板材按形状可分为普形板（PX）、圆弧板（HM）和异形板（YX）三种；按表面加工程度又分为：亚光板（YG）（表面平整光滑，能使光线产生漫反射现象）、镜面板材（JM）（表面平整，具有镜面光泽）、粗面板（CM）（表面粗糙规则有序，端面锯切整齐）。普形板和圆弧板按质量又分为优等品（A）、一等品（B）及合格品（C）三个等级。

花岗石板材质感丰富，具有华丽高贵的装饰效果且质地坚硬、耐久性好，是室内外高级装饰材料。主要用于建筑物的墙、柱、地面、楼梯、台阶、栏杆等表面装饰及服务台、展示台等。

在选用花岗石作室内装饰用石材时，应注意其放射性指标是否合格。

（3）人造石材。按照生产所用原料的不同，人造石材可分为以下四类：

1）树脂型人造石材。树脂型人造石材是以不饱和聚酯为胶粘剂，天然大理碎石、石英砂、方解石、石粉或其他无机填料按一定比例配合，再加入催化剂、固化剂、颜料等，经混合搅拌、固化成型、脱模烘干、表面抛光等工序加工而成。

2）复合型人造石材。复合型人造石材采用的胶粘剂中，既有无机材料，又有有机高分子材料。其制作工艺是：先用水泥、石粉等制成水泥砂浆的坯体，再将坯体浸于有机单体中，使其在一定条件下聚合而成。

3）水泥型人造石材。水泥型人造石材是以各种水泥为胶结材料，天然碎石、砂为粗、细集料，经配制、搅拌、加压蒸养、磨光和抛光后制成的人造石材。

4）烧结型人造石材。烧结型人造石材的生产方法与陶瓷相似，是将长石、石英、辉绿石、方解石等粉料和赤铁矿粉，以及一定量的高岭土共同混合，用混浆法制备坯料，用半干压法成型，再在窑炉中以 1 000 ℃左右的高温焙烧而成。

以上四类人造石材中，树脂型人造石材是目前国内外使用较多的一种人造石材，其主要性能如下：

①色彩花纹仿真性强，其质感和装饰效果可以和天然石材媲美。

②质量轻，强度高，不易碎，便于粘贴施工和降低结构的自重。

③具有良好的耐酸性、耐腐蚀性和抗污染性。

④可加工性好，易于锯切、钻孔，便于安装施工。

⑤易老化，树脂型人造石材由于采用了有机胶结料，在大气中长期受光、热、氧、水分等综合作用后，会逐渐老化，表面褪色、失去光泽而降低装饰效果。

目前树脂型人造石材主要用于室内的装饰与装修，如厨房、卫生间等台面。

2. 玻璃类装饰材料

玻璃的用途除透光、透视、隔声、隔热外，还有装饰作用。特种玻璃还有吸热、保温、防辐射、防爆等用途。

（1）普通平板玻璃。普通平板玻璃是使用量最大的一种，常采用垂直引上法和浮法生产。浮法生产的平板玻璃质量好，具有表面平整、厚度公差小、无波筋等优点，厚度为2～12 mm。普通平板玻璃具有良好的透光性、较高的化学稳定性和耐久性，但韧性小、抗冲击强度低、易破碎，主要用于装配门窗，起透光、挡风雨、保温、隔声等作用。

（2）节能玻璃。节能玻璃包括吸热玻璃、热反射玻璃、中空玻璃等，主要起装饰作用，并具有良好的保温、绝热功能。除用于一般门窗外，常作为幕墙玻璃。

1）吸热玻璃。吸热玻璃是既能吸收红外线辐射，又能吸收紫外线，还能保持良好透光率的平板玻璃，有灰色、茶色、蓝色、绿色等颜色，凡既需采光又需隔热之处，均可采用。

2）热反射玻璃。热反射玻璃也称镀膜玻璃，既有较高的热反射能力，又能保持良好的透光性能。它是在玻璃表面用热解、蒸发、化学处理等方法喷涂金、银、铜、镍、铬、铁等金属或金属氧化物薄膜而成。

热反射玻璃的反射率高达30％以上，具有单向透视作用，越来越多地用作高层建筑的幕墙。

3）中空玻璃。中空玻璃由两片或多片平板玻璃构成，用边框隔开，四周边缘部分用密封胶密封，玻璃层间充有干燥气体。使用的玻璃原片有平板玻璃、吸热玻璃、热反射玻璃等。

中空玻璃的特性是保温、绝热，节能性好，隔声性能优良，并能有效地防止结露。其主要用于需要采暖、空调、防噪声、防结露及需要无直射阳光和需特殊光线的建筑。

（3）安全玻璃。安全玻璃包括钢化玻璃、夹丝玻璃、夹层玻璃，主要特性是力学强度较高，抗冲击能力较好，被击碎时，碎块不飞溅伤人，并有防火的功能，因此称为安全玻璃。

1）钢化玻璃。钢化玻璃又称强化玻璃，它是利用加热到一定温度后迅速冷却的方法或化学方法进行特殊钢化处理的玻璃。机械强度比未经钢化的玻璃大4～5倍，抗冲击性能好、弹性好、热稳定性高，当玻璃破碎时，裂成圆钝的小碎片，不伤人。其主要用作高层建筑的门窗、隔墙与幕墙。

2）夹丝玻璃。夹丝玻璃是将预先编织好的钢丝网压入已软化的红热玻璃中而制成的。其抗折强度高、防火性能好，破碎时即使有许多裂缝，其碎片仍能附着在钢丝上，不致四处飞溅而伤人。其主要用于厂房天窗、各种采光屋顶和防火门窗等。

3）夹层玻璃。夹层玻璃是在两片或多片平板玻璃之间嵌夹透明塑料（聚乙烯醇缩丁醛）薄衬片，经加热、加压粘合成平面的或曲面的复合玻璃制品。夹层玻璃抗冲击性和抗穿透性好，玻璃破碎时不裂成分离的碎片，只有辐射状的裂纹和少量玻璃碎屑，碎片仍粘贴在薄片上，不致伤人。

夹层玻璃主要用于有特殊安全要求的门窗、隔墙、工业厂房的天窗以及某些水下工程等。

（4）装饰玻璃。

1）压花玻璃。压花玻璃是将熔融的玻璃液在冷却过程中，通过带图案的花纹辊轴连续对辊压延而成，可一面压花，也可两面压花。喷涂处理后的压花玻璃，立体感强，强度可提高50％～70％，透光不透视。

2）有色玻璃。有色玻璃又称颜色玻璃、彩色玻璃，有透明和不透明两种。透明颜色玻璃是在原料中加入着色金属氧化物使玻璃带色，不透明颜色玻璃是在一定形状的玻璃表面喷以色釉,经过烘烤而成。

不透明颜色玻璃也叫饰面玻璃,经退火处理的饰面玻璃可以裁切,经钢化处理的饰面玻璃不能裁切。

3)磨砂玻璃。磨砂玻璃是一种毛玻璃,它是用硅砂、金刚石、石榴石粉等研磨材料,采用机械喷砂、手工研磨或氢氟酸溶蚀等方法,把普通玻璃表面处理成均匀毛面而成。它具有透光不透视,使室内光线不炫目、不刺眼的特点。

(5)玻璃制品。

1)玻璃空心砖。玻璃空心砖一般是由两块压铸成凹形的玻璃经熔结或胶结而成的,砖面可为光滑平面,也可在内、外压铸多种花纹,内腔可为空气,也可填充玻璃棉等。它具有透光不透视,抗压强度较高,保温隔热性、隔声性、防火性、装饰性好等特点,可用来砌筑透光墙壁、隔断、门厅、通道等。

2)玻璃马赛克。玻璃马赛克又称玻璃锦砖,是一种小规格的饰面玻璃。它具有色调柔和、朴实典雅、美观大方、化学稳定性好、热稳定性好、不变色、易清洗、便于施工等优点。它适用于宾馆、医院、办公楼、礼堂、住宅等建筑的内外墙饰面。

3. 陶瓷类装饰材料

陶瓷制品可分为陶质、瓷质和炻质三大类。陶质制品烧结程度相对较低,为多孔结构,通常吸水率较大(10%~22%)、强度较低、抗冻性较差、断面粗糙无光、不透明、敲击时声粗哑,分无釉和施釉两种制品,适用于室内使用。瓷质制品烧结程度高,结构致密、断面细致并有光泽、强度高、坚硬耐磨、基本不吸水(吸水率<1%)、有一定的半透明性,通常施有釉层。炻质制品介于两者之间,其构造比陶质致密,吸水率较小(1%~10%),但又不如瓷器洁白,其坯体多带有颜色,无半透明性。

(1)墙地砖。这类材料通常可墙、地两用,故称为墙地砖。

墙地砖的表面质感可以通过配料和制作工艺制成多种样式,如平面、麻面、抛光面、仿花岗石面、压花浮雕面、金属光泽面、防滑面和耐磨面等,且均可通过着色颜料制成各种色彩。

新型墙地砖主要有劈离砖、彩胎砖、麻面砖、金属光泽釉面砖、玻化砖、陶瓷艺术砖、大型陶瓷装饰面板等。

墙地砖质地较致密、强度高、吸水率小、热稳定性好、耐磨性和抗冻性均较好,主要用于室内、外地面装饰和外墙装饰。

(2)釉面内墙砖。釉面内墙砖简称内墙砖或瓷砖,以烧结后成白色的耐火黏土、叶蜡石或高岭土等为原材料制成坯体,面层为釉料,经高温烧结而成。

釉面砖一般不宜用于室外,因为坯体吸水率较大而面层釉料吸水率较小,当坯体吸水后产生的膨胀应力大于釉面抗拉强度时,会导致釉面层的开裂或剥落,严重影响装饰效果。

釉面砖在粘贴前通常要求浸水 2 h 以上,取出晾至表面干燥,才可进行粘贴。否则,因干坯吸走水泥浆中的大量水分,影响水泥浆的凝结硬化,降低粘结强度,造成空鼓、脱落等现象。通常在水泥浆中掺入一定量的建筑胶水,以改善水泥浆的和易性、延缓水泥的凝结时间、提高铺贴质量、提高与基层的粘结强度。

（3）琉璃制品。琉璃制品以难熔黏土做原料，经配料、成型、干燥、素烧，表面涂以琉璃釉料后，再经烧制而成。

常见的颜色有金、黄、蓝和青等，琉璃制品耐久性好，不易褪色，不易剥釉，表面光滑、色彩绚丽，造型古朴，富有民族特色，主要产品有琉璃瓦、琉璃砖、琉璃兽、琉璃花窗、栏杆等装饰制件，还有琉璃桌、绣墩、鱼缸、花盆、花瓶等工艺品。它主要用于建筑屋面(如板瓦、筒瓦、滴水、勾头，飞禽走兽等)，用作檐头和屋脊的装饰物，还可以用于园林中的亭、台、楼阁。

本章小结

本章主要介绍建筑功能材料。建筑功能材料是担负某些功能的非承重材料，如绝热材料、隔声与吸声材料、装饰材料等，建筑功能材料为人类生活居住提供了更舒适的环境。

近年来，建筑功能材料发展迅速，并且在三方面已经有了较大的发展：一是注重环境协调性，注重健康、环保；二是复合多功能；三是智能化。

第 10 章　建筑材料常规检测试验

10.1　建筑材料试验的基本技能

10.1.1　试验重要性

建筑材料试验是评定建筑材料等级，了解材料性能的重要手段，是建筑材料课程的一个重要组成部分。尤其对于建筑类院校的学生来说，建筑材料试验更是一个不可缺少的教学环节，它与课堂理论教学相互配合，学生一方面可验证和巩固课堂上讲授的理论知识，充实和丰富教学内容，另一方面通过试验操作，学生熟悉试验设备和试验操作技能，可提高动手能力。另外，通过材料检测试验，可具体了解材料的取样、检验项目、检测方法和相关技术标准、规范，为将来的实际工作打下坚实的基础。材料检测技能是实际工作中材料员、试验员必备的基本技能，通过试验不但可以培养正确的科学观点和方法，还可以提高独立分析、解决问题的能力。培养学生材料检测技能是建筑类院校的一项重要任务。

10.1.2　试验内容

建筑材料试验内容主要侧重三个方面。

1. 取样

在进行试验之前，首先要选取试件，试件必须具有代表性，取样原则为随机取样。在建筑工程中实行见证取样和送检，就是指在建设单位或监理单位人员的见证下，施工单位的现场试验员对工程中涉及结构安全的试块、试件或材料在施工现场取样，并送至具有资质的检测机构进行检测。

2. 测试技术

测试技术包括仪器的选择、试件的制备、试验条件和测试方法的选择确定。仪器选择主要考虑仪器的精度，试验条件主要考虑试验时的温度、湿度，试件的尺寸大小与试验时的加荷速度等。

3. 试验报告的编写、整理、分析

试验报告是经过数据整理、计算、编制的结果，而不是原始记录，也不是计算过程的罗列，经过整理计算后的数据可用图、表等表示，达到一目了然的目的。为了编写出符合要求的试验报告，在整个试验过程中必须认真做好有关现象及原始数据的记录，以便于分析、评定测试结果。

10.1.3　建筑材料检测人员基本素质

(1)参与建筑材料检测的人员必须有相关的资质证书才能上岗。

(2)检测人员必须切实执行工程产品的有关标准、试验方法及有关规定。

(3)检测人员必须具有科学的态度，不得私自修改试验原始数据，不得假设试验数据，尊重科学，尊重事实，对出具的检测报告的科学性、准确性负责。

(4)坚决杜绝检测工作中不负责任、敷衍了事、不按有关标准、规程进行试验操作等行为。

10.1.4　试验报告

试验的主要内容都应在试验报告中反映，试验报告的形式可以不尽相同，但其内容应该包括：试验名称、内容；目的与原理；试件编号、测试数据与计算结果；结果评定与分析；试验条件与日期；试验、校核、技术负责人。

工程质量检测报告内容包括：委托单位，委托日期，报告日期，样品编号，工程名称、样品产地和名称，规格及代表数量，检测条件，检测依据，检测项目，检测结果，结论等。

10.1.5　试验学习过程

试验前做好预习，明确试验目的、基本原理及操作步骤、方法，对仪器的使用、材料的性质充分了解。

在试验的过程中要严格遵守试验操作规程，注意观察试验现象，做好试验记录。

对试验结果进行分析评定，做好试验报告。

10.2　建筑材料基本性能检测

通过对建筑材料密度、表观密度、堆积密度的测定，可计算出建筑材料的孔隙率及空隙率，从而了解建筑材料的构造特征。由于建筑材料构造特征是决定材料强度、吸水率、抗渗性、抗冻性、耐腐蚀性、导热性及吸声等性能的重要因素，因此，了解建筑材料的基本性质，对于掌握材料的特性和使用功能是十分必要的。

10.2.1　密度试验

(1)主要仪器设备。李氏瓶(图 10-1)、筛子(孔径 0.20 mm 或 900 孔/cm²)、量筒、烘箱、干燥器、物理天平、温度计、漏斗、小勺等。

（2）试件制备。

1）将试件碾磨后用 0.20 mm 筛筛分，全部通过筛孔后，放到 (105±5) ℃的烘箱中，烘至恒重。

2）将烘干的粉料放入干燥器中冷却至室温备用。

（3）试验方法及步骤。

1）在李氏瓶中注入与试件不发生反应的液体至突颈下部，记下刻度值(V_0)。

2）用天平称取 60～90 g 试件(m_1)，精确至 0.01 g，用小勺和漏斗小心地将试件徐徐送入李氏瓶中（注意不能大量倾倒，以防李氏瓶中空气排出或使咽喉位堵塞），直至液面上升至 20 mL 左右的刻度为止。

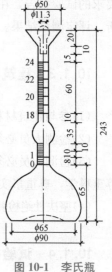

图 10-1 李氏瓶

3）用瓶内的液体将粘附在瓶颈和瓶壁的试件洗入瓶内，转动李氏瓶使液体中气泡排出，记下液面刻度(V_1)。

4）称取未注入瓶内剩余试件的质量(m_2)，计算出装入瓶中试件质量 m。

5）将注入试件后的李氏瓶中液面读数 V_1 减去未注前的液面读数 V_0，得出试件的绝对体积 V。

（4）结果计算。

1）按下式计算出密度（精确至 0.01 g/cm³）：$\rho = \dfrac{m}{V}$。

2）密度测试应以两个试件平行进行，以其计算结果的算术平均值作为最后结果。如两次结果之差大于 0.02 g/cm³，则试验需要重做。

10.2.2 表观密度试验

表观密度是指材料在自然状态下，单位体积（包括内部孔隙的体积）的质量。试验方法有容量瓶法、广口瓶法和直接测量法，其中容量瓶法用来测定砂的表观密度，广口瓶法用来测定石子的表观密度，用直接测量法测定几何形状规则的材料。

1. 砂的表观密度试验(容量瓶法)

（1）主要仪器用具。容量瓶(500 mL)、托盘天平、干燥器、浅盘、铝制料勺、温度计、烘箱、烧杯等。

（2）试件制备。将 660 g 左右的试件在温度为 (105±5) ℃的烘箱中烘干至恒重，并在干燥器内冷却至室温。

（3）试验方法及步骤。

1）称取烘干的试件 300 g(m_0)，精确至 1 g，将试件装入容量瓶，注入冷开水至接近500 mL 的刻度处，摇转容量瓶，使试件在水中充分搅动，排除气泡，塞紧瓶塞后静置24 h。

2)静置后用滴管添水，使水面与瓶颈 500 mL 刻度线平齐，再塞紧瓶塞，擦干瓶外水分，称取其质量(m_1)，精确至 1 g。

3)倒出瓶中的水和试件，将瓶的内外表面洗净，再向瓶内注入与前面水温相差不超过 2 ℃的冷开水至瓶颈 500 mL 刻度线，塞紧瓶塞并擦干瓶外水分，称取其质量(m_2)，精确至 1 g。

(4)结果计算。按下式计算砂的表观密度 $\rho_{0,s}$（精确至 10 kg/m^3）：

$$\rho_{0,s}=(\frac{m_0}{m_0+m_2-m_1})\times 1\,000(kg/m^3)$$

2. 石子表观密度试验(广口瓶法)

(1)主要仪器设备。广口瓶、烘箱、天平、筛子、浅盘、带盖容器、毛巾、刷子、玻璃片等。

(2)试件制备。将试件筛去 4.75 mm 以下的颗粒，用四分法缩分至表 10-1 规定的数量，洗刷干净后，分成大致相等的两份备用。

表 10-1　表观密度试验所需试件数量

最大粒径/mm	小于 26.5	31.5	37.5	63.0	75.0
最少试件质量/kg	2.0	3.0	4.0	6.0	6.0

(3)试验方法与步骤。

1)将试件浸水饱和后，装入广口瓶中，装试件时广口瓶应倾斜放置，然后注满清水，用玻璃片覆盖瓶口，上下左右摇晃广口瓶以排除气泡。

2)气泡排尽后，向广口瓶内添加清水，直至水面凸出到瓶口边缘，然后用玻璃片沿瓶口迅速滑行，使水面与瓶口平齐。擦干瓶外水分后，称取试件、水、瓶和玻璃片的质量(m_1)，精确至 1 g。

3)将瓶中的试件倒入浅盘中，置于(105±5) ℃的烘箱中干至恒重，在干燥器中冷却至室温后称出试件的质量(m_0)，精确至 1 g。

4)将广口瓶洗净，重新注入清水，使水面与瓶口平齐，用玻璃片紧贴瓶口水面，擦干瓶外水分后称出质量(m_2)，精确至 1 g。

(4)结果计算。按下式计算石子的表观密度 $\rho_{0,g}$（精确到 10kg/m^3）：

$$\rho_{0,g}=(\frac{m_0}{m_0+m_2-m_1})\times 1\,000(kg/m^3)$$

按照规定，砂石表观密度测定应用两份试件分别测定，并以两次结果的算术平均值作为测定结果（精确到 10 kg/m^3），如两次结果之差大于 20 kg/m^3，应重新取样测试；对颗粒材质不均匀的石子试件，如两次试验结果之差值超过 20 kg/m^3，可取四次测定结果的算术平均值作为测定值。

3. 直接测量法

(1)主要仪器设备。游标卡尺、天平、烘箱、干燥器等。

(2)试件制备。将形状规则的试件放入(105±5)℃的烘箱内烘干至恒重,取出放入干燥器中,冷却至室温待用。

(3)试验方法与步骤。用游标卡尺量出试件尺寸(试件为正方体或平行六面体时以每边测量上、中、下三个数值的算术平均值为准。试件为圆柱体时,按两个互相垂直的方向量其直径,各方向上、中、下量三次,直径取六次测定结果的平均值;按两个相互垂直的方向量其高度,分别量四次,高度取四次测定结果的平均值),并计算出其体积(V_0)。

用天平称量出试件的质量(m),并按下式计算出体积密度 ρ_0(精确至 10 kg/m³):

$$\rho_0 = \frac{m}{V_0}$$

10.2.3　堆积密度试验

堆积密度是指粉状或颗粒状材料,在堆积状态下,单位体积(包括组成材料的孔隙、堆积状态下的空隙和密实体积之和)的质量。堆积密度的测定根据所测定材料的粒径不同而采用不同的方法,但原理相同。实际工程中主要测试砂和石子的堆积密度。

1. 砂堆积密度试验

(1)主要仪器设备。标准容器(金属圆柱形,容积为 1 L)、标准漏斗(图 10-2)、案秤、铝制料勺、烘箱、直尺等。

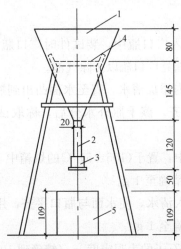

图 10-2　砂堆积密度漏斗

1—漏斗;2—φ20 管子;3—活动门;4—筛子;5—容量筒

(2)试件制备。用四分法缩取砂样约 3 L,试件放入浅盘中,将浅盘放入温度为(105±5)℃的烘箱中烘至恒重,取出冷却至室温,筛除大于 4.75 mm 的颗粒,分为大致相等的两份待用。

(3)试验方法及步骤。

1)称取标准容器的质量(m_1)精确至 1 g;将标准容器置于下料漏斗下面,使下料漏斗对正中心。

2)取试件一份,用铝制料勺将试件装入下料漏斗,打开活动门,使试件徐徐落入标准容器(漏斗出料口或料勺距标准容器筒口为 5 cm),直至试件装满并超出标准容器筒口。

3)用直尺将多余的试件沿筒口中心线向两个相反方向刮平,称其质量(m_2),精确至 1 g。

(4)结果计算。试件的堆积密度 ρ'_0 按下式计算(精确至 10 kg/m³):

$$\rho'_0 = \frac{m_2 - m_1}{V'_0} \times 1\ 000 (\text{kg/m}^3)$$

堆积密度应用两份试件测定,并以两次结果的算术平均值作为测定结果。

2. 石子堆积密度试验

(1)主要仪器设备。标准容器(根据石子最大粒径选取,见表 10-2)、秤、小铲、烘箱、直尺等,磅秤(感量 50 g)。

表 10-2　标准容器规格

石子最大粒径/mm	标准容器/L	标准容器尺寸/mm		
		内径	净高	壁厚
9.5, 16.0, 19.0, 26.5	10	208	294	2
31.5, 37.5	20	294	294	3
53.0, 63.0, 75.0	30	360	294	4

(2)试件制备。石子按规定(表 10-3)取样烘干或风干后,拌匀并将试件分为大致相等的两份备用。

表 10-3　石子堆积密度试件取样质量

粒度/mm	9.5	16.0	19.0	26.5	31.5	37.5	63.0	75.0
称量/kg	40	40	40	40	80	80	120	120

(3)试验方法及步骤。

1)称取标准容器的质量(m_1)及测定标准容器的体积 V'_0,取一份试件,用小铲将试件从标准容器上方 50 mm 处徐徐加入,试件自由下落,直至容器上部试件呈锥体且四周溢满时停止加料。

2)除去凸出容器表面的颗粒,并以合适的颗粒填入凹陷部分,使表面凸起部分体积和凹陷部分体积大致相等。称取试件和容量筒总质量 m_2,精确至 10 g。

(4)结果计算。试件的堆积密度 ρ'_0 按下式计算(精确至 10 kg/m³):

$$\rho'_0 = \frac{m_2 - m_1}{V'_0} \times 1\ 000 (\text{kg/m}^3)$$

堆积密度应用两份试件测定,并以两次结果的算术平均值作为测定结果。

10.2.4 孔隙率、空隙率计算

1. 孔隙率计算

孔隙率是指材料体积 (V_0) 中，孔隙体积 (V_0-V) 所占的比例。材料的孔隙率 P 按下式计算：

$$P=\frac{V_0-V}{V_0}\times100\%=(1-\frac{\rho_0}{\rho})\times100\%$$

式中　ρ——材料的密度；

　　　ρ_0——材料的表观密度。

2. 空隙率计算

空隙率是指粉状或颗粒状材料的堆积体积 (V_0') 中，颗粒间空隙体积 $(V_0'-V_0)$ 所占的比例。

材料的空隙率按下式计算：

$$P'=\frac{V_0'-V_0}{V_0'}\times100\%=(1-\frac{\rho_0'}{\rho_0})\times100\%$$

式中　ρ_0'——材料的堆积密度；

　　　ρ_0——材料的表观密度。

10.2.5 材料的吸水率检测

材料的吸水率是指材料在吸水饱和状态下的吸水量和干燥状态下材料的质量或体积比，分别用质量吸水率和体积吸水率表示。

1. 主要仪器用具

天平、烘箱、玻璃盆、游标卡尺等。

2. 试件制备

将试件置于温度为 (105 ± 5) ℃的烘箱中烘至恒重，再放入干燥器内冷却至室温待用。

3. 测试方法与步骤

(1)从干燥器内取出试件称其质量 m_1。将试件放入玻璃盆中，在盆底放置垫条(玻璃管或玻璃棒)，使试件和盆底有一定距离，试件之间留出 $1\sim2$ cm 的间隙，使水能够自由进入。

(2)加水至试件高度的 1/3 处，过 24 h 后再加水至试件高度的 2/3 处，再过 24 h 后加满水，并放置 24 h。逐次加水的目的是使试件内的空气排出。

(3)取出试件，用拧干的湿毛巾擦去试件表面水分后称取质量 m_2。

(4)为检验试件是否吸水饱和，可将试件重新浸入水中至试件高度 3/4 处，过 24 h 后重新称量，两次称量结果之差不超过 1% 即可认为吸水饱和。

4. 结果计算

材料的质量吸水率和体积吸水率按下式计算：

$$W_\mathrm{w} = \frac{m_2 - m_1}{m_1} \times 100\%$$

$$W_\mathrm{v} = \frac{m_2 - m_1}{V_0 \cdot \rho_\mathrm{w}} \times 100\%$$

式中　W_w——材料的质量吸水率；

　　　W_v——材料的体积吸水率；

　　　m_1——试件的干燥质量；

　　　m_2——试件的吸水饱和质量；

　　　V_0——试件的自然体积；

　　　ρ_w——水的密度。

按规定，材料的吸水率测试应使用三个试件平行进行，并以三个试件吸水率的算术平均值作为测试结果。

10.3　水泥性能试验

10.3.1　水泥性能检测的一般规定

1. 编号和取样

施工现场取样以同一水泥厂、同品种、同强度等级、同一批号且连续进场的水泥为一个取样单位。袋装不超过 200 t 为一批，散装不超过 500 t 为一批，每批抽样不少于一次。取样可以在水泥输送管道中、袋装水泥堆场和散装水泥卸料处或输送水泥运输机具上进行。取样应有代表性，可连续取，也可从 20 个以上不同部位抽取等量水泥样品，总数不少于 12 kg。

2. 对试验材料的要求

试件要充分拌匀，通过 0.9 mm 方孔筛并记录筛余物的百分数。

试验室用水必须是洁净的饮用水。

3. 养护与试验条件

养护室温度应为(20±1) ℃，相对湿度应大于 90%，养护池水温为(20±1) ℃；试验室温度应为(20±2) ℃，相对湿度应大于 50%。

水泥试件、标准砂、拌合水及试模等温度均与试验室温度相同。

10.3.2　水泥细度检测

水泥细度指水泥颗粒粗细程度，水泥的化学、力学性质都与细度有关，因此细度是水泥质量的控制指标之一。水泥细度检验方法有负压筛法、水筛法和手工干筛法三种。三种检验方法发生争议时，以负压筛法为准。三种方法都采用 80 μm 筛对水泥试件进行筛析试验，用筛网上所得筛余物的质量占试件原始质量的百分数来表示水泥样品的细度。

1. 负压筛法

(1)主要仪器用具。

1)负压筛：采用边长为 80 μm 的方孔铜丝筛网制成，并附有透明的筛盖，筛盖与筛口应有良好的密封性。

2)负压筛析仪：由筛座、负压源及收尘器组成。

3)天平(称量为 100 g，感量为 0.05 g)、烘箱等。

(2)试验步骤。检查负压筛析仪系统，调压至 4 000～6 000 Pa 范围内。称取过筛的水泥试件 25 g，置于洁净的负压筛中，盖上筛盖并放在筛座上。启动并连续筛析 2 min，在此期间如有试件粘附于筛盖，可轻轻敲击使试件落下。筛毕取下，用天平称量筛余物的质量(g)，精确至 0.1 g。

2. 水筛法

(1)主要仪器设备。

1)水筛及筛座：水筛采用边长为 80 μm 的方孔铜丝筛网制成，筛框内径 125 mm，高 80 mm。

2)喷头：直径 55 mm，面上均匀分布 90 个孔，孔径 0.5～0.7 mm，喷头安装高度离筛网 35～75 mm 为宜。

3)天平(称量为 100 g，感量为 0.05 g)、烘箱等。

水筛法装置系统图如图 10-3 所示。

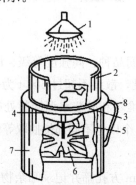

图 10-3　水筛法装置系统图

1—喷头；2—标准筛；3—旋转托架；

4—集水斗；5—出水口；6—叶轮；

7—外筒；8—把手

(2)试验步骤。调整好水筛架的位置，使其能正常运转。称取已通过 0.9 mm 方孔筛的试件 50 g，倒入水筛内，立即用洁净的自来水冲至大部分细粉通过筛孔，再将筛子置于筛座上，用水压 0.03～0.07 MPa 的喷头连续冲洗 3 min。筛毕，用少量水把筛余物冲至蒸发皿中，等水泥颗粒全部沉淀后，小心倒出清水。将蒸发皿在烘箱中烘至恒重，称量试件的筛余量，精确至 0.1 g。

3. 手工干筛法

(1)主要仪器用具。

1)筛子：筛框有效直径为 150 mm，高 50 mm、方孔边长为 80 μm 的铜布筛。

2)烘箱、天平等。

(2)试验步骤。称取烘干的水泥试件 50 g 倒入干筛内，盖上筛盖，用一只手执筛往复摇动，另一只手轻轻拍打，拍打速度每分钟约 120 次，每 40 次向同一方向转动 60°，使试件均匀分布在筛网上，直至每分钟通过的试件量不超过 0.05 g 为止。

4. 试验结果计算

水泥试件筛余百分数按下式计算(精确至 0.1%)：

$$F = \frac{R_s}{W} \times 100\%$$

式中　F——水泥试件的筛余百分数，%；

R_s——水泥筛余物的质量，g；

W——水泥试件的质量，g。

10.3.3　水泥比表面积检测

水泥比表面积测定原理是以一定量的空气，透过具有一定空隙率和一定厚度的压实粉层时所受阻力不同而进行测定的，同时采用已知比表面积的标准物料对仪器进行校正。

1. 主要仪器

电动勃氏透气比表面仪、分析天平(分度值为 1 mg)等。

2. 试验步骤

(1)首先用已知密度、比表面积等参数的标准粉对仪器进行校正，用水银排代法测粉料层的体积，同时需进行漏气检查。

(2)根据所测试件的密度和试料层体积等计算出试件量，称取烘干备用的水泥试件(精确至 0.1 g)，制备粉料层。

(3)进行透气试验，开动抽气泵，使比表面仪压力计中液面上升到一定高度，关闭旋塞和气泵，记录压力计中液面由指定高度下降至一定距离时的时间，同时记录试验温度。

3. 结果计算

当试验时温差≤3 ℃，且试件与标准粉具有相同的孔隙率时，水泥比表面积 S 可按下式计算(精确至 10 cm²/g)：

$$S = \frac{S_s \sqrt{T}}{\sqrt{T_s}}$$

式中　T、T_s——水泥试件与标准粉在透气试验中测得的时间(s)；

S_s——标准粉的比表面积(cm²/g)。

水泥比表面积应由二次试验结果的平均值确定，两次试验结果相差 2% 以上时，应重新试验，并将结果换算成以 m^2/kg 为单位。

10.3.4　水泥标准稠度用水量试验(标准法和代用法)

1. 标准法

(1)试验目的。测定水泥浆具有标准稠度时需要的加水量，作为水泥凝结时间、体积安定性试验时拌合水泥净浆加水量的根据。

(2)试验仪器设备。

1)水泥净浆搅拌机：净浆搅拌机由搅拌锅、搅拌叶片、传动机构和控制系统组成。搅拌叶片在搅拌锅内做旋转方向相反的公转和自转，转速为 90 r/min，控制系统可以自动控制，也可以人工控制。

2)维卡仪：水泥标准稠度与凝结时间测定仪(维卡仪)，其滑动部分总质量为(300±1)g，标准稠度测定用试杆有效长度为(50±1) mm，直径为(10±0.5)mm 的圆柱形耐腐蚀金属制成。盛装水泥净浆的试模应由耐腐蚀的、有足够硬度的金属制成。试模为深 40 mm、顶内径 65 mm、底内径 75 mm 的截顶圆锥体。每只试模应配备一个面积大于试模且厚度≥2.5 mm 的平板玻璃板。

3)天平(感量 1 g)及人工拌合工具等。

(3)试验步骤。

1)试验前必须检查维卡仪的金属棒能否自由滑动；调整试杆使试杆接触玻璃板时指针对准标尺零点。

2)称取 500 g 水泥试件；量取拌合水(按经验确定)，水量精确至 0.1 mL，用湿布擦抹水泥净浆搅拌机的筒壁及叶片；将拌合水倒入搅拌锅内，然后在 5～10 s 内将称好的 500 g 水泥加入水中。

将搅拌锅放到搅拌机锅座上，升至搅拌位置，开动机器，低速搅拌 120 s，停拌 15 s，接着再快速搅拌 120 s 后停机。

3)拌和完毕，立即将水泥净浆一次装入试模中，用小刀插捣并振实，刮去多余净浆，抹平后迅速放置在维卡仪底座上，将其中心定在试杆下，将试杆降至净浆表面，拧紧螺钉，然后突然放松，让试杆自由沉入净浆中，在试杆停止沉入或释放试杆 30 s 时记录试杆距底板之间的距离，整个操作应在搅拌后 1.5 min 内完成。

4)调整用水量以试杆沉入净浆并距底板(6±1) mm 时的水泥净浆为标准稠度净浆，此拌合用水量即为水泥的标准稠度用水量(按水泥质量的百分比计)。如超出范围，需另称试件，调整水量，重做试验，直至达到(6±1) mm 时为止。

2. 代用法

(1)主要仪器设备。标准稠度仪[滑动部分的总质量为(300±2) g]、装净浆用锥模、净浆搅拌机等。

(2)试验方法与步骤。采用代用法测定水泥标准稠度用水量时，可用调整用水量法和固定用水量法中任一方法测定。

1)试验前必须检查测定仪的金属棒能否自由滑动，试锥降至锥模顶面位置时，指针应对准标尺的零点，搅拌机运转正常。

2)水泥净浆的拌制同标准法。采用调整用水量法时，按经验确定；采用固定用水量法时，用水量为142.5 mL，水量精确至0.1 mL。

3)拌和结束后，立即将净浆一次装入锥模中，用小刀插捣并轻轻振动数次，刮去多余净浆，抹平后迅速将其放到试锥下面的固定位置上，将试锥锥尖与净浆表面刚好接触，拧紧螺丝1～2 s后，突然放松，让试锥自由沉入净浆中，在试杆停止沉入或释放试杆30 s时记录试锥下沉深度，整个操作过程应在搅拌后1.5 min内完成。

图10-4为测定水泥标准稠度和凝结时间的维卡仪。

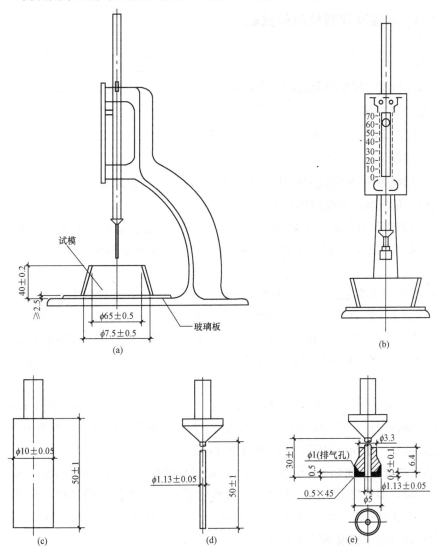

图10-4　测定水泥标准稠度和凝结时间的维卡仪

(a)初凝时间测定侧视图；(b)终凝时间测定前视图；

(c)标准稠度用针；(d)初凝时间测试用针；(e)终凝时间测试用针

(3)试验结果的计算与确定。

1)调整用水量法结果的确定。以试锥下沉深度为（28±2）mm 时的净浆为标准稠度净浆，此拌合用水量即为水泥的标准稠度用水量（按水泥质量的百分比计）。如超出范围，需另称试件，调整水量，重做试验，直至达到（28±2）mm 时为止。

2)固定用水量法结果的确定。根据测得的试锥下沉深度 S（mm），按下面的经验公式计算标准稠度用水量 P（mm）：

$$P = 33.4 - 0.185S$$

当试锥下沉深度小于 13 mm 时，应采用调整用水量法测定。

10.3.5　水泥净浆凝结时间试验

1. 目的

测定水泥初凝时间和终凝时间，以评定水泥的凝结硬化性能是否符合标准要求。

2. 主要仪器用具

凝结时间测定仪、试针和试模、净浆搅拌机等。

3. 试验步骤

(1)调整凝结时间测定仪的试针，使之接触玻璃板时，指针对准标尺的零点，将净浆试模内侧稍涂一层机油，放在玻璃板上。

(2)以标准稠度用水量，称取 500 g 水泥，按规定方法拌制标准稠度水泥浆，一次装满试模，振动数次刮平，立即放入湿气养护箱中。记录水泥全部加入水中的时间作为起始时间。

(3)初凝时间的测定：试件在养护箱养护至加水 30 min 时进行第一次测定。测定时，将试模放到试针下，降低试针与水泥净浆表面刚好接触，拧紧螺钉 1～2 s 后，突然放松，试针垂直自由地沉入水泥净浆，记录试针停止下沉或释放试针 30 s 时指针的读数。在测定操作初始，应轻轻扶持金属柱，使其徐徐下降，以防试针撞弯，但结果以自由下落为准。

(4)终凝时间的测定：在完成初凝时间测定后，立即将试模连同浆体以平移的方式从玻璃板取下，翻转 180°，直径大端向上，小端向下放在玻璃板上，再放入养护箱中继续养护。更换终凝用试针，用同样测定方法，观察指针读数。

(5)临近初凝时，每隔 5 min 测定一次，临近终凝时，每隔 15 min 测定一次，到达初凝或终凝时，应立即重复测一次；整个测试过程中试针沉入的位置距试模内壁大于 10 mm；每次测定不得让试针落于原针孔内，每次测定完毕，需将试模放回养护箱内，并将试针擦净。整个测试过程中试模不得受到振动。

4. 试验结果

从水泥全部加入水中的时间起，至试针沉至距底板（4±1）mm 时所经过的时间为初凝时间；至试针沉入试体 0.5 mm，即环形附件开始不能在试体上留下痕迹时所经过的时间为终凝时间。

10.3.6　水泥安定性的测定

用沸煮法检验水泥浆体硬化后体积变化是否均匀。检验分雷氏法和试饼法，若两种方法有争议时以雷氏法为准。

仪器用具：沸煮箱、雷氏夹(图 10-5)、雷氏夹膨胀测量仪(图 10-6)、水泥净浆搅拌机。

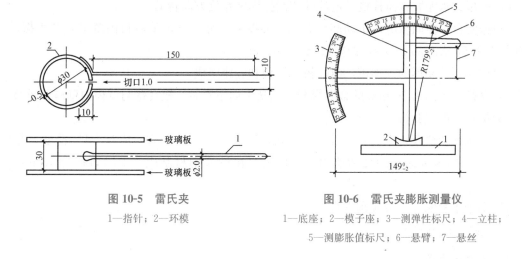

图 10-5　雷氏夹
1—指针；2—环模

图 10-6　雷氏夹膨胀测量仪
1—底座；2—模子座；3—测弹性标尺；4—立柱；
5—测膨胀值标尺；6—悬臂；7—悬丝

1. 雷氏法

(1)每次试验需成型两个试件，每个雷氏夹需配置质量 75～85 g 的玻璃板两块，一垫一盖，将玻璃板和雷氏夹内表面稍涂一层油。

(2)将已制好的标准稠度净浆一次装满雷氏夹，装浆时一只手轻扶雷氏夹，另一只手用小刀插捣数次，然后抹平，盖上稍涂油的玻璃板，立即将试件移至湿气养护箱内养护(24 ± 2) h。

(3)除去玻璃板取下试件，用膨胀测定仪测量雷氏夹指针尖端间的距离(A)，精确0.5 mm，接着将试件放入沸煮箱水中的试件架上，指针朝上，然后在(30 ± 5) min 内加热至沸腾并恒沸(180 ± 5) min。

(4)沸煮结束后试件冷却至室温，取出试件，测量雷氏夹指针尖端的距离(C)，当两个试件煮后增加距离($C-A$)的平均值不大于 5.0 mm 时，该水泥安定性合格，当两个试件的($C-A$)值相差超过 4.0 mm 时，应用同一样品重做试验。再如此，可认为该水泥安定性不合格。

2. 试饼法

(1)将制好的标准稠度净浆一部分分成两等份，使之成球形，放在已涂过油的玻璃板上，轻轻振动玻璃板，并用湿布擦过的小刀由边缘向中央抹动，做成直径 70～80 mm、中心厚约10 mm、边缘渐薄、表面光滑的两个试饼，将试饼放入湿气养护箱内养护(24 ± 2)h。

(2)养护后，脱去玻璃板取下试饼，在试饼无缺陷的情况下，将试饼放在沸煮箱水中算板上，在(30 ± 5) min 内加热至沸腾并恒沸(180 ± 5) min。

(3)沸煮结束后，取出冷却到室温的试件，目测试饼未发现裂缝，用钢尺检查也没有弯曲(用钢尺和试饼底部靠紧,二者之间不透光为不弯曲)的试饼为安定性合格,反之为不合格。当两个试饼判别结果有矛盾时,该水泥的安定性为不合格。

10.3.7 水泥胶砂强度检验

1. 仪器用具

(1)行星式水泥胶砂搅拌机:搅拌叶和搅拌锅做相反方向转动。

(2)振实台:由同步电机带动凸轮转动,使振动部分上升定值后自由落下,产生振动,振动频率为 60 次/(60±2) s,振幅(15±0.3) mm。

(3)试模:可装拆的三连模,由隔板、端板和底座组成。

(4)套模:壁高为 20 mm 的金属模套,当从上向下看时,模套壁与试模内壁应该重叠。

(5)抗折强度试验机。

(6)抗压试验机及抗压夹具:抗压试验机以 200~300 kN 为宜,应有±1% 精度,并具有(2 400±200)N/s 速率的加荷能力;抗压夹具由硬质钢材制成,受压面积为 40 mm×40 mm。

(7)两个下料漏斗、金属刮平直尺。

2. 试验方法及步骤

(1)试验前准备。

1)将试模(图 10-7)擦净,四周模板与底座的接触面应涂黄油,紧密装配,防止漏浆,内壁均匀刷一层薄机油。

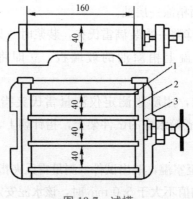

图 10-7 试模

1—隔板;2—端板;3—底座

2)水泥与标准砂的质量比为 1:3,水胶比为 0.5。

3)每成型三条试件需称量水泥(450±2) g,标准砂(1 350±5) g,拌合用水量为(225±1) mL。

(2)试件制备。

1)把水加入锅里,再加入水泥,把锅放在固定架上固定。然后立即开动机器,低速搅拌 30 s 后,在第二个 30 s 开始的同时均匀地将砂子加入,把机器转至高速再加拌 30 s。停拌 90 s，在第一个 15 s 内用一胶皮刮具将叶片和锅壁上的胶砂刮入锅中间。在高速下继续搅拌 60 s。各个搅拌阶段，时间误差应在 ±1 s 之内。

2）将空试模和模套固定在振实台上，用铲刀直接从搅拌锅里将胶砂分两层装入试模，装第一层时，每个槽内约放 300 g 胶砂，用大播料器垂直架在模套顶部沿每个模槽来回一次将料层播平，接着振实 60 次。再装入第二层胶砂，用小播料器播平，再振实 60 次。

3）从振实台上取下试模，用一金属直尺以近 90°的角度架在试模模顶的一端，然后沿试模长度方向以横向锯割动作慢慢向另一端移动，一次将超过试模部分的胶砂刮去，并用同一直尺以近乎水平的情况下将试体表面抹平。

4）在试模上做标记或加字条表明试件编号。

（3）试件养护。

1）试件编号后，将试模放入雾室或养护箱［温度（20±1）℃，相对湿度大于 90％］，养护 20～24 h 后，取出脱模，脱模时应防止试件损伤，硬化较慢的水泥允许延期脱模，但需记录脱模时间。

2）试件脱模后应立即放入水槽中养护，养护水温为（20±1）℃，养护期间试件之间应留有间隙至少 5 mm，水面至少高出试件 5 mm，养护至规定龄期，每个养护池只养护同类型的水泥试件，不允许在养护期间全部换水。

（4）强度试验。

1）龄期。各龄期的试件必须在规定的 3 d±45 min，7 d±2 h，28 d±2 h 内进行强度测定。在强度试验前 15 min 将试件从水中取出后，用湿布覆盖至试验为止。

2）抗折强度测定。

①每龄期取出 3 个试件，先做抗折强度测定，测定前需擦去试件表面水分和砂粒，清除夹具上圆柱表面黏着的杂物，试件放入抗折夹具内，应使试件侧面与圆柱接触。

②调节抗折试验机的零点与平衡，开动电动机以（50±10）N/s 速度加荷，直至试件折断，记录破坏荷载 F_f(N)。

③按下式计算抗折强度（精确至 0.1 MPa）：

$$R_f = \frac{3F_f L}{2b^3}$$

式中　L——支撑圆柱中心距离，100 mm；

b、h——试件断面宽及高均为 40 mm。

抗折强度以一组 3 个试件抗折强度的算术平均值为试验结果；当 3 个强度值中有一个超过平均值的 ±10％时，应予剔除，取其余两个的平均值；有 2 个强度值超过平均值的 10％时，应重做试验。

3）抗压强度测定。

①抗压试验利用抗折试验后的断块，抗压强度测定需用抗压夹具进行，试体受压断面为 40 mm×40 mm，试验前应清除试件受压面与加压板间的砂粒或杂物；试验时，以试体的侧面作为受压面，底面紧靠夹具定位销，并使夹具对准压力机压板中心。

②开动试验机，控制压力机加荷速度为（2 400±200）N/s，均匀地加荷至破坏，并记录破坏荷载 F_c(N)。

③按下式计算抗压强度(精确至 0.1 MPa):

$$R_c = \frac{F_c}{A}$$

式中 A——受压面积,即 40 mm×40 mm;

  F_c——破坏时的最大荷载,N。

④抗压强度结果的确定是取一组 6 个抗压强度测定值的算术平均值。如 6 个测定值中有一个超出 6 个平均值的±10%,就应剔除这个结果,而以剩下 5 个的平均值作为结果;如果 5 个测定值中再有超过它们平均数±10%的,则此组结果作废。

10.4   混凝土用集料检测

10.4.1 材料取样

1. 砂的取样

(1)分批:细集料取样应分批,在料堆上一般以 400 m³ 或 600 t 为一批。

(2)抽样:在料堆抽样时,将取样部位表层铲除,于较深处铲取,从料堆不同部位均匀取 8 份砂,组成一组试件;从皮带运输机上抽样时,应用接料器在皮带运输机机尾的出料处定时抽取大致等量的 4 份砂,组成一组试件。

(3)四分法缩取试件:可用分料器直接分取或人工四分。

1)分料器法:将样品在潮湿状态下拌合均匀,然后通过分料器(图 10-8)取接料斗中的一份再次通过分料器。重复上述过程,直至把样品缩分到试验所需量为止。

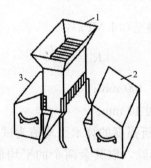

图 10-8 分料器

1—分料漏斗;2、3—接料斗

2)人工四分法:将取回的砂试件在潮湿状态下拌匀后摊成厚度约 20 mm 的圆饼,在其上画十字线,分成大致相等的四份,取其对角线的两份混合后,再按同样的方法持续进行,直至缩分后的材料量略多于试验所需的数量为止。

2. 石子的取样

（1）分批：粗集料取样应分批进行，一般以 400 m³ 或 600 t 为一批。

（2）抽样：在料堆抽样时，将取样部位表层铲除，从料堆低、中、高三个不同高度处均匀分布的 5 个不同部位取大致相等的 15 份石子；从皮带运输机上抽样时，应用接料器在皮带运输机机尾的出料处，抽取大致等量的 8 份石子；从火车、汽车和货船上取样时，应从不同部位和深度抽取大致等量的 16 份石子，分别组成一组样品。

（3）四分法缩取试件：将石子试件在自然状态下拌匀后堆成锥体，在其上画十字线，分成大致相等的四份，取其中对角线的两份重新拌匀后，再按同样的方法持续进行，直至缩分后的材料量略多于试验所需的数量为止。

3. 检验规则

砂、石检验项目主要有颗粒级配、表观密度、堆积密度与空隙率、含泥量、泥块含量。检验时，若有一项性能不合格，应从同一批产品中加倍取样，对不符合标准要求的项目进行复检。复检后，若该项指标合格，可判该类产品合格，若仍不合格，则该批产品判为不合格。

10.4.2　砂的筛分析试验

1. 目的

测定砂的颗粒级配，计算细度模数，评定砂的粗细程度。

2. 主要仪器用具

标准筛（孔径为 0.15 mm、0.30 mm、0.60 mm、1.18 mm、2.36 mm、4.75 mm 和 9.50 mm 的方孔筛）、摇筛机、天平、烘箱、浅盘、毛刷和容器等。

3. 试验步骤

（1）用四分法缩取约 1 100 g 试件，置于（105±5）℃的烘箱中烘干至恒重，冷却至室温后先筛除大于 9.50 mm 的颗粒并计算其筛余百分率，再分为大致相等的两份备用。

（2）称烘干试件 500 g，精确至 1 g，倒入按孔径大小从上到下组合的套筛（附筛底）上，在摇筛机上筛 10 min，取下后逐个用手筛，直至每分钟通过量小于试件总量 0.1% 时为止。通过的试件并入下一号筛中，并和下一号筛中的试件一起过筛，这样依次进行，直至各号筛全部筛完为止。如无摇筛机，可直接用手筛。

砂石材料试验各筛的筛余量不得超过按下式计算出的量，超过时应按下列方法之一处理。

$$G = \frac{A \cdot \sqrt{d}}{200}$$

式中　　G——在一个筛上的筛余量，g；

　　　　A——筛面的面积，mm²；

　　　　d——筛孔尺寸，mm。

1）将该筛孔筛余量分成两份，分别筛分，并以两份筛余量之和作为该筛的筛余量。

2)将该筛孔及小于该筛孔的筛余混合均匀后，以四分法分为大致相等的两份，取其中一份，称其质量(精确至 1 g)并进行筛分。计算重新筛分的各级分计筛余量并根据缩分比例进行修正。

(3)称量各号筛的筛余量(精确至 1 g)。分计筛余量和底盘中剩余重量的总和与筛分前的试件重量之比，其差值不得超过 1%。

4. 试验结果计算

(1)分计筛余百分率。各筛的筛余量除以试件总量的百分率，精确至 0.1%。

(2)累计筛余百分率。该筛上的分计筛余百分率与该筛以上各筛的分计筛余百分率之和，精确到 0.1%。

5. 试验结果鉴定

(1)级配的鉴定：用各筛号的累计筛余百分率绘制级配曲线，或对照国家规范规定的级配区范围，判定其是否都处于一个级配区内。

注：除 4.75 mm 和 4.75 mm 筛孔外，其他各筛的累计筛余百分率允许略有超出，但超出总量不应大于 5%。

(2)粗细程度鉴定：砂的粗细程度用细度模数 M_x 的大小来判定。

细度模数 M_x 按下式计算(精确至 0.01)：

$$M_x = \frac{(A_2 + A_3 + A_4 + A_5 + A_6) - 5A_1}{100 - A_1}$$

式中 A_1、A_2、A_3、A_4、A_5、A_6——4.75 mm、2.36 mm、1.18 mm、0.60 mm、0.30 mm、

0.15 mm 孔径筛上的累计筛余百分率。

根据细度模数的大小来确定砂的粗细程度：

$M_x = 3.1 \sim 3.7$ 时为粗砂；

$M_x = 2.3 \sim 3.0$ 时为中砂；

$M_x = 1.6 \sim 2.2$ 时为细砂。

(3)筛分试验应采用两个试件平行进行，取两次结果的算术平均值作为测定结果，精确至 0.1，若两次所得的细度模数之差大于 0.2，应重新进行试验。

10.4.3 石子的筛分析试验

1. 目的

测定粗集料的颗粒级配及粒级规格，便于选择优质粗集料，达到节约水泥和提高混凝土强度的目的，同时为使用集料和混凝土配合比设计提供依据。

2. 主要仪器用具

方孔筛(孔径规格为 2.36 mm、4.75 mm、9.50 mm、16.0 mm、19.0 mm、26.5 mm、31.5 mm、37.5 mm、53.0 mm、63.0 mm、75.0 mm 和 90.0 mm)、摇筛机、托盘天平、案秤、烘箱、容器、浅盘等。

3. 试验方法与步骤

从取回的试件中用四分法取略大于表 10-4 规定的试件数量，经烘干或风干后备用。

(1)按表 10-4 规定称取烘干或风干试件质量 G，精确到 1 g。

表 10-4 石子筛分析所需试件的最小质量

最大粒径/mm	9.5	16.0	19.0	26.5	31.5	37.5	63.0	75.0
试件质量/kg，$\geqslant$	1.9	3.2	3.8	5.0	6.3	7.5	12.6	16.0

(2)按试件粒径选择一套筛，将筛按孔径由大到小顺序叠置，然后将试件倒入上层筛中，置于摇筛机上固定，摇筛 10 min。

(3)按孔径由大到小顺序取下各筛，分别于洁净的盘上手筛，直至每分钟通过量不超过试件总量的 0.1％为止，通过的颗粒并入下一号筛中并和下一号筛中的试件一起过筛。当试件粒径大于 19.0 mm 时，筛分时允许用手拨动试件颗粒，使其通过筛孔。

(4)称取各筛上的筛余量，精确至 1 g。在筛上的所有分计筛余量和筛底剩余的总和与筛分前测定的试件总量相比，其相差不得超过 1％。

4. 试验结果的计算及鉴定

(1)分计筛余百分率。各号筛上筛余量除以试件总质量的百分数(精确至 0.1％)。

(2)累计筛余百分率。该号筛上分计筛余百分率与大于该号筛的各号筛上的分计筛余百分率之总和(精确至 1％)。

粗集料的各号筛上的累计筛余百分率应满足国家规范规定的粗集料颗粒级配范围要求。

10.4.4 砂的含水率试验

1. 试验目的

测定混凝土用砂的含水率，作为混凝土施工配合比计算的依据。

2. 仪器用具

天平、鼓风烘箱[能使温度控制在(105±5)℃]、搪瓷盘、小铲等。

3. 试验步骤

将自然潮湿状态下的试件用四分法缩分至约 1 100 g，拌匀后分为大致相等的两份备用。

称取一份试件，质量为 m_2，精确至 0.1 g，倒入已知质量的烧杯中，放在烘箱中于(105±5)℃下烘至恒重。冷却至室温，再称量(m_1)，精确至 0.1 g。

4. 结果计算与评定

(1)含水率(W)按下式计算(精确至 0.1％)：

$$W = \frac{m_2 - m_1}{m_1} \times 100\%$$

式中 W——含水率,%;

m_2——烘干前的试件质量,g;

m_1——烘干后的试件质量,g。

(2)含水率取两次试验结果的算术平均值,精确至 0.1%;两次试验结果之差大于 0.2%时,需重新试验。

10.4.5 石子的含水率试验

1. 试验目的

测定混凝土用的石子含水率,作为混凝土施工配合比计算的依据。

2. 仪器用具

鼓风烘箱、天平(称量 10 kg,感量 1 g)、小铲、搪瓷盘、毛巾、刷子等。

3. 试验步骤

按规定取样,用四分法缩分至约 4.0 kg,拌匀后分为大致相等的两份备用。

称取试件一份(m_2),精确至 1 g,放在烘箱中于(105±5)℃下烘干至恒重,待冷却至室温后,称出其质量(m_1),精确至 1 g。

4. 结果计算与评定

(1)含水率(W)按下式计算(精确至 0.1%):

$$W = \frac{m_2 - m_1}{m_1} \times 100\%$$

式中 W——含水率,%;

m_2——烘干前试件的质量,g;

m_1——烘干后试件的质量,g。

(2)含水率取两次试验结果的算术平均值,精确至 0.1%,两次试验结果之差大于 0.2%时,需重新试验。

10.4.6 石子的压碎指标值试验

石子的压碎指标值用于相对地衡量石子在逐渐增加的荷载下抵抗压碎的能力。工程施工单位可采用压碎指标值进行质量控制。

1. 主要仪器用具

压力试验机(量程 300 kN)、压碎指标值测定仪(图 10-9)、垫棒(ϕ10,长 500 mm)、天平(称量 1 kg,感量 1 g)、方孔筛(孔径分别为 2.36 mm、9.50 mm 和 19.0 mm)。

2. 试验方法及步骤

(1)将石料试件风干,筛除大于 19.0 mm 及小于 9.50 mm 的颗粒,并除去针、片状颗粒。称取三份试件,每份 3 000 g(m_1),精确至 1 g。

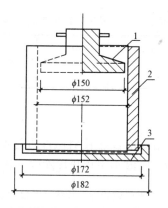

图 10-9　压碎指标值测定仪

1—加压头；2—圆模；3—底盘

(2)将试件分两层装入圆模，每装完一层试件后，在底盘下垫 $\phi10$ 垫棒，将筒按住，左右交替颠击地面各 25 次，平整模内试件表面，盖上压头。

(3)将压碎值测定仪放在压力机上，以 1 kN/s 速度均匀地施加荷载至 200 kN，稳定 5 s 后卸载。

(4)取出试件，用 2.36 mm 的筛筛除被压碎的细粒，称出筛余质量(m_2)，精确至 1 g。

(5)压碎指标值按下式计算(精确至 0.1%)：

$$Q_c = \frac{m_1 - m_2}{m_1} \times 100\%$$

式中　Q_c——压碎指标值，%；

m_1——试件的质量，g；

m_2——压碎试验后筛余的质量，g。

以三次平行试验结果的算术平均值作为压碎指标值的测定值，精确至 1%。

10.4.7　针状和片状颗粒的含量测试

1. 主要仪器用具

(1)针状规准仪和片状规准仪或游标卡尺。

(2)天平：称量 2 kg，感量 2 g。

(3)案秤：称量 10 kg，感量 10 g。

(4)试验筛：孔径分别为 5.00 mm、10.0 mm、20.0 mm、25.0 mm、31.5 mm、40.0 mm、63.0 mm、80.0 mm，根据需要选用。

(5)卡尺。

2. 试件制备

试验前，将试件在室内风干至表面干燥，并用四分法缩分至表 10-5 规定的数量，称重(m_0)，然后筛分成表 10-5 所规定的粒级备用。

表 10-5 集料针、片状试验所规定的试件最小质量

最大粒径/mm	10.0	16.0	20.0	25.0	31.5	40.0 以上
试件最小质量/kg	0.3	1	2	3	5	10

3. 试验步骤

(1)按表 10-6 所规定的粒级用规准仪逐粒对试件进行鉴定,凡颗粒长度大于针状规准仪上相对应间距者,为针状颗粒。厚度小于片状规准仪上相应孔宽者,为片状颗粒。

表 10-6 不同粒级针、片状规准仪判别标准 mm

粒级	5~10	10~16	16~20	20~25	25~31.5	31.5~40
片状规准仪上相对应的孔宽	3	5.2	7.2	9	11.3	14.3
针状规准仪上相对应的间距	18	31.2	43.2	54	67.8	85.8

(2)粒径大于 40 mm 的碎石或卵石可用卡尺鉴定其针片状颗粒,卡尺卡口的设定宽度应符合表 10-7 的规定。

表 10-7 大于 40 mm 粒级颗粒卡尺卡口的设定宽度 mm

粒级	40~63	63~80
鉴定片状颗粒的卡口宽度	20.6	28.6
鉴定针状颗粒的卡口宽度	123.6	171.6

(3)称量由各粒级挑出的针状和片状颗粒的总重(m_1)。

4. 结果计算

碎石或卵石中针、片状颗粒含量,应按下式计算(精确至 0.1%):

$$\omega_p = \frac{m_1}{m_0} \times 100\%$$

式中　m_1——试件中所含针状、片状颗粒的总重,g;

　　　m_0——试件总重,g。

10.5　普通混凝土性能检测

10.5.1　混凝土拌合物试验室拌合方法

1. 目的

学习混凝土拌合物的试拌方法,对拌合物的和易性进行测试和调整,为混凝土配合比

设计提供依据，制作混凝土的各种试件。

2. 一般规定

(1)原材料应符合技术要求，并与施工实际用料相同，水泥若有结块现象，需用0.9 mm的方孔筛将结块筛除。

(2)拌制混凝土的材料用量以质量计。混凝土试配最小搅拌量：当集料最大粒径小于31.5 mm时，拌制数量为15 L，最大粒径为40 mm时取25 L；当采用机械搅拌时，搅拌量不应小于搅拌机额定搅拌量的1/4。称料精确度为：集料±1%，水、水泥、外加剂±0.5%。

(3)混凝土拌和时，原材料与拌合场地的温度宜保持在(20±5)℃。

3. 主要仪器用具

搅拌机(容积为50~100 L)、磅秤、天平、拌合钢板、钢抹子、量筒、拌铲等。

4. 拌合方法

(1)人工拌合法。

1)按配合比备料，以干燥状态为基准，称取各材料用量。

2)先将拌板和拌铲用湿布润湿，将砂倒在拌板上后，加入水泥，用拌铲自拌板一端翻拌至另一端，如此反复，直至颜色均匀，再放入称好的粗集料与之拌和，至少翻拌三次，直至混合均匀为止。

3)将干混合物堆成锥形，在中间挖一凹坑，将已称量好的水，倒入一半左右(勿使水流出)，然后仔细翻拌并徐徐加入剩余的水，继续翻拌，每翻拌一次，用铲在混合料上铲切一次，至少翻拌6次。拌合时间从加水完毕时算起，在10 min内完毕。

(2)机械搅拌法。

1)按所定的配合比备料，以干燥状态为基准。一次拌合量不宜少于搅拌机容积的25%。

2)拌前先对混凝土搅拌机挂浆，避免在正式拌合时水泥浆的损失，挂浆后多余的混凝土倒在拌合钢板上，使钢板也粘有一层砂浆。

3)将称好的石子、砂、水泥按顺序倒入搅拌机内，干拌均匀，再将需用的水徐徐倒入搅拌机内一起拌合，全部加料时间不得超过2 min，水全部加入后，再拌和2 min。

4)将拌合物从搅拌机中卸出，倾倒在钢板上，再经人工拌合2或3次。

(3)人工或机械拌好后，根据试验要求，立即做坍落度测定和试件成型。从开始加水时算起，全部操作必须在30 min内完成。

10.5.2 混凝土拌合物和易性试验

新拌混凝土的和易性是保证混凝土便于施工、质量均匀、成型密实的性能，它是保证混凝土施工质量的前提。

1. 坍落度试验

(1)适用范围。本试验方法适用于坍落度值不小于10 mm，集料最大粒径不大于40 mm的混凝土拌合物的坍落度测定。

(2)主要仪器设备。坍落度筒、捣棒、小铲、木尺、钢尺、拌板、抹刀、下料斗等。坍落度筒和捣棒如图 10-10 所示。

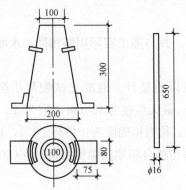

图 10-10　坍落度筒和捣棒

(3)试验方法及步骤。

1)每次测定前,用湿布把拌板及坍落度筒内外擦净、润湿,并在筒顶部加上漏斗,放在拌板上,用双脚踩紧脚踏板。

2)取拌好的混凝土用小铲分三层均匀装入筒内,每层装入高度在插捣后约为筒高的1/3,每层用捣棒插捣 25 次,插捣应呈螺旋形由外向中心进行,各次插捣均应在截面上均匀分布,插捣第二层和顶层时,捣棒应插透本层,并使之插入下一层 10～20 mm。在插捣顶层时,如混凝土沉落到低于筒口,则应随时添加,顶层插捣完后,刮去多余混凝土,并用抹刀抹平,并清除筒边底板上的混凝土。

3)垂直平稳地提起坍落度筒,坍落度筒的提离过程应在 5～10 s 内完成,从开始装料到提起坍落度筒的整个过程应不间断进行,并在 150 s 内完成。

(4)试验结果确定。

1)提起坍落度筒后,立即测量筒高与坍落后混凝土试体最高点之间的高度差,此值即为混凝土拌合物的坍落度值,单位为毫米(mm),结果精确至 5 mm。坍落度筒提起后,如混凝土拌合物发生崩塌或一边剪切破坏,则应重新取样进行测定,如仍出现上述现象,则该混凝土拌合物和易性不好,并应记录备查。

2)黏聚性和保水性的测定。黏聚性和保水性的测定是在测量坍落度后,再用目测观察判定黏聚性和保水性。

①黏聚性检测方法。用捣棒在已坍落的混凝土锥体侧面轻轻敲打,如锥体渐渐整体下沉,则表示黏聚性良好,如锥体崩裂或出现离析现象,则表示黏聚性不好。

②保水性检测方法。坍落度筒提起后,如有较多的稀浆从底部析出,锥体部分的混凝土拌合物也因失浆而集料外露,则表明保水性不好。坍落度筒提起后,如无稀浆或仅有少量稀浆自底部流出,则表明混凝土拌合物保水性良好。

2. 维勃稠度法

维勃稠度法适用于集料最大粒径不大于 40 mm,维勃稠度在 5～30 s 之间的混凝土拌合物稠度测定。

(1)仪器设备。维勃稠度仪、振动台[台面长 380 mm,宽 260 mm,频率为(50±3)

Hz]、容器[内径为(240±5) mm，高为(200±2) mm，筒壁厚3 mm，筒底厚7.5 mm]、坍落度筒、旋转架、透明圆盘、捣棒、小铲和秒表。

（2）试验步骤。

1）将维勃稠度仪（图10-11）放在坚实水平面上，用湿布把容器、坍落度筒、喂料口内壁及其他用具润湿。

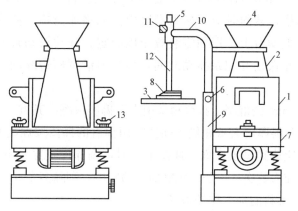

图 10-11　维勃稠度仪

1—容器；2—坍落度筒；3—透明圆盘；4—喂料斗；

5—套筒；6—定位螺钉；7—振动台；8—荷重；9—支柱；

10—旋转架；11—测杆螺钉；12—测杆；13—固定螺钉

2）将喂料口提到坍落度筒上方扣紧，校正容器位置，使其中心与喂料中心重合，然后拧紧固定螺钉。

3）把按要求取得的混凝土拌合物用小铲分三层经喂料口均匀地装入筒内，装料及插捣的方法同坍落度试验。

4）把喂料口转离，垂直提起坍落度筒，注意不能使混凝土试体产生横向的扭动。

5）把透明圆盘转到混凝土圆台体顶面，放松测杆螺钉，降下圆盘，使其轻轻接触到混凝土顶面。

6）拧紧定位螺钉，检查测杆螺钉是否完全放松。

7）开启振动台的同时用秒表计时，当振动到透明圆盘的底面被水泥浆布满的瞬间停止计时，关闭振动台。

（3）试验结果。由秒表读出时间，作为混凝土拌合物的维勃稠度值，精确至1 s。

10.5.3　混凝土立方体抗压强度试验

1. 试验目的

学会制作混凝土立方体试件，测定其抗压强度，为确定和校核混凝土配合比、控制施工质量提供依据。

2. 仪器用具

压力试验机、振动台、试模、捣棒、小铁铲、钢尺等。

3. 试件制作

(1)在制作试件前，首先要检查试模，拧紧螺栓，清刷干净，在其内壁涂上一薄层脱模剂。

(2)试件的成型方法应根据混凝土的坍落度确定。

1)坍落度不大于 70 mm 的混凝土拌合物宜采用振动台成型。其方法是将拌好的混凝土拌合物一次装入试模，装料时应用抹刀沿试模内壁略加插捣并使混凝土拌合物稍有富余，然后将试模放到振动台上，用固定装置予以固定，开动振动台并计时，当拌合物表面呈现水泥浆时，停止振动并记录振动时间，用抹刀沿试模边缘刮去多余拌合物，表面抹平。

2)坍落度大于 70 mm 的混凝土拌合物采用人工捣实成型。其方法是将混凝土拌合物分两层装入试模，每层装料厚度大致相同，插捣时用垂直的捣棒按螺旋方向由边缘向中心进行，插捣底层时捣棒应达到试模底面，插捣上层时，捣棒应贯穿到下层深度 20~30 mm，并用抹刀沿试模内侧插入数次，以防出现麻面。捣实后，刮除多余混凝土，并用抹刀抹平。

(3)试件尺寸按粗集料的最大粒径确定。

不同集料最大粒径选用的试模尺寸及插捣次数见表 10-8。

表 10-8 不同集料最大粒径选用的试模尺寸及插捣次数

试件尺寸/(mm×mm×mm)	集料最大粒径/mm	每层插捣次数/次
100×100×100	31.5	12
150×150×150	40	25
200×200×200	60	50

4. 试件养护

试件成型后应覆盖表面，以防止水分蒸发，并应在温度为(20±5) ℃下静置 24~48 h，然后编号拆模。

(1)标准养护。拆模后的试件应立即放在温度为(20±2) ℃，湿度为 95% 以上的标准养护室中养护。试件放在架上，彼此间隔为 10~20 mm，并应避免用水直接冲淋试件。当无标准养护室时，试件可在温度为(20±2) ℃的不流动水中养护，水的 pH 值不应小于 7。

(2)同条件养护。试件成型后应覆盖表面。试件的拆模时间可与实际构件的拆模时间相同，拆模后试件仍需保持同条件养护。

5. 抗压强度测定

(1)龄期到达后，试件从养护室取出，随即擦干并测量其尺寸(精确至 1 mm)，并以此计算试件的受压面积 $A(mm^2)$，如实测尺寸与公称尺寸之差不超过 1 mm，可按公称尺寸进行计算。试件有严重缺陷时，应废弃。

(2)将试件安放在压力试验机的下压板上，试件的承压面应与成型时的顶面垂直。试件的轴心应与压力机下压板中心对准，开动试验机，当上压板与试件接近时，调整球座，使接触均衡。

（3）加压时，应连续而均匀加荷，加荷速度为：

当混凝土强度等级＜C30时，加荷速度取7～10 kN/s。

当混凝土强度等级≥C30时，加荷速度取10～18 kN/s。

当试件接近破坏而开始迅速变形时，应停止调整试验机油门，直至试件破坏，然后记录破坏荷载F(N)。

6. 试验结果计算

（1）混凝土立方体试件抗压强度(f_{cu})按下式计算（精确至0.1 MPa）：

$$f_{cu} = \frac{F}{A}$$

式中　f_{cu}——混凝土立方体试件抗压强度，MPa；

　　　　F——破坏荷载，N；

　　　　A——试件承压面积，mm^2。

（2）以3个试件抗压强度的算术平均值作为该组试件的抗压强度值，精确至0.1 MPa。3个测值中的最大值或最小值中如有一个与中间值的差值超过中间值的±15%，则取中间值作为该组试件的抗压强度值；如有两个测值与中间值的差均超过中间值的±15%，则该组试件的试验结果无效。

混凝土抗压强度是以150 mm×150 mm×150 mm的立方体试件作为抗压强度的标准试件，其他尺寸试件的测定结果均应换算成150 mm立方体试件的标准抗压强度值。

不同试件尺寸的换算系数见表10-9。

表10-9　不同试件尺寸的换算系数

试件尺寸/(mm×mm×mm)	200×200×200	150×150×150	100×100×100
换算系数	1.05	1.00	0.95

10.6　砌筑砂浆性能检测

10.6.1　拌合物取样和制备

1. 取样

砌筑砂浆试验用料应从同一盘砂浆或同一车砂浆中取样，取样量不应少于试验所需量的4倍。在施工现场取样要遵守相关施工验收规范的规定，在使用地点的砂浆槽、运送车或搅拌机出料口，至少从三个不同部位取样。现场所取试件，试验前要人工略加翻拌至均匀。从取样完毕到开始进行各项性能试验不宜超过15 min。

2. 试件制备

（1）仪器设备：钢板（1.5 m×2 m，厚3 mm）、磅秤或案秤、拌铲、抹刀、量筒、盛器等，砂浆搅拌机，提前润湿与砂浆接触的用具。

(2)一般规定：所有原材料应提前 24 h 运入试验室，保证与室内温度一致，试验室温度为(20±5) ℃，相对湿度大于或等于 50%，或与施工条件相同。

试验材料与施工现场所用材料一致。砂应用 4.75 mm 的方孔筛过筛，以干质量计；称量精度要求：水泥、外加剂、掺和料等为±0.5%，砂为±1%。

(3)试验室搅拌砂浆应采用机械搅拌，先拌适量砂浆，使搅拌机内壁粘附一薄层水泥砂浆，保证正式搅拌时配料准确。将称好的各种材料加入搅拌机中，开动搅拌机，将水逐渐加入，搅拌 2 min，砂浆量宜为搅拌机容量的 30%～70%，搅拌时间不应少于 120 s，有掺合料的砂浆不应少于 180 s。将搅拌好的砂浆倒在钢板上，人工略加翻拌，立即试验。

10.6.2　砂浆的稠度试验

1. 目的

通过稠度试验，可以测定达到设计稠度时的加水量，或在施工期间控制砂浆用水量以保证施工质量。

2. 主要仪器用具

砂浆稠度测定仪(图 10-12)、捣棒、案秤、拌锅、拌铲、秒表等。

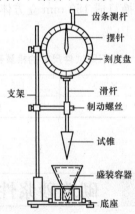

图 10-12　砂浆稠度测定仪

3. 试验方法及步骤

(1)将盛浆容器和试锥表面用湿布擦干净，并用少量润滑油轻擦滑杆，使滑杆能自由滑动。

(2)将拌好的砂浆一次装入圆锥筒内，装至距离筒口约 10 mm 为止，用捣棒插捣 25 次，然后将筒摇动或在桌上轻轻振动 5 或 6 下，使其表面平整，随后移置于砂浆稠度仪台座上。

(3)调整圆锥体的位置，使其尖端和砂浆表面接触，并对准中心，拧紧固定螺钉，将指针调至刻度盘零点，然后突然放开固定螺钉，使圆锥体自由沉入砂浆中 10 s 后，读出下沉的距离(精确至 1 mm)，该值即为砂浆的稠度值。

(4)圆锥体内砂浆只允许测定一次稠度，重复测定时应重新取样。

4. 试验结果评定

以两次测定结果的算术平均值作为砂浆稠度测定结果(精确至 1 mm)，如两次测定值之差大于 10 mm，应重新取样测定。

10.6.3 砂浆分层度试验

1. 目的

测定砂浆的保水性，判断砂浆在运输及停放时内部组分的稳定性。

2. 主要仪器用具

分层度测定仪(图 10-13)，其他仪器同稠度试验仪器。

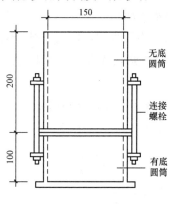

图 10-13 分层度测定仪

3. 试验方法与步骤

(1)将拌和好的砂浆测出稠度值后，剩余部分立即一次注入分层度测定仪中。用木槌在容器周围距离大致相等的四个不同地方轻轻敲击 1 或 2 下，如砂浆沉落到分层度筒口以下，应随时添加，然后刮去多余的砂浆，并用抹刀抹平。

(2)静置 30 min 后，去掉上层 200 mm 砂浆，然后取出底层 100 mm 砂浆重新拌和 2 min，再测定砂浆稠度值(mm)。也可采用快速法，将分层度筒放在振动台上[振幅(0.5±0.05)mm，频率(50±3)Hz]，振动 20 s 即可。

(3)两次砂浆稠度值的差值即为砂浆的分层度。

4. 试验结果评定

砂浆的分层度宜在 10～30 mm，如大于 30 mm，易产生分层、离析、泌水等现象，如小于 10 mm，则砂浆过黏，不易铺设，且容易产生干缩裂缝。

以两次试验结果的算术平均值作为砂浆分层度的试验结果。

10.6.4 砂浆保水性试验

1. 目的

本方法适用于测定砂浆保水性，以判定砂浆拌合物在运输及停放时内部组分的稳定性。

2. 试验仪器

金属或硬塑料圆环试模（内径 100 mm、内部高度 25 mm）；可密封的取样容器、2 kg 的重物、医用棉纱（尺寸为 110 mm×110 mm，宜选用纱线稀疏、厚度较薄的棉纱）、超白滤纸（直径 110 mm，200 g/m²）、2 片金属或玻璃的方形或圆形不透水片（边长或直径大于 110 mm）、天平（量程 200 g，感量 0.1 g，量程 2 000 g，感量 1 g）、烘箱。

3. 试验步骤

(1) 称量下不透水片与干燥试模质量 m_1 和 8 片中速定性滤纸质量 m_2。

(2) 将砂浆拌合物一次填入试模，并用抹刀以较平的角度在试模表面反方向将砂浆刮平。抹掉试模边的砂浆，称量试模、下不透水片与砂浆总质量 m_3。

(3) 用 2 片医用棉纱覆盖在砂浆表面，再在棉纱表面放上 8 片滤纸，用上不透水片盖在滤纸表面，以 2 kg 的重物把不透水片压住。

(4) 静止 2 min 后移走重物及上不透水片，取出滤纸（不包括棉砂），迅速称量滤纸质量 m_4。从砂浆的配合比及加水量计算砂浆的含水率，若无法计算，可测定砂浆的含水率。

4. 砂浆含水率测试方法

称取 100 g 砂浆拌合物试件，置于干燥并已知质量的盘中，放入（105±5）℃的烘箱中烘干至恒重，砂浆含水率按下式计算：

$$\alpha = \frac{m_5}{m_6}$$

式中　α——砂浆含水率（精确至 1%），%；

　　　m_5——烘干后样本损失质量，g；

　　　m_6——砂浆样本总质量，g。

5. 结果评定

砂浆保水性应按下式计算：

$$W = \left[1 - \frac{m_4 - m_2}{\alpha \times (m_3 - m_1)}\right] \times 100\%$$

式中　W——保水性，%；

　　　m_1——下不透水片与干燥试模质量，g；

　　　m_2——8 片滤纸吸水前的质量，g；

　　　m_3——试模、下不透水片与砂浆总质量，g；

　　　m_4——8 片滤纸吸水后的质量，g；

　　　α——砂浆含水率，%。

取两次试验结果的平均值作为结果，如两个测定值之差超过 2%，则此组试验结果无效。

10.6.5　砂浆抗压强度试验

1. 目的

检验砂浆的实际强度是否满足设计要求。

2. 主要仪器用具

压力试验机、垫板、振动台、试模（规格：70.7 mm×70.7 mm×70.7 mm 带底试模）、捣棒、抹刀等。

3. 试件制作

(1)采用立方体试件，每组试件 3 个。

(2)应用黄油等密封材料涂抹试模的外接缝，试模内涂抹机油或脱模剂，将拌制好的砂浆一次装满砂浆试模，成型方法根据稠度而定。当稠度≥50 mm 时，应采用人工振捣成型，当稠度＜50 mm 时，使用振动台振实成型。

1)人工振捣：用捣棒均匀地由边缘向中心按螺旋方式插捣 25 次，插捣过程中，如砂浆低于试模口，应随时添加砂浆，可用油灰刀插捣数次，并用手将试模一边抬高 5～10 mm，各振动 5 次，使砂浆高出试模 6～8 mm。

2)机械振动：砂浆一次装满砂浆试模，放置在振动台上，振动时试模不得跳动，振动 5～10 s 或持续到表面出浆为止，不得过振。

(3)待表面水分稍干后，将高出试模部分的砂浆沿试模顶面刮去并抹平。

(4)试件制作后应在(20±5)℃温度下停置一昼夜(24±2) h，当气温较低时，可适当延长时间，但不应超过两昼夜，然后对试件进行编号、拆模。试件拆模后，应立即放入温度(20±2)℃，相对湿度 90% 以上的标准养护室中养护 28 d，养护期间，试件彼此间间隔不小于 10 mm，混合砂浆试件应覆盖以防水滴在试件上。

4. 砂浆立方体抗压强度测定

(1)试件从养护室取出后，应尽快进行试验。试验前先将试件擦拭干净，测量尺寸，并检查其外观。试件尺寸测量精确至 1 mm，并据此计算试件的承压面积。如实测尺寸与公称尺寸之差不超过 1 mm，可按公称尺寸进行计算。

(2)将试件放在试验机的下压板上(或下垫板上)，试件中心应与试验机下压板(或下垫板)中心对准，试件的承压面应与成型时的顶面垂直。

(3)开动试验机，当上压板(或上垫板)与试件接近时，调整球座，使接触面均匀受压。加荷速度应为 0.25～1.50 kN/s(砂浆强度5 MPa及 5 MPa 以下时，宜取下限，砂浆强度5 MPa以上时宜取上限)，当试件接近破坏而开始迅速变形时，停止调整试验机油门，直至试件破坏，然后记录破坏荷载 N_u(N)。

5. 试验结果计算

砂浆立方体抗压强度应按下列公式计算(精确至 0.1 MPa)：

$$f_{m,cu}=\frac{N_u}{A}$$

式中　　$f_{m,cu}$——砂浆立方体抗压强度，MPa；

　　　　N_u——立方体破坏压力，N；

　　　　A——试件承压面积，mm²。

以 3 个试件检测值的算术平均值的 1.35 倍(f_2)作为该组试件的砂浆立方体抗压强度平均值(精确至 0.1 MPa)。

当 3 个试件的最大值或最小值与中间值的差值超过中间值 15％时，则把最大值及最小值一并舍去，以中间值作为该组试件的抗压强度值；如两个测值与中间值的差值均超过中间值的 15％时，则该组试件的试验结果无效。

10.7　砌墙砖试验

10.7.1　取样

本试验适用于烧结砖和非烧结砖。每 3.5 万～ 15 万块为一批，不足 3.5 万块按一批计。

10.7.2　尺寸测量

1. 量具

砖用卡尺，分度值 0.5 mm，如图 10-14 所示。

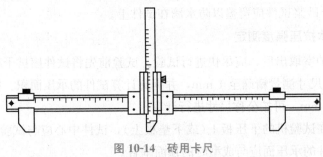

图 10-14　砖用卡尺

2. 测量

在砖的两个大面中间处，分别测量两个长度尺寸和两个宽度尺寸，在两个条面的中间处分别测量两个高度尺寸。当被测处有缺损或凸出时可在其旁边测量，应选择不利的一侧（图 10-15）。

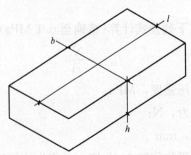

图 10-15　砖的尺寸测量

194

3. 结果评定

测量结果分别以长度、宽度、高度的最大偏差值表示，精确至 1 mm。

10.7.3 外观质量检查

1. 试验目的

试验结果作为评定砖的产品质量等级的依据。

2. 仪器用具

砖用卡尺（分度值 0.5 mm）、钢直尺（分度值 1 mm）。

3. 试验步骤

（1）缺损测量（图 10-16）。缺棱掉角在砖上造成的缺损程度以缺损部分对长、宽、高三个棱边的投影尺寸来度量，称为破坏尺寸。缺损造成的破坏面面积是指缺损部分对条、顶面的投影面积。

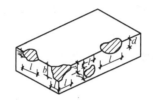

图 10-16　缺棱掉角破坏尺寸测量方法

l、b、d 分别为缺损部分对长、宽、高方向的投影

（2）裂纹测量（图 10-17、图 10-18）。裂纹分为长度、宽度、水平方向三种，以投影方向的投影尺寸来表示，以 mm 为单位。如果裂纹从一个面延伸到其他面上，则累计其延伸的投影长度。多孔砖的孔洞与裂纹相通时，将孔洞包括在裂纹内一并测量，裂纹应在三个方向上分别测量，以测得的最长裂纹作为测量结果。

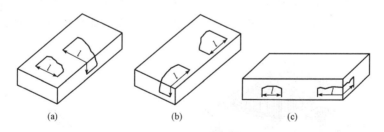

(a)　　　　　　　(b)　　　　　　　(c)

图 10-17　裂纹测量示意图

(a)宽度方向；(b)长度方向；(c)高度方向

（3）弯曲测量（图 10-19）。分别在大面和条面上测量，测量时将砖用卡尺的两支脚置于两端，选择弯曲最大处将垂直尺推至砖面。以弯曲时测得的最大值作为测量结果，不应将因杂质或碰伤造成的凹处计算在内。

（4）杂质凸出高度的测量（图 10-20）。杂质在砖面上造成的凸出高度，以杂质距砖面的

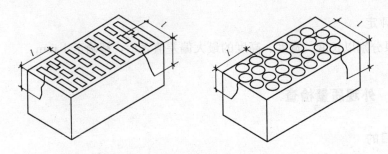

图 10-18　多孔砖裂纹测量示意图

最大距离表示。测量时，将砖用卡尺的两支脚置于凸出两边的砖面上以垂直尺测量。外观测量以 mm 为单位，不足 1 mm 者以 1 mm 计。

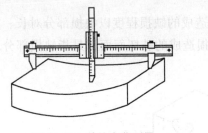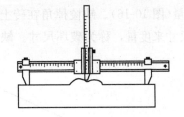

图 10-19　砖的弯曲测量　　　　图 10-20　砖的杂质凸出高度的测量

10.7.4　抗压强度试验

1. 试验目的

测定烧结普通砖的抗压强度，用以评定砖的强度等级。

2. 试验仪器和用具

材料试验机示值误差不大于 ±1%，下压板应为球铰支座，预期破坏荷载应在量程的 20%～80% 之间；抗压试件制作平台必须平整、水平，可用金属材料或其他材料制成。所用其他用具有水平尺（250～300 mm）、钢直尺（分度值为 1 mm）、制样模具及插板（图 10-21、图 10-22）。

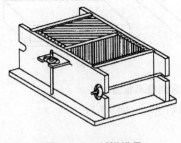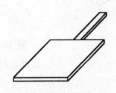

图 10-21　制样模具　　　　　　图 10-22　插板

3. 试件制备

(1)烧结普通砖取 10 块试件，将砖样锯成两个半截砖（图 10-23），半截砖长不得小于

100 mm。在试件平台上，将制好的半截砖放在室温的净水中浸 10～20 min 后取出，以断口方向相反叠放(图 10-24)，两者之间抹以不超过 5 mm 厚的水泥净浆，上下两面用不超过 3 mm 的同种水泥净浆抹平，上、下两面必须相互平行，并垂直于侧面(图 10-25)。

(2)多孔砖取 10 块试件，以单块整砖沿竖孔方向加压，空心砖以单块整砖大面、条面方向(各 5 块)分别加压。

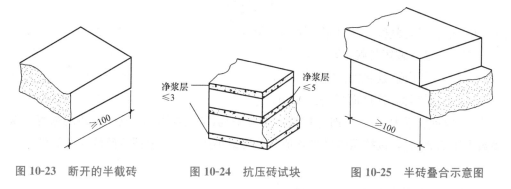

图 10-23 断开的半截砖   图 10-24 抗压砖试块   图 10-25 半砖叠合示意图

(3)试件制作。

1)采用坐浆法制作试件。将玻璃板置于试件制作平台上，其上铺一张湿垫纸，纸上铺不超过 5 mm 厚的水泥净浆，在水中浸泡试件 10～20 min 后取出，平稳地坐放在水泥浆上。在一受压面上稍加用力，使整个水泥层与受压面相互粘结，砖的侧面应垂直于玻璃板，待水泥浆凝固后，连同玻璃板翻放在另一铺纸、放浆的玻璃板上，再进行坐浆，用水平尺校正玻璃板的水平。

2)采用模具制样法制作试件。

①将试件(烧结普通转)切断成两段，截断面应平整，断开的半截砖长度不得小于 100 mm。

②将断开的半截砖放入室温的净水中浸 20～30 min 后取出，在铁丝网架上滴水 20～30 min，以断口相反方向装入模具中，用插板控制两半块砖间距为 5 mm，砖大面与模具间距 3 mm，断面、顶面与模具间垫橡胶垫或其他密封材料，模具内表面涂油或脱模剂。

③将经过 1 mm 筛的干净细砂 2‰～5‰与强度等级 42.5 级的普通硅酸盐水泥，用砂浆搅拌机搅拌砂浆，水胶比 0.50 左右。

④将装好样砖的模具置于振动台，在样砖上加少量水泥砂浆，边振动边向砖缝间加入水泥砂浆，振动过程为 0.5～1 min。振动停止后稍静置，将模具上表面刮平。

两种方法并行使用，仲裁检验采用模具制样。

(4)非烧结砖：同一块试件的两半截砖断口相反叠放，叠合部分不得小于 100 mm，如果不足 100 mm，则应另取试件。

(5)将制好的试件置于不低于 10 ℃的不通风室内养护 3 d 后试压。非烧结砖不需要养护，可直接试验。

4. 试验步骤

测量每个试件的连接面或受压面的长度和宽度尺寸各两个，取算术平均值，精确至

1 mm，计算其受压面积；将试件平放在加压板上，垂直于受压面匀速加压，加荷速度以 4 kN/s为宜，直至破坏，记录最大破坏荷载 P。

5. 结果计算及评定

(1)每块试件的抗压强度按下式计算：

$$R_P = \frac{P}{LB}$$

式中　R_P——抗压强度，MPa(精确至 0.1 MPa)；

　　　P——最大破坏荷载，N；

　　　L——受压面(连接面)长度，mm；

　　　B——受压面(连接面)长度，mm。

(2)变异系数不大于 0.21 时，按抗压强度平均值、强度标准值评定砖的强度等级；变异系数大于 0.21 时，按抗压强度平均值、单块最小抗压强度值评定砖的强度等级。

10.7.5　蒸压加气混凝土砌块

1. 仪器用具

压力机(300～500 kN)、锯砖机或切砖器、直尺等。

2. 试件制备

沿制品膨胀方向中心部分上、中、下顺序锯取一组，"上"块上表面距离制品顶面 30 mm，"中"块在正中处，"下"块下表面距离制品底面 30 mm。制品的高度不同，试件间隔略有不同。得到 100 mm×100 mm×100 mm 立方体试件，试件在质量含水率为 25%～45%下进行试验。

3. 试验步骤

测量试件的尺寸(精确至 1 mm)，并计算试件的受压面积(mm²)。将试件放在试验机下压板的中心位置，试件的受压方向应垂直于制品的膨胀方向，以(2.0±0.5) kN/s 的速度连续而均匀地加荷，直至试件破坏为止，记录最大破坏荷载 P(N)。

立即将试验后的试件全部或部分称质量，然后在(105±5) ℃温度下烘至恒重，计算其含水率。

4. 结果计算与评定

抗压强度按下式计算：

$$f_{cc} = \frac{P_1}{A_1}$$

式中　f_{cc}——试件的抗压强度，MPa；

　　　P_1——破坏荷载，N；

　　　A_1——试件受压面积，mm²。

按 3 块试件试验值的算术平均值进行评定，精确至 0.1 MPa。

10.8 钢筋试验

10.8.1 钢筋的取样与验收、复检与判定

(1)钢筋按批进行检查与验收，每批钢材由同一牌号、炉罐号、规格和交货状态的钢筋组成。炉罐号不同，组成混合批验收时，各炉罐号含碳量之差应不大于0.02%，含锰量之差应不大于0.15%。每批质量不大于60 t，超出60 t的部分，每增加40 t(不足40 t以40 t计)，增加一个拉伸试验试件和一个弯曲试验试件。

(2)钢筋应有出厂质量证明书或试验报告单，每捆(盘)钢筋均应有标牌，进场时应按炉罐(批)号及直径(a)分批验收，验收内容包括查对标牌、外观检查，并按有关规定抽取试件做机械性能试验，包括拉伸试验和冷弯试验两个项目，如两个项目中有一个项目不合格，该批钢筋即为不合格。

钢筋检验项目及取样数量见表10-10。

表10-10 钢筋检验项目及取样数量

检验项目	取样数量	取样方法
化学成分	1	GB/T 20066—2006
拉伸	2	任选两根切取
弯曲	2	任选两根切取
反向弯曲	1	

在拉伸试验的两根试件中，如其中一根试件的屈服点、抗拉强度和伸长率三个指标中，有一个指标达不到钢筋标准中规定的数值，或冷弯试验中有一根试件不符合标准要求，应取双倍(4根)钢筋，重做试验。如仍有一根试件的指标达不到标准要求，则该试验项目不合格。

10.8.2 钢筋拉伸试验

1. 试验目的

测定低碳钢的屈服强度、抗拉强度与伸长率，评定钢筋质量。试验时注意观察拉应力与拉应变之间的关系，为确定和检验钢材的力学及工艺性能提供依据。

2. 仪器设备

万能试验机(示值误差不大于1%)、游标卡尺(精度为0.1 mm)、钢筋打点机。

3. 试件的制作

(1)钢筋试件一般不经切削。不经切削的试件如图 10-26 所示。

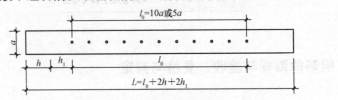

图 10-26 不经切削的试件

a—直径；l_0—标距长度；h_1—$(0.5\sim1.0)a$；h—夹头长度

(2)在试件表面，选用小冲点、细划线或有颜色的记号做出两个或一系列等分格的标记，以表明标距长度，测量标距长度 l_0($l_0=10a$ 或 $l_0=5a$)(精确至 0.1 mm)。

4. 试验步骤

(1)调整试验机刻度盘的指针对准零点，拨动副指针与主指针重叠。

(2)将试件固定在试验机夹头内，开动试验机进行拉伸，拉伸速度为：屈服前应力增加速度为每秒 10 MPa。屈服后试验机活动夹头在荷载下的移动速度不大于每分钟 $0.5l$($l=l_0+2h_1$)。

(3)钢筋在拉伸试验时，读取刻度盘指针首次回转前指示的恒定力或首次回转时指示的最小力，其值即为屈服点荷载 F_s(N)；钢筋屈服之后继续施加荷载，直至将钢筋拉断，从刻度盘上读取试验过程中的最大力 F_b(N)。

(4)拉断后标距长度 l_1(精确至 0.1 mm)的测量。将试件断裂的部分对接在一起，使其轴线处于同一直线上。拉断处到邻近标距端点的距离大于 $l_0/3$ 时，可直接测量两端点的距离；拉断处到邻近的标距端点的距离小于或等于 $l_0/3$ 时，可用移位方法确定 l_1：在长段上从拉断处 O 点取基本等于短段格数得 B 点，接着取等于长段所余格数(偶数)之半得 C 点；或者取所余格数(奇数)减 1 与加 1 之半，得到 C 与 C_1 点，移位后的 l_1 分别为 $AO+OB+2BC$ 或 $AO+OB+BC+BC_1$。位移法计算标距如图 10-27 所示。

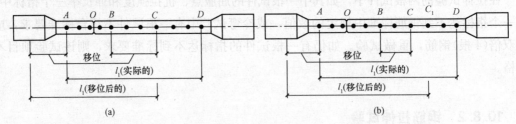

图 10-27 位移法计算标距

(a)剩余段格数为偶数；(b)剩余段格数为奇数

(5)结果计算与评定。

1)屈服强度 σ_s 按下式计算：

$$\sigma_s=\frac{F_s}{A_0}$$

2)抗拉强度 σ_b 按下式计算：

$$\sigma_b = \frac{F_b}{A_0}$$

式中　σ_s、σ_b——屈服强度和抗拉强度，MPa；

F_s、F_b——屈服点荷载和最大荷载，N。

3)伸长率按下式计算（精确至 0.5%）：

$$\delta_{10}(\delta_5) = \frac{l_1 - l_0}{l_0} \times 100\%$$

式中　δ_{10}、δ_5——$l_0 = 10a$ 和 $l_0 = 5a$ 时的断后伸长率。

如试件拉断处位于标距之外，则断后伸长率无效，应重做试验。

在拉伸试验的两根试件中，如其中一根试件的屈服点、抗拉强度和伸长率三个指标中，有一个指标达不到钢筋标准中规定的数值，应取双倍钢筋进行复检，若仍有一根试件的指标达不到标准要求，则钢筋拉伸性能为不合格。

10.8.3　冷弯试验

1. 目的

检验钢筋常温下承受规定弯曲程度的变形能力，从而确定其塑性和可加工性能，并显示其缺陷。

2. 主要仪器用具

压力试验机或万能试验机、冷弯压头等。

3. 试验步骤

(1)冷弯试件长度为 $L = 5a + 150$(mm)，a 为试件的计算直径。弯心直径和弯曲角度按热轧钢筋分级及相应的技术要求表选用。

(2)调整两支辊间距离 $L = (d + 3a) \pm 0.5a$，此距离在试验期间保持不变（d 为弯心直径）。

(3)将试件放置于两支辊上，试件轴线应与弯曲压头轴线垂直，弯曲压头在两支座之间的中点处对试件连续施加压力使其弯曲，直至达到规定的弯曲角度。

试件弯曲至两臂直接接触的试验，应首先将试件初步弯曲（弯曲角度尽可能大），然后将其置于两平行压板之间，连续施加力压其两端，使其进一步弯曲，直至两臂直接接触。

支辊式弯曲装置示意图如图 10-28 所示，钢筋冷弯试验图如图 10-29 所示。

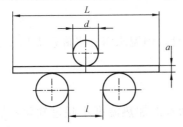
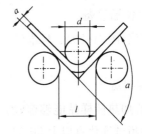

图 10-28　支辊式弯曲装置示意图

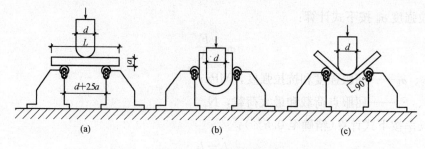

图 10-29　钢筋冷弯试验图

(a)装好的试件；(b)弯曲 180°；(c)弯曲 90°

4. 结果评定

试件弯曲后，检查弯曲处的外缘及侧面，如无裂缝、断裂或起层现象，即认为冷弯试验合格，否则为不合格。

若钢筋在冷弯试验中，有一根试件不符合标准要求，同样抽取双倍钢筋进行复验，若仍有一根试件不符合要求，则判冷弯试验项目为不合格。

10.9　沥青试验

10.9.1　取样方法

(1)同一批出厂，同一规格、牌号的沥青以 20 t 为一个取样单位，不足 20 t 亦作为一个取样单位。

(2)从每个取样单位的 5 个不同部位(距表面及内壁 5 cm 处)抽取，共 4 kg 左右，作为平均试件，对个别可疑混杂的部位，应注意单独取样进行测定。

10.9.2　针入度试验

1. 目的

通过针入度的测定可以确定石油沥青的黏度，同时也可以确定石油沥青的牌号。

2. 主要仪器设备

针入度仪(图 10-30)、标准针、试件皿、温度计、恒温水浴、平底保温皿、金属皿或瓷皿、秒表。

3. 试件制备

(1)小心加热使样品能够流动。加热时焦油沥青的加热温度不超过软化点以上 60 ℃，石油沥青不超过软化点以上 90 ℃。加热时间不超过 30 min，用筛过滤除去杂质。加热、搅拌过程中避免试件中进入气泡。

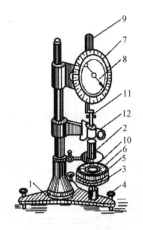

图 10-30 针入度仪

1—底座；2—小镜；3—圆形平台；4—调平螺钉；5—保温皿；6—试件；

7—刻度盘；8—指针；9—活杆；10—标准针；11—连杆；12—按钮

(2)将试件倒入两个试件皿中(一个备用)，试件深度应大于预计穿入深度 10 mm。

(3)松盖试件皿防灰尘落入。在 15 ℃～30 ℃的室温下冷却 1～1.5 h(小试件皿)或 1.5～2.0 h(大试件皿)，然后将试件皿和平底玻璃皿放入恒温水浴中，水面高过试件表面 10 mm 以上，小皿恒温 1～1.5 h，大皿恒温 1.5～2.0 h。

4. 试验步骤

(1)调节针入度仪水平，检查针连杆和导轨，将擦干净的针插入连杆中固定。按试验条件放好砝码。

(2)取出恒温到试验温度的试件皿和平底玻璃皿，放置在针入度仪的平台上。慢慢放下针连杆，使针尖刚刚接触试件的表面。拉下活杆，使其与针连杆顶端相接触，调节针入度仪的表盘，使其读数为零。

(3)用手紧压按钮，同时启动秒表，使标准针自由下落穿入试件，到规定时间停压按钮，使标准针停止移动。

(4)拉下活杆，再使其与针连杆顶端相接触，表盘指针的读数为试件的针入度。

(5)同一试件应重复测 3 次，每一试验点的距离和试验点与试件皿边缘的距离不小于 10 mm，每次测定要用擦干净的针。当针入度大于 200 时，至少用 3 根针，每次试验用的针留在试件中，直到 3 根针扎完时再将针从试件中取出。

5. 结果评定

取 3 次测定针入度的平均值(取整数)作为试验结果。三次测定的针入度值相差不应大于表 10-11 的规定，否则应重新进行试验。

表 10-11 石油沥青针入度测定值的最大允许差值

针入度/(0.1 mm)	0～49	50～149	150～249	250～350
最大允许差值	2	4	6	8

10.9.3 沥青延度试验

1. 目的

延度是沥青塑性的指标，是沥青成为柔性防水材料最重要的性能之一。

2. 主要仪器用具

沥青延度仪(图 10-31)及试件模具(图 10-32)、瓷皿或金属皿、孔径 0.3～0.5 mm 筛、温度计、金属板、砂浴、水浴、甘油、滑石粉隔离剂等。

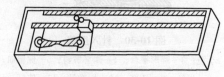

图 10-31　沥青延度仪

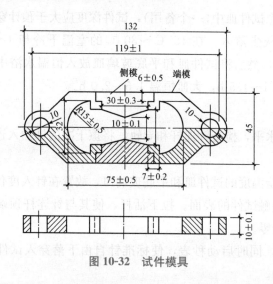

图 10-32　试件模具

3. 试件制备

(1)将甘油滑石粉(2∶1)隔离剂拌和均匀，涂于磨光的金属板上和铜模侧模的内表面，将模具组装在金属板上。

(2)将除去水分的试件在砂浴上加热熔化，用筛过滤，充分搅拌消除气泡，然后将试件呈细流状，自模的一端至另一端往返倒入，使试件略高出模具。

(3)试件在 15 ℃～30 ℃的空气中冷却 30 min，然后放入(25±0.1) ℃的水浴中，保持 30 min 后取出，用热刀自模的中间刮向两边，使沥青面与模面齐平，表面光滑。将试件和金属板再放入(25±0.1) ℃的水浴中 1～1.5 h。

4. 试验步骤

(1)检查延度仪的拉伸速度[(5±0.25) cm/min]是否符合要求，移动滑板使指针正对标尺的零点，保持水槽中水温为(25±0.5) ℃。

（2）将试件移到延度仪的水槽中，将模具两端的孔分别套在滑板及槽端的金属柱上，然后去掉侧模，水面高于试件表面不小于 25 mm。

（3）开动延度仪，观察沥青的拉伸情况。如发现沥青细丝浮于水面或沉于槽底，则加入乙醇或食盐水调整水的密度（食盐增大密度，乙醇降低密度），至与试件的密度相近后，再进行测定。

（4）试件拉断时，读指针所指标尺上的读数，其值为试件的延度（cm）。

5. 试验结果

取平行测定 3 个结果的平均值作为测定结果。若 3 个测定值不在其平均值的 5％以内，但其中两个较高值在平均值的 5％之内，则去掉最低测定值，取两个较高值的平均值作为测定结果。在正常情况下，试件被拉伸成锥尖状，在断裂时横断面为零，否则试验报告应注明在此条件下无测定结果。

10.9.4 软化点试验

1. 目的

软化点是反映沥青温度敏感性的指标，它是在不同环境下选用沥青最重要的指示之一。

2. 主要仪器用具

沥青软化点测定仪（图 10-33）、可调温的电炉或加热器、玻璃板（或金属板）、800 mL 烧杯、测定架、温度计等。

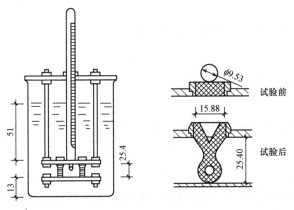

图 10-33　沥青软化点测定仪

3. 试件制备

(1)将黄铜环置于涂有隔离剂的金属板或玻璃板上。

(2)将预先脱水的试件加热熔化，用筛过滤后，注入黄铜环内略高出环面为止。若估计软化点高于 120 ℃，应将黄铜环与金属板预热至 80 ℃～100 ℃。

(3)试件在 15 ℃～30 ℃的空气中冷却 30 min 后，用热刀刮去高于环面的试件，与环面平齐。

(4)将盛有试件的黄铜环及板置于盛满水(估计软化点不高于 80 ℃的试件)或甘油(估计

软化点高于 80 ℃的试件)的保温槽内，恒温 5 min，水温保持在(5±0.5)℃，甘油温度保持在(32±1)℃；或将盛有试件的环水平安放在环架中承板的孔内，然后放在盛有水或甘油的烧杯中，时间和温度同保温槽。

(5)烧杯内注入新煮沸并冷却至 5 ℃的蒸馏水(估计软化点不高于 80 ℃的试件)，或注入预先加热约 32 ℃的甘油(估计软化点高于 80 ℃的试件)，使水面或甘油略低于环架连杆上的深度标记。

4. 试验步骤

(1)从保温槽中取出盛有试件的黄铜环放置在环架中承板的圆孔中，并套上钢球定位器，把整个环架放入烧杯内，调整水面或甘油液面至深度标记，环架上任何部分均不得有气泡。将温度计由上承板中心孔垂直插入，使水银球与铜环下面齐平。

(2)将烧杯放在有石棉网的电炉上，然后将钢球放在试件上(需使各环的平面在全部加热时间内完全处于水平状态)立即加热，烧杯内水或甘油温度的上升速度保持每分钟(5±0.5)℃，否则试验应重做。

(3)试件受热软化下坠至与下承板面接触时的温度，即为试件的软化点。

5. 试验结果

取平行测定两个结果的算术平均值作为测定结果，精确至 0.1 ℃。如两个软化点测值超过 1 ℃，试验重新进行。

10.9.5　防水卷材试验

防水卷材应做卷重、面积、厚度、外观试验。

1. 试验目的

评定卷材的卷重、面积、厚度、外观是否合格。

2. 取样

以同一类型、同一规格 10 000 m² 为一批，不足 10 000 m² 也可作为一批。每批中随机抽取 5 卷，进行卷重、面积、厚度、外观试验。

3. 试验内容

(1)卷重。用最小分度值为 0.2 kg 的案秤称量每卷卷材的卷重。

(2)面积。用最小分度值为 1 mm 的卷尺在卷材的两端和中部测量长度、宽度，以长度、宽度的平均值求得每卷的卷材面积。若有接头，两段长度之和减去 150 mm 为卷材长度测量值。当面积超出标准规定值的正偏差时，按公称面积计算卷重。当符合最低卷重时，也判为合格。

(3)厚度。使用 10 mm 直径接触面，单位压力为 0.2 MPa 时分度值为 0.1 mm 的厚度计测量，保持时间为 5 s。沿卷材宽度方向裁取 500 mm 宽的卷材一条，在宽度方向上测量 5 点，距卷材长度边缘(150±15)mm 向内各取一点，在这两点之间均分取其余 3 点。对于砂面卷材，必须将浮砂清除再进行测量。记录测量值，计算 5 点的平均值作为卷材的厚度。以抽取卷材的厚度总平均值作为该批产品的厚度，并记录最小值。

（4）外观。将卷材立放于平面上，用一把钢卷尺放在卷材的端面上，用另一把钢卷尺（分度值为 1 mm）垂直伸入端面的凹面处，测得的数值即为卷材端面里进外出值。然后将卷材展开按外观质量要求检查，沿宽度方向裁取 500 mm 宽的一条，胎基内不应有未被浸透的条纹。

4. 判定原则

在抽取的 5 卷中，各项检查结果都符合标准规定时，判定为卷重、面积、厚度、外观合格，否则允许在该批试件中另取 5 卷，对不合格项进行复查，如达到全部指标合格，则判为合格，否则为不合格。

参 考 文 献

[1] 徐友辉. 建筑材料教与学[M]. 成都：西南交通大学出版社，2007.

[2] 苏锋. 土木工程材料[M]. 北京：化学工业出版社，2008.

[3] 刘学应. 建筑材料[M]. 北京：机械工业出版社，2009.

[4] 赵宇晗. 建筑材料[M]. 北京：中国水利水电出版社，2011.

[5] 唐修仁. 建筑材料[M]. 北京：中国电力出版社，2011.